普通高等教育一流本科专业与课程系列教材

单片机应用技术项目式教程

——基于 C51+Proteus 仿真

刘志君 姚 颖 主编

封岸松 孙 娜 刘 震 副主编

冯 暖 汪伟捷 杨 飞 参编

机 械 工 业 出 版 社

目前国内高校电子信息类专业都会开设 C 语言程序设计和单片机系列课程，学生可以借助于 Keil μVision 集成开发环境，在 Proteus 平台上进行仿真，从而直观地掌握单片机的设计开发过程。本书在内容的设计上采用项目式设计，通过可仿真和实现的具体案例来讲解 STC 单片机的内部资源和扩展接口。

本书在编写过程中关注当前单片机前沿技术，设有完整的基础知识章节，在实际项目中理解理论基础，项目选择具有实用性、应用性强的特点，注重培养读者的创新意识和工程师的理念。以 C51 作为主要编程语言贯穿全书，全书讲解了 12 个实际项目，项目设计对象涵盖电子广告屏、电子秤、八路电子抢答器、定时器、数字电压表、波形发生器及数字温度计等内容，为学生日后从事单片机系统开发工作打好基础。

本书将 Proteus 仿真软件引进教材中，广州风标教育技术股份有限公司也在本书编写过程中提供了实验器材和开发环境，全书按照循序渐进原则使单片机的抽象概念直观化，编程效果直观可视。

本书适合作为本科和高职高专层次院校电气自动化、自动控制、电气控制、电子信息类专业的教学用书，还可供从事电气自动化行业的工程技术人员参考。

本书配有授课电子课件、微课视频等配套资源，需要的教师可登录 www.cmpedu.com 免费注册，审核通过后下载，或联系编辑索取（微信：18515977506，电话：010-88379753）。

图书在版编目（CIP）数据

单片机应用技术项目式教程：基于 C51+Proteus 仿真/刘志君，姚颖主编. —北京：机械工业出版社，2024.1
普通高等教育一流本科专业与课程系列教材
ISBN 978-7-111-74493-1

Ⅰ. ①单… Ⅱ. ①刘… ②姚… Ⅲ. ①微控制器-高等学校-教材 Ⅳ. ①TP368.1

中国国家版本馆 CIP 数据核字（2024）第 001576 号

机械工业出版社（北京市百万庄大街 22 号　邮政编码 100037）
策划编辑：尚　晨　　　　　　　　责任编辑：尚　晨
责任校对：李可意　薄萌钰　韩雪清　责任印制：刘　媛
北京中科印刷有限公司印刷
2024 年 3 月第 1 版第 1 次印刷
184mm×260mm·17.75 印张·438 千字
标准书号：ISBN 978-7-111-74493-1
定价：69.00 元

电话服务　　　　　　　　　　网络服务
客服电话：010-88361066　　　机　工　官　网：www.cmpbook.com
　　　　　010-88379833　　　机　工　官　博：weibo.com/cmp1952
　　　　　010-68326294　　　金　书　网：www.golden-book.com
封底无防伪标均为盗版　　　　机工教育服务网：www.cmpedu.com

前　言

STC 单片机是宏晶科技公司在 Intel MCS-51 单片机的基础上，通过不断创新，融入大量最新的半导体设计方法和计算机技术，研发生产的新型单片机。2014 年，宏晶科技公司推出了 STC15W4K32S4 单片机，该单片机采用 Flash 技术（可反复编程 10 万次以上）和 ISP/IAP 技术，具有超强的抗干扰能力、加密设计以及运行速度快等特点。高速同步的串行通信端口 SPI、高速异步串行通信端口（UART）STC15W4K32S4 系列单片机最多可以实现 7 个定时器，具有 4 KB SRAM 和 32 KB ROM 大容量存储空间，使单片机爱好者可以更加方便快捷地利用单片机进行设计。

目前，国内高校电子信息、物联网、通信、自动化、机器人等专业都会开设单片机系列课程，STC15 系列单片机比 51 系列功能更为强大，应用相对于 ARM 内核单片机也更为简单，学生可以借助于 Keil μVision 集成开发环境，在 Proteus 平台上进行仿真，可以非常直观地掌握单片机的设计开发过程。因此本书在内容的设计上采用项目式设计，通过一个个可仿真和实现的具体案例来讲解 STC 单片机的内部资源和扩展接口。项目 1：走进单片机世界，介绍了单片机的内部结构和汇编语言指令；项目 2：城市路口交通灯的设计，介绍了单片机 I/O 口输入输出方法；项目 3：八路电子抢答器的设计，介绍了外部中断的应用；项目 4：数字电子钟的设计，介绍了定时器中断原理和数码管的应用；项目 5：串行通信技术，介绍了串行口结构和单机通信及多机通信；项目 6：电子广告屏的设计，介绍了 LCD1602 液晶显示屏的应用；项目 7：简易密码锁的设计，介绍了矩阵键盘的应用；项目 8：数字电压表的设计，介绍了 STC15W 系列单片机片上集成了一个 10 位逐次逼近寄存器型 SAR 的 ADC 应用方法；项目 9：DAC 转换及其应用，讲解了 PWM 及 DAC 转换原理及应用；项目 10：基于 DS18B20 数字温度计的设计，讲解了 1-wire 总线结构及 DS18B20 原理及结构等；项目 11：生成增强型 PWM 波，讲解了 PWM 模块结构及相关寄存器等；项目 12：步进电机的正反转控制，讲解了 28BYJ-48 步进电机的工作原理及控制等内容。

本书每个项目都给出了知识要点和学习要求，并配有课程拓展内容"走进科学"和课后习题与思考；参与本书编写工作的不但有高校的任课教师还有企业工程师，保证每个程序都能仿真和硬件调试成功。参与本书编写的有：刘志君（负责项目 2、项目 3、项目 11、项目 12），姚颖（负责项目 1），封岸松（负责项目 4、项目 7），孙娜（负责项目 5、项目 6），刘震（负责项目 8、项目 9），冯暖（负责项目 10），本书的所有程序调试都由广州风标教育技术股份有限公司的工程师汪伟捷、杨飞来完成，所有程序都已经在风标公司提供的开发板 PBOX-STC15W4K32S4 中调试成功。

限于编者的水平和经历有限，书中难免出现错误和不妥之处，恳请广大师生和读者提出宝贵的意见和建议，以便再版或修订时改正。

编　者

目　录

项目1　走进单片机世界

 知识要点

1. 单片机的基础概念
2. 单片机的结构
3. STC 单片机的基本情况
4. 单片机的复位
5. 单片机的时钟
6. 汇编语言基础知识

学习要求

1. 掌握单片机的基本概念
2. 了解单片机常用的产品系列
3. 了解 STC 单片机的基本情况
4. 掌握 STC15 单片机内部总体结构
5. 掌握 STC 单片机的存储结构、I/O 结构与工作模式等
6. 掌握汇编语言基础知识

学习内容

1.1　单片机的基础

单片机即在一片集成电路芯片上集成了 CPU、RAM、ROM、时钟、定时/计数器、多功能串行或并行 I/O 口的通用 IC，从而构成了一个完整的单芯片微型计算机（Single Chip Microcomputer）。它的结构及功能最初是按工业控制要求设计的，使用时单片机通常处于测控系统的核心地位并嵌入其中，所以国际上通常把单片机称为嵌入式控制器（Embedded MicroController Unit，EMCU）或微控制器（MicroController Unit，MCU）。我国习惯于使用"单片机"这一名称。

1.1.1　单片机的发展史

1. 单片机发展经历的四个阶段

以 8 位单片机的推出作为起点，单片机的发展历史大致可分为以下几个阶段。

第一阶段（1976—1978）：单片机的探索阶段。以 Intel 公司的 MCS-48 为代表。MCS-48 的推出是在工控领域的探索，参与这一探索的公司还有 Motorola、Zilog 等，都取得了满意的效果。这就是单芯片微型计算机（SCM）的诞生年代，"单片机"一词即由此而来。

第二阶段（1978—1982）：单片机的完善阶段。Intel 公司在 MCS-48 基础上推出了完善的、典型的单片机系列 MCS-51。它在以下几个方面奠定了典型的通用总线型单片机体系结构。

1）完善的外部总线。MCS-51 设置了经典的 8 位单片机的总线结构，包括 8 位数据总线、16 位地址总线、控制总线及具有多机通信功能的串行通信接口。

2）CPU 外围功能单元的集中管理模式。

3）体现工控特性的位地址空间及位操作方式。

4）指令系统趋于丰富和完善，并且增加了许多具有突出控制功能的指令。

第三阶段（1982—1990）：向微控制器发展的阶段。也是 8 位单片机的成熟发展及 16 位单片机的推出阶段。Intel 公司推出的 MCS-96 系列单片机，将一些用于测控系统的模数转换器、程序运行监视器、脉宽调制器等纳入单片机中，体现了单片机的微控制器特征。随着 MCS-51 系列的广泛应用，许多电气厂商竞相使用 80C51 为内核，将许多测控系统中使用的电路技术、接口技术、多通道 A/D 转换部件、可靠性技术等应用到单片机中，增强了外围电路功能，强化了智能控制的特征。

第四阶段（1990 年至今）：微控制器的全面发展阶段。随着单片机在各个领域全面深入地发展和应用，出现了高速、大寻址范围、强运算能力的 8 位/16 位/32 位通用型单片机，以及小型廉价的专用型单片机。

2. 单片机的发展趋势

为了降低功耗，单片机在工艺上已经全部采用了 CHMOS 技术。今后单片机将会向低功耗、小体积、大容量、高性能、低价格、外围电路内装化等方面发展。为满足不同用户的要求，各公司竞相推出能满足不同需求的产品。

（1）CPU 的改进

1）增加 CPU 数据总线宽度。例如，各种 16 位单片机和 32 位单片机，数据处理能力要优于 8 位单片机。另外，8 位单片机内部采用 16 位数据总线，其数据处理能力明显优于一般 8 位单片机。

2）采用双 CPU 结构，以提高数据处理能力。

3）采用精简指令集（RISC）结构和流水线技术，可以大幅度提高运行速度。现指令速度最高者已达 100MIPS（Million Instruction Per Seconds，即兆指令每秒），并加强了位处理功能、中断和定时控制功能。这类单片机的运算速度比标准的单片机高出 10 倍以上。由于这类单片机有极高的指令速度，可以用软件模拟其 I/O 功能，由此引入了虚拟外设的概念。

（2）存储器的发展

1）片内程序存储器普遍采用闪烁（Flash）存储器，可不用外扩展程序存储器，简化了系统结构。

2）加大存储容量。目前，有的单片机片内程序存储器容量可达 128 KB 甚至更多。

（3）片内 I/O 的改进

1）增加并行口驱动能力，以减少外部驱动芯片。有的单片机可以直接输出大电流和高电压，以便能直接驱动 LED 和 VFD（荧光显示器）。

2）有些单片机设置了一些特殊的串行 I/O 功能，为构成分布式、网络化系统提供方便条件。

（4）低功耗管理

现在几乎所有的单片机都配置有等待状态、睡眠状态、关闭状态等工作方式。CMOS 芯片除具有低功耗特征外，还具有功耗的可控性，使单片机可以工作在功耗精细管理状态。此外，有些单片机采用了双时钟技术，即有高速和低速两个时钟，在不需要高速运行时，即转入低速工作状态以降低功耗；有些单片机采用高速时钟下的分频和低速时钟下的倍频控制运行速度，以降低功耗。低功耗的实现提高了产品的可靠性和抗干扰能力。

（5）外围电路内装化

将众多外围电路全部装入片内，即系统的单片化是目前发展趋势之一。例如，美国 Cygnal 公司的 C8051F020 8 位单片机，内部采用流水线结构，大部分指令的完成时间为 1 个或 2 个时钟周期，峰值处理能力为 25MIPS。片上集成有 8 通道 A/D、两路 D/A、两路电压比较器、内置温度传感器、定时器、可编程数字交叉开关和 64 个通用 I/O 口、电源监测、看门狗、多种类型的串行接口（两个 UART、SPI）等。一片芯片就是一个"测控"系统。

（6）串行扩展技术

在很长一段时间里，通用型单片机通过并行三总线结构扩展外围器件成为单片机应用的主流结构。随着 I^2C、SPI 等串行总线及接口的引入，推动了单片机"单片"应用结构的发展，使单片机的引脚可以设计得更节约，单片机系统结构更简化和规范化。

（7）ISP 更加完善

ISP 是 In-System Programming 的缩写，即在系统可编程，指电路板上没有装载程序的空白单片机芯片可以编程写入最终用户代码，而不需要从电路板上取下单片机芯片，已经编程的单片机芯片也可以用 ISP 方式擦除、改写或再编程。ISP 技术是未来的发展方向。快擦写存储器（Flash Memory）的出现和发展，推动了 ISP 技术的发展，使得 ISP 的实现变得简单。单片机芯片内部的快擦写存储器可以由个人计算机的软件通过串口来进行改写，所以即使将单片机芯片焊接在电路板上，只要留出和个人计算机接口的串口，就可以实现单片机芯片内部存储器的改写，而无须再取下单片机芯片。

（8）SOC 型单片机方兴未艾

随着超大规模集成电路设计技术发展，在一个硅片上就可以实现一个复杂的系统，即片上系统——System On Chip（SOC）。狭义理解，可以将它翻译为"系统集成芯片"，指在一个芯片上实现信号采集、转换、存储、处理和 I/O 等功能，包含嵌入软件及整个系统的全部内容；广义理解，可以将它翻译为"系统芯片集成"，指一种芯片设计技术，可以实现从确定系统功能开始，到软硬件划分，并完成设计的整个过程。核心思想是把整个电子系统全部集成在一个芯片中，避免大量 PCB 设计及板级的调试工作。设计者面对的不再是电路及芯片，而是根据系统的固件特性和功能要求，把各种通用处理器内核及各种外围功能部件模块作为 SOC 设计公司的标准库，成为 VLSI 设计中的标准器件，用 VHDL 等语言描述，存储在器件库中。用户只需定义整个应用系统，仿真通过后就可以将设计图交给半导体器件厂商制作样品。除无法集成的器件外，整个系统大部分均可集成到一块或几块芯片中，系统电路板简洁，对减小体积和功耗、提高可靠性非常有利。SOC 使系统设计技术发生革命性变化，标志着一个全新时代的到来。

综上所述，单片机正在向多功能、高性能、高速度（时钟达 40MHz）、低电压（0.8V 即可工作）、低功耗、低价格（几元钱）、外围电路内装化、片内程序存储器和数据存储器容量不断增大以及 SOC 型单片机的方向发展。

1.1.2　单片机的应用

目前单片机已经应用到人们生活的各个领域，几乎很难找到哪个领域没有单片机的踪迹。如导弹的导航装置，飞机上各种仪表的控制，计算机的网络通信与数据传输，工业自动化过程的实时控制和数据处理，广泛使用的各种智能 IC 卡，民用豪华轿车的安全保障系统，录像机、摄像机、全自动洗衣机的控制以及程控玩具、电子宠物等，这些都离不开单片机。个人计算机中也会有为数不少的单片机在工作，更不用说自动控制领域中的机器人、智能仪表、医疗器械以及各种智能机械了。单片机的数量不仅远超过 PC 和其他计算设备的总和，甚至比人类的数量还要多。以下大致介绍一些典型的应用领域和应用特点。

1. 家电领域

可以这样说，现在的家用电器基本上都采用了单片机控制，从电饭煲、洗衣机、电冰箱、微波炉、空调机、彩电、摄像机及其他视频音像设备的控制，再到电子称量设备、儿童玩具以及机器人的控制等，无所不在。

2. 办公自动化领域

现代办公室中所使用的大量通信、信息产品多数都采用了单片机，如通用计算机系统中的键盘译码、磁盘驱动、打印机、绘图仪、复印机、电话、传真机、考勤机等。

3. 通信领域

现在的通信设备基本上都实现了单片机智能控制，从电话机、调制解调器、传真机、小型程控交换机、楼宇自动通信呼叫系统、列车无线通信，再到日常工作中随处可见的移动电话，集群移动通信，信息网络、无线电对讲机等。

4. 商业营销领域

在商业营销系统已广泛使用的电子秤、收款机、条码阅读仪、仓库安全监测系统、商场保安系统、空调调节系统、冷冻保险系统等目前已纷纷采用单片机构成的专用系统，主要由于这种系统具有显著的抗病菌侵害、高效高智能化、抗电磁干扰等高可靠性保证。

5. 工业控制领域

在工业过程控制、过程监测、工业控制器及机电一体化控制系统中，除一些小型工控机之外，许多系统都是以单片机为核心的单机或多机网络系统。如工业机器人的控制系统是由中央控制器、感觉系统、行走系统、擒拿系统等节点构成的多机网络系统。另外由单片机构成的控制系统形式多样，如工厂流水线的智能化管理、电梯智能化控制、各种报警系统、与计算机联网构成二级控制系统等。

6. 仪器仪表领域

单片机具有体积小、功耗低、控制功能强、扩展灵活、微型化和使用方便等优点，广泛应用于仪器仪表中，结合不同类型的传感器，可实现诸如电压、功率、频率、湿度、温度、流量、速度、厚度、角度、长度、硬度、元素、压力等物理量的测量。采用单片机控制使得仪器仪表实现数字化、智能化、微型化，且功能比起采用电子或数字电路更加强大。例如精密的测量设备（功率计、示波器、各种分析仪）。将单片机与传感器相结合可以构成新一代的智能传感器，它对传感器初级变化后的电量做进一步的变换、处理，从而输出能满足远距离传送的数字信号。例如将压力传感器与单片机集成在一起的微小压力传感器可随钻机送至井底下，以报告井底的压力状况。

7. 医疗器械领域

单片机在医用设备中的用途亦相当广泛，例如医用呼吸机、各种分析仪、监护仪、超声诊断设备及病床呼叫系统等。

8. 汽车电子领域

单片机在汽车电子中的应用非常广泛，例如汽车中的发动机控制器、基于 CAN 总线的汽车发动机智能电子控制器、智能自动驾驶系统、GPS 导航系统、ABS 防抱死系统、制动系统、汽车紧急请求服务系统、汽车防撞监控系统、汽车自动诊断系统以及汽车黑匣子等。

此外，单片机在工商、金融、科研、教育、交通、国防、航空、航天、航海等领域都有着十分广泛的用途。

1.1.3　数制和编码

1. 计算机中数据的单位

（1）位（bit）

位简记为 b，也称为比特，是计算机存储数据的最小单位。一个"比特"也可以说成"位"，一个二进制位只能表示 0 或 1。

（2）字节（byte）

字节由 8 位二进制数字构成，一般用大写的"B"表示"byte"，字节是存储信息的基本单位，并规定 1B＝8 bit。

（3）字（word）

一个字通常由一个字节或若干个字节组成。字节是微型计算机一次所能处理的实际位数长度。

（4）十六进制数字的表示

十六进制数的表示，即后面跟随"H"或"h"后缀的数字，或者前面加"0x"或"0X"前缀的数字。

2. 数制

计算机只能识别二进制数。用户通过键盘输入的十进制数字和符号命令，计算机是不能识别的，计算机必须把它们转换成二进制形式才能识别、运算和处理，然后把运算结果还原成十进制数字和符号，并在显示器上显示出来，所以需要对计算机常用的数制和数制之间的转换进行讨论。

所谓数制是指计数的规则，按进位原则进行计数的方法，称为进位计数制。数制有很多种，计算机编程时常用的数制为二进制、八进制、十进制和十六进制。

（1）十进制（decimal）

十进制由 0~9 十个数码组成。十进制的基数是 10，低位向高位进位的规律是"逢十进一"。十进制数的主要特点有：

1）有 0~9 十个不同的数码，这是构成所有十进制数的基本符号。

2）逢 10 进位。十进制在计数过程中，当它的某位计数满 10 时就要向它邻近的高位进一。

在一个多位的十进制数中，同一个数字符号在不同的数位所代表的数值是不同的。因为，任何一个十进制数不仅与构成它的每个数码本身的值有关，而且还与这些数码在数中的位置有关。如 333.3 中 4 个 3 分别代表 300、30、3 和 0.3，这个数可以写成：

$$333.3 = 3 \times 10^2 + 3 \times 10^1 + 3 \times 10^0 + 3 \times 10^{-1}$$

式中的 10 称为十进制的基数，指数 10^2、10^1、10^0、10^{-1} 称为各数位的权。从上式可以看出：整数部分中每位的幂是该位位数减 1；小数点后第一位的位权是 10^{-1}，第二位的位权是 10^{-2}，…，其余位的位权以此类推。

通常，任意一个十进制数 N 都可以表示成按权展开的多项式：

$$(N)_{10} = \pm \sum_{i=n-1}^{-m} a_i \times 10^i \tag{1.1}$$

式中，a_i 是基数 10 的 i 次幂的系数，是 0~9 这 10 个数字中的任意一个；m 是小数点右边的位数；i 是位数的序数。

一般而言，对于 R 进制表示的数 N，可以按权展开为

$$N = a_{n-1} \times R^{n-1} + \cdots + a_0 \times R^0 + a_{-1} \times R^{-1} + \cdots + a_{-m} \times R^{-m} = \sum_{i=n-1}^{-m} a_i \times R^i \tag{1.2}$$

其中，a_i 是 0、1、…、（R-1）中的任一个；m、n 是正数；R 是基数。在 R 进制中，每个数字所表示的值是该数字与它相应的权 R^i 的乘积，计数原则是"逢 R 进一"。

（2）二进制（binary）

二进制数的主要特点有：

1）它有 0 和 1 两个数码，任何二进制都是由这两个数码组成。

2）二进制数的基数为 2，它执行"逢二进一"的进位计数原则。

当式（1.2）中 $R=2$ 时，称为二进制计数制，简称二进制。在二进制数中，只有两个不同码数：0 和 1，进位规律为"逢二进一"。任何一个数 N，可用二进制表示为

$$N = a_{n-1} \times 2^{n-1} + \cdots + a_0 \times 2^0 + a_{-1} \times 2^{-1} + \cdots + a_{-m} \times 2^{-m} = \sum_{i=n-1}^{-m} a_i \times 2^i \tag{1.3}$$

例如，二进制数 1011.01 可表示为

$$(1011.01)_2 = 1 \times 2^3 + 0 \times 2^2 + 1 \times 2^1 + 1 \times 2^0 + 0 \times 2^{-1} + 1 \times 2^{-2}$$

（3）八进制（octal）

当 $R=8$ 时，称为八进制。在八进制中，有 0、1、2、…、7 共 8 个不同的数码，采用"逢八进一"的原则进行计数。例如，$(503)_8$ 可表示为

$$(503)_8 = 5 \times 8^2 + 0 \times 8^1 + 3 \times 8^0$$

（4）十六进制（hexadecimal）

当 $R=16$，称为十六进制数。十六进制数的主要特点：

1）它有 0、1、2、3、…、D、E、F 共 16 个数码，任何一个十六进制都由其中的一些或全部数码构成。

2）十六进制的基数为 16，进位方式为逢 16 进 1。

十六进制数也可展开成幂级数形式。例如，$(3AB.0D)_{16}$ 可表示为

$$(3AB.0D)_{16}=3\times16^2+10\times16^1+11\times16^0+0\times16^{-1}+13\times16^{-2}$$

各种进位制的对应关系见表 1.1。

表 1.1　十、二、八、十六进制的对应关系

十进制	二进制	八进制	十六进制	十进制	二进制	八进制	十六进制
0	0	0	0	9	1001	11	9
1	1	1	1	10	1010	12	A
2	10	2	2	11	1011	13	B
3	11	3	3	12	1100	14	C
4	100	4	4	13	1101	15	D
5	101	5	5	14	1110	16	E
6	110	6	6	15	1111	17	F
7	111	7	7	16	10000	20	10
8	1000	10	8				

3. 不同进制之间的转换

计算机中数的表示形式是二进制，这是因为二进制只有 0 和 1 两个数码，可通过晶体管的导通和截止、脉冲的高电平和低电平等方便地表示。此外二进制数运算简单，便于用电子线路实现。在实际编程的过程中，采用十六进制可以大大减轻阅读和书写二进制数时的负担。

例如，11011011B＝DBH、1001001111110010B＝93F2H。

显然，采用十六进制数描述一个二进制数特别简短，尤其在描述的二进制数位数较长时，更令计算机工作者感到方便。

但人们习惯于使用十进制数，为了方便各种应用场合的需要，要求计算机能自动对不同数制的数进行转化。

（1）二进制、八进制、十六进制数转化为十进制数

对于任何一个二进制数、八进制数、十六进制数，均可以先写出它的位权展开式，然后按十进制进行计算，即可将其转换为十进制数。

例如，二进制数转化为十进制数：

$$(1111.11)_2=1\times2^3+1\times2^2+1\times2^1+1\times2^0+1\times2^{-1}+1\times2^{-2}=15.75$$

八进制数转换为十进制数：

$$(46.12)_8=4\times8^1+6\times8^0+1\times8^{-1}+2\times8^{-2}=38.15625$$

十六进制转换为十进制数：

$$(A10B.8)_{16}=10\times16^3+1\times16^2+0\times16^1+11\times16^0+8\times16^{-1}=41227.5$$

（2）十进制数转换成二进制数、八进制数、十六进制数

本转换过程是上述过程的逆过程，但十进制整数和小数转换成二进制、八进制、十六进制整数和小数的方法是不同的，下面分别进行介绍。

1）整数部分：除基取余法。分别用基数 R 不断地去除 N 的整数，直到商为零为止，每次所得的余数依次排列即为相应进制的数码。最初得到的为最低有效数字，最后得到的为最高有效数字。现列举加以说明。

【例 1.1】试求出十进制数 100 的二进制数、八进制数和十六进制数。

解：① 转化为二进制数

把 100 连续除以 2，直到商数小于 2，相应地有

	余数	
$100/2 = 50$	0	最低位
$50/2 = 25$	0	
$25/2 = 12$	1	
$12/2 = 6$	0	
$6/2 = 3$	0	
$3/2 = 1$	1	
$1/2 = 0$	1	最高位

把所得余数从高位到低位排列起来便可以得到：$100 = 1100100B$。

② 转化为八进制数

把 100 连续除以 8，直到商数小于 8，相应地有

	余数	
$100/8 = 12$	4	最低位
$12/8 = 1$	4	
$1/8 = 0$	1	最高位

把所得余数从高位到低位排列起来便可以得到：$100 = 144O$。

③ 转化为十六进制数

把 100 连续除以 16，直到商数小于 16，相应地有

	余数	
$100/16 = 6$	4	最低位
$6/16 = 0$	6	最高位

把所得余数从高位到低位排列起来便可以得到：$100 = 64H$。

2）小数部分：乘基取整法。分别用基数 R（$R = 2$、8 或 16）不断地去乘 N 的小数，直到积的小数部分为零（或满足所需精度）为止，每次乘得的整数依次排列即为相应进制的数码。最初得到的为最高有效数字，最后得到的为最低有效数字。

【例 1.2】试求出十进制数 0.645 的二进制数、八进制数和十六进制数。

解：① 转化为二进制数

$0.645 \times 2 = 1.290$	整数……1	高位
$0.29 \times 2 = 0.58$	整数……0	
$0.58 \times 2 = 1.16$	整数……1	
$0.16 \times 2 = 0.32$	整数……0	
$0.32 \times 2 = 0.64$	整数……0	
$0.64 \times 2 = 1.28$	整数……1	
$0.28 \times 2 = 0.56$	整数……1	低位

把所得整数按从高位到低位排列后得到：$0.645D \approx 0.1010011B$。

② 转化为八进制数

$$0.645 \times 8 = 5.16 \qquad 整数 \cdots\cdots 5 \quad 高位$$
$$0.16 \times 8 = 1.28 \qquad 整数 \cdots\cdots 1$$
$$0.28 \times 8 = 2.24 \qquad 整数 \cdots\cdots 2$$
$$0.24 \times 8 = 1.92 \qquad 整数 \cdots\cdots 1$$
$$0.92 \times 8 = 7.36 \qquad 整数 \cdots\cdots 7 \quad 低位$$

把所得整数按从高位到低位排列后得到：0.645D ≈ 0.51217O。

③ 转化为十六进制数

$$0.645 \times 16 = 10.320 \qquad 整数 \cdots\cdots A \quad 高位$$
$$0.32 \times 16 = 5.12 \qquad 整数 \cdots\cdots 5$$
$$0.12 \times 16 = 1.92 \qquad 整数 \cdots\cdots 2$$
$$0.92 \times 16 = 14.72 \qquad 整数 \cdots\cdots E$$
$$0.72 \times 16 = 11.52 \qquad 整数 \cdots\cdots B \quad 低位$$

把所得整数按从高位到低位排列后得到：0.645D ≈ 0.A52EBH。

3）对同时有整数和小数两部分的十进制数，在转化为二进制、八进制和十六进制时，其转换的方法是：先对整数和小数部分分开转换后，再合并起来。

（3）二进制数和八进制数的转换

由于 2 的 3 次方是 8，所以可采用"三合一"的原则，即从小数点开始分别向左、右两边各以 3 位为一组进行二进制到八进制数的转换：若不足 3 位的以 0 补足，便可将二进制数转换为八进制数。

反之，采用"一分为三"的原则，每位八进制数用三位二进制数表示，就可将八进制数转换为二进制数。

【例 1.3】将二进制数 1011010101.01111B 转换成八进制数。

$$001 \quad 011 \quad 010 \quad 101 \quad . \quad 011 \quad 110$$
$$1 \quad 3 \quad 2 \quad 5 \quad . \quad 3 \quad 6$$

所以，1011010101.01111B = 1325.36O。

将八进制数 472.63 转换成二进制数。

$$4 \quad 7 \quad 2 \quad . \quad 6 \quad 3$$
$$100 \quad 111 \quad 010 \quad . \quad 110 \quad 011$$

所以 472.63O = 100111010.110011B。

（4）二进制数和十六进制数的转换

由于二进制数和十六进制数间的转换十分方便，再加上十六进制数在表达数据时简单，所以编程人员大多采用十六进制形式来代替二进制数。

二进制数和十六进制数间的转换同二进制数和八进制数之间的转换一样，采用"四位合一位法"，即从二进制的小数点开始，分别向左、右两边各以 4 位为一组，不足 4 位以 0 补足，然后分别把每组用十六进制数码表示，并按序相连。

而十六进制数转换成二进制数的转换方法采用"一分为四"的原则把十六进制的每位分别用 4 位二进制数码表示，然后分别把它们连成一体。

【例 1.4】将二进制数 1011010101.01111B 转换成十六进制数。

$$0010 \quad 1101 \quad 0101 \quad . \quad 0111 \quad 1000$$
$$2 \qquad D \qquad 5 \quad . \quad 7 \qquad 8$$

所以，1011010101.01111B＝2D5.78H。

【例 1.5】将十六进制数 EF8.7D 转换成二进制数。

$$E \qquad F \qquad 8 \quad . \quad 7 \qquad D$$
$$1110 \quad 1111 \quad 1000 \quad . \quad 0110 \quad 1101$$

所以 EF8.7D＝111011111000.01101101B。

4. 编码

计算机不仅要识别人们习惯使用的十进制数和完成数值计算问题，而且要大量处理文字、字符和各种符号（标点符号、运算符号）等非数值计算问题。这就要求计算机必须能够识别它们。也就是说，字符、符号和十进制数最终都转换为二进制格式的代码，即信息和数据的二进制编码。

根据信息对象的不同，计算机中的编码方式（码制）也不同，常见的码制有 BCD 码和 ASCII 码。

（1）二进制编码的十进制数

为了在计算机的输入输出操作中能直观迅速地与常用的十进制数相对应，习惯上用二进制代码表示十进制数，这种编码方法简称 BCD 码（Binary Coded Decimal）。

8421 码是 BCD 的一种，因组成它的 4 位二进制数码的权为 8、4、2、1 而得名。这种编码形式利用 4 位二进制码来表示一个十进制的数码，使二进制和十进制之间的转换得以便捷地进行，其对应关系见表 1.2。

表 1.2　十进制数与对应的 BCD 码

十 进 制 数	BCD 码	十 进 制 数	BCD 码
0	0000	8	1000
1	0001	9	1001
2	0010	10	00010000
3	0011	11	00010001
4	0100	12	00010010
5	0101	13	00010011
6	0110	14	00010100
7	0111	15	00010101

（2）ASCII 码

目前采用的字符编码主要是 ASCII 码，是 American Standard Code for Information Interchange 的缩写。

ASCII 码是用 7 位二进制数编码来表示 128 个字符和符号，一个 ASCII 码存放在一个字节的低 7 位，字节的高位为 0，因此可以表示 128 个不同字符，如附录所见。

数字 0~9 的 ASCII 码为 0110000B~0111001B（即 30H~39H），大写字母 A~Z 的 ASCII 码为 41H~5AH。同一个字母的 ASCII 码码制小写字母比大写字母大 32（20H）。

1.1.4　计算机中数的表示与运算

计算机中的数按数的性质分为整数（无符号整数、有符号整数）和小数（定点数、浮点数）；按有无符号分为有符号数（正数、负数）和无符号数。

计算机中的数及其表示方法如下：

1. 无符号数的表示

（1）无符号数的表示形式

用来表示数的符号的数位称为符号位。无符号数没有符号位，数的所有数位 $D_{n-1} \sim D_0$ 均为数值位。其表示形式为

$$D_{n-1} \quad D_{n-2} \quad \cdots \quad D_0$$

（2）无符号二进制数的表示范围

一个 n 位无符号二进制数 X，它可以表示的数的范围为 $0 \leqslant X \leqslant 2^n - 1$。若结果超出了数的可表示范围，则会产出溢出，即出错。

2. 有符号数的表示

有符号数由符号位和数值位两部分组成。数学中的正、负分别用符号"+""−"来表示，在计算机中规定：用"0"表示"+"、用"1"表示"−"。这样数的符号位在计算机中已经数码化了。符号位数码化了的数就称为机器数，把原来的数称为机器数的真值。

计算机的有符号数或者说机器数有 3 种表示形式，即原码、反码和补码。目前计算机中的数是采取补码表示的。

（1）原码

对于一个二进制数 X，若最高数位用"0"表示"+"，用"1"表示"−"，其余各数位表示数值本身，则称为原码表示法，记为 $[X]_{\text{原}}$。

【例 1.6】 $X = +1101011$，$Y = -1000011$，求 $[X]_{\text{原}}$ 和 $[Y]_{\text{原}}$。

$$[X]_{\text{原}} = 01101011, \quad [Y]_{\text{原}} = 11000011$$

值得注意的是，0 在 8 位单片机中的两种原码形式为 $[+0]_{\text{原}} = 00000000B$，$[-0]_{\text{原}} = 10000000B$，所以数 0 的原码不唯一。

对于 8 位二进制原码能表示的范围：$-127 \sim +127$。

（2）反码

正数的反码表示与其原码相同，负数的反码是其原码的符号位不变、数值各位取反，记为 $[X]_{\text{反}}$。

【例 1.7】 $X = +1101011$，$Y = -1000011$，求 $[X]_{\text{反}}$ 和 $[Y]_{\text{反}}$。

$$[X]_{\text{反}} = 01101011, \quad [Y]_{\text{反}} = 10111100$$

0 在反码中有两种表示形式：

$$[+0]_{\text{反}} = 00000000B, \quad [-0]_{\text{反}} = 11111111B$$

（3）补码

正数的原码、反码和补码相同，负数的补码其最高位为 1，数值位等于反码数值位的低位加"1"。

【例 1.8】 $X = +1101011$，$Y = -1000011$，求 $[X]_{\text{补}}$ 和 $[Y]_{\text{补}}$。

$$[X]_{\text{补}} = 01101011, \quad [Y]_{\text{补}} = 10111101$$

$$[+0]_{补}=00000000B, \quad [-0]_{补}=00000000B$$

由此可见，不论是+0 还是−0，0 在补码中只有唯一的一种表示形式。

3. 数的运算

（1）无符号数的运算

无符号数的运算主要是无符号数的加、减、乘、除运算与溢出。

1）二进制数的加减运算。

二进制加法运算中，每一位遵循如下法则：

0+0=0，0+1=1，1+0=1，1+1=0（向高位有进位），逢二进一。

0−0=0，1−1=0，1−0=1，0−1=1（向高位有借位），借一位二。

2）二进制数的乘法运算。

二进制乘法运算，每一位遵循如下乘法法则：0×0=0，0×1=0，1×0=0，1×1=1。特点是：当且仅当两个 1 相乘时结果为 1，否则为 0。二进制数乘法运算过程：若乘数位为 1，则将被乘数加于中间结果上；若乘数为 0，则加 0 于中间结果上。

【例 1.9】乘数为 1101B，被乘数为 0101B，求乘积的值。

```
        0101      被乘数
    ×   1101      乘数
    ─────────
        0101      部分积
       0000
      0101
      0101
    ─────────
    1000001B      乘积
```

（2）二进制数的除法运算

二进制数除法商的过程和十进制数有些类似，首先将除数和被除数的高 n 位进行比较，若除数小于被除数，则商为 1，然后从被除数中减去除数，得到部分余数；否则商为 0。将除数和新的部分余数进行比较，直至被除数所有的位数都被处理为止，最后得到商和余数。

【例 1.10】除数为 101，被除数为 011010，求商的值。

```
                      101      商
   除数 101      √ 011010      被除数
              ─────────
                   101
              ─────────
                   00110      部分余数
                    101
                   ─────
                    001      余数
```

（3）二进制数的逻辑运算

计算机处理数据时常常要用到逻辑运算，逻辑运算由专门的逻辑电路完成。

1）逻辑与运算。

逻辑与运算常用算符"∧"表示，逻辑与运算的运算法则为：0∧1=1∧0=0，0∧0=0，1∧1=1。逻辑与运算法则可概括为："只有对应的两个二进位均为 1 时，结果位才为 1，否则为 0"。

$$01110101B$$
$$\wedge \quad 01000111B$$
$$\overline{01000101B}$$

所以，$01110101B \wedge 01001111B = 01000101B$。

2）逻辑或运算。

逻辑或运算常用算符"$\vee$"表示，逻辑或的运算法则为：$0 \vee 1 = 1 \vee 0 = 1$，$0 \vee 0 = 0$，$1 \vee 1 = 1$。逻辑或运算法则可概括为："只要对应的两个二进位有一个为 1 时，结果位就为 1"。

例题：求 $00110101B \vee 0000111B$ 的值。

$$00110101B$$
$$\vee \quad 00000111B$$
$$\overline{00110111B}$$

所以，$00110101B \vee 00000111B = 00110111B$。

3）逻辑非运算。

逻辑非运算常采用算符"$-$"表示，运算法则为：$\overline{1} = 0$，$\overline{0} = 1$。

例题：已知 $A = 10101B$，试求 $\overline{A}$ 的值。

$\overline{A} = \overline{10101B} = 01010B$

4）逻辑异或运算。

逻辑异或运算常采用算符 $\oplus$ 表示，逻辑异或的运算法则为：$0 \oplus 1 = 1 \oplus 0 = 1$，$0 \oplus 0 = 1 \oplus 1 = 0$。逻辑异或运算可总结为"两对应的二进位不同时，结果为 1，相同时为 0"。

例题：已知 $A = 10110110B$，$B = 11110000B$，试求 $A \oplus B$ 的值。

$$10110110B$$
$$\oplus \quad 11110000B$$
$$\overline{01000110B}$$

所以，$A \oplus B = 01000110B$。

（4）有符号数的运算

原码表示的数虽然比较简单、直观，但计算机中的运算电路非常复杂，尤其是符号位需要单独处理。补码虽不易识别，但运算方便，特别在加减运算中更是这样。所有参加运算的带符号数都表示成补码后，计算机对它运算后得到的结果必然也是补码，符号位无须单独处理。

1）补码的加、减法运算。

补码加、减法运算的通式为

$[A+B]_{补} = [A]_{补} + [B]_{补}$

$[A-B]_{补} = [A]_{补} - [B]_{补}$

即：两数之和的补码等于两数补码之和，两数之差的补码等于两数补码之差。设机器数字长为 n，则参与运算的数值的模为 2^n。A、B、A+B 和 A-B 必须都在 $-2^n \sim 2^{n-1}-1$ 范围内，否则机器便会产生溢出错误。在运算过程中，运算位和数值位一起参加运算，符号位的进位位略去不计。

【例 1.11】已知 A = +19，B = 10，C = -7，试求 $[A+B]_{补}$、$[A-B]_{补}$、$[A+C]_{补}$。

解：$[A]_{补} = 00010011B$，$[B]_{补} = 00001010B$，$[-B]_{补} = 11110110B$，$[C]_{补} = 11111001B$

① $[A+B]_{补}=[A]_{补}+[B]_{补}=00010011B+00001010B=00011101B$

② $[A-B]_{补}=[A]_{补}+[-B]_{补}=00010011B+11110110B=00001001B$ （符号位的进位位略去不计）

③ $[A+C]_{补}=[A]_{补}+[C]_{补}=00010011B+11111001B=00001100B$ （符号位的进位位略去不计）

上述运算表明：补码运算的结果和十进制运算的结果是完全相同的。补码加法可以将减法运算化为加法来做；把加法和减法问题巧妙地统一起来，从而实现了一个补码加法器在移位控制电路作用下完成加、减、乘、除的四则运算。

2）乘法和除法运算。

乘法运算包括符号运算和数值运算。两个同符号数相乘之积为正，两个异符号数相乘之积为负；数值运算是对两个数的绝对值相乘，它们可以被视为无符号数的乘法，无符号数的乘法运算在前面章节中已经做了介绍。

除法运算也包括符号运算和数值运算。两个同符号数相除商为正，两个异符号数相除商为负；数值运算是对两个数的绝对值相除，它们可以被视为无符号数的除法。

注意：在计算机中凡是有符号数一律用补码表示且符号位参与运算，其运算结果也是用补码表示。若结果的符号位为 0，则表示结果为正数，此时可以认为就是它的原码形式；若结果的符号位为 1，则表示结果为负数，它是以补码形式表示的。若要用原码来表示该结果，还需要对结果求补（除符号位外取反加 1，$[[X]_{补}]_{补}=[X]_{原}$）。

3）补码运算结果正确性的判断。

对 8 位机而言，如果运算结果超出−128~+127，则称为溢出（小于−128 的运算结果称为下溢，大于+127 称为上溢）。也就是说，如果参加运算的两数或运算结果超出 8 位数所能表示的范围，则机器的运算就会出现溢出，运算结果就不正确。因此，补码运算的正确性主要体现在对补码运算结果的溢出判断上。

在 MCS−51 单片机中，补码运算结果中的符号位的进位位用 Cp 表示，用 Cs 表示补码运算过程中次高位向符号位的进位位。若加法过程中符号位无进位（Cp=0）以及最高数值位有进位（Cs=1），则操作结果产生正溢出；若加法过程中符号位有进位（Cp=1）以及最高数值位无进位（Cs=0），则操作结果产生负溢出。

用 OV 表示溢出标志位，判断补码运算是否溢出的逻辑表达式可描述为

$$OV=Cp\oplus Cs$$

【例 1.12】已知 A=+127，B=10，C=−7，试求 $[A+B]_{补}$、$[A+C]_{补}$，并分析溢出情况。

$[A]_{补}=01111111B$，$[B]_{补}=00001010B$，$[C]_{补}=11111001B$

$[A+B]_{补}$ 算式为

```
      127      [A]补=     0111 1111B
  +)   10      [B]补=     0000 1010B
  _____
      137      [A+B]补=  01000 1001B
```

从上式可以看出，$[A+B]_{补}$ 超出了 8 位二进制数能够表示的范围，无论符号 Cp 有无进位，都产生了溢出。运算结果 Cp=0，Cs=1，利用 $OV=Cp\oplus Cs$ 可方便判断出 $[A+B]_{补}$ 带符号数补码加法运算的结果产生了溢出，结果不正确。

［A+C］$_补$算式为

	127	[A]$_补$=	0111 1111B
+)	−7	[C]$_补$=	1111 1001B
	120	[A+C]$_补$=	10111 1000B

　　［A+C］$_补$的运算结果是正确的，没有产生溢出，符号进位 Cp 属于正常的自动丢弃。运算结果 Cp＝1，Cs＝1，根据式 OV＝Cp⊕Cs 可方便判断出［A+C］$_补$带符号数补码加法运算的结果没有产生溢出，结果正确。

　　从上面两个例子可以看出，带符号数相加时，符号位所产生的进位 Cp 有自动丢弃和用来指示操作结果是否溢出的两种功效。

1.2　常用单片机产品系列

1.2.1　常用单片机产品系列简介

1. 80C51 系列

　　Intel 公司 MCS-51 系列单片机以其典型的结构、完善的总线、特殊功能寄存器（SFR）集中管理模式、位操作系统和面向控制功能的丰富指令系统，为单片机的发展奠定了良好基础。其典型芯片是 80C51（CHMOS 型的 8051）。随后 Intel 公司将 80C51 内核的使用权以专利或互换方式转让给世界许多著名 IC 制造厂商，这些公司在保持与 80C51 单片机兼容的基础上，融入了自身的优势，扩展了针对满足不同测控对象要求的外围电路，开发出上百种功能各异的新品种。这样 80C51 单片机就变成了众多芯片制造厂商支持的“大家族”，统称为 80C51 系列单片机。目前，80C51 已成为 8 位单片机的主流，成了事实上的标准 MCU 芯片。

2. PIC 系列

　　PIC 单片机系列是 Microchip 公司的产品，是当前市场份额增长最快的单片机之一。其 CPU 采用 RISC 结构，仅有 30 多条指令，采用 Harvard 双总线结构，具有较快的运行速度、低工作电压、低功耗、较大的输入/输出直接驱动能力，且价格低、一次性编程、体积小，适用于用量大、档次低、价格弹性大的产品。但该系列单片机的特殊功能寄存器并不像 80C51 系列那样都集中在一个固定的地址区间内，而是分散在四个地址区间内，在编程过程中，要使用专用寄存器，并反复选择对应的存储体，使编程变得较为麻烦。

3. AVR 系列

　　AVR 系列单片机是 Atmel 公司推出的较为新颖的单片机，其显著的特点为高性能、高速度、低功耗。AVR 系列的 I/O 脚类似 PIC，它也有用来控制输入/输出的方向寄存器，输出驱动能力虽不如 PIC，但比 80C51 系列强。AVR 系列单片机工作电压为 2.7～6.0 V，可以实现耗电量最优化，芯片上的 Flash 存储器附在用户的产品中，可随时编程和再编程，使用户的产品设计容易，更新换代方便。

1.2.2　STC 单片机系列产品

　　STC 单片机是我国宏晶科技公司（STC micro）推出的 51 单片机兼容产品，该家族的单片机芯片以扩展功能强大、成本低廉、型号众多、开发方便等优势，迅速占领了中国市场。

宏晶科技于 2004 年和 2005 年推出第一款 51 内核的 STC 单片机，即 STC89C51RC/RD+系列，该系列的芯片片内具有高保密可编程 10 万次的 Flash 程序存储器、512~1280B 的数据存储器；6~8 个中断源；3 个 16 位定时/计数器；主频 0~40 MHz；具有 ISP/IAP 功能等，这些功能都强于传统的 51 单片机芯片。

2006 年，宏晶科技公司推出 STC12 系列的芯片。

2010 年，宏晶科技公司开始推出 STC15 系列的芯片。该系列芯片是目前的主流产品，也是本书重点介绍的芯片。其强大的功能包括：1 个机器周期仅包含 1 个系统时钟周期（即所谓 1T 技术），而传统的 51 单片机是 1 个机器周期包含 12 个系统时钟周期，仅此在主频相同的情况下，STC15 系列单片机将指令执行速度提高到原有的 12 倍（在指令时钟数相等的情况下）；I/O 口线可达 44 根，每个口线驱动能力最大可达 20 mA（当然芯片总的功耗不能超过 90 mA）；片内新增 CCP/PCA/PWM 模块、SPI 串行通信模块、ADC 模/数转换模块、看门狗以及大容量的程序存储器 Flash 和数据存储器 RAM，具备 ISP/IAP 工作模式等。所有这些功能都远远超出了传统的 51 单片机所具有的能力。

表 1.3 给出 STC15 系列部分芯片的性能与配置一览表。

表 1.3　STC15 系列部分芯片的性能与配置

型　　号	Flash/KB	SRAM/B	EEPROM/KB	PCA/CCP/PWM	A/D	定时器	中断源	串行口	I/O
STC15F4K08S4	8	4096	53	3 路	8 路 10 位	8	18	4	38/42/46
STC15F4K16S4	16	4096	45	3 路	8 路 10 位	8	18	4	38/42/46
STC15F4K24S4	24	4096	37	3 路	8 路 10 位	8	18	4	38/42/46
STC15F4K32S4	32	4096	29	3 路	8 路 10 位	8	18	4	38/42/46
STC15F4K60S4	60	4096	1	3 路	8 路 10 位	8	18	4	38/42/46
1AP15F4K61S4	61	4096	IAP	3 路	8 路 10 位	8	18	4	38/42/46
STC15F2K08S2	8	2048	53	3 路	8 路 10 位	6	14	2	38/42/46
STC15F2K16S2	16	2048	45	3 路	8 路 10 位	6	14	2	38/42/46
STC15F2K60S2	60	2048	1	3 路	8 路 10 位	6	14	2	38/42/46
IAP15F2K61S2	61	2048	IAP	3 路	8 路 10 位	6	14	2	38/42/46
STC15F101W	1	128	4			2		2	
STC15W4K16S4	16	4096	42	8 路	8 路 10 位	8	21	4	38/42/46
STC15W4K32S4	32	4096	26	8 路	8 路 10 位	8	21	4	
STC15W4K56S4	56	4096	2	8 路	8 路 10 位	8	21	4	
IAP15W4K60S4	60	4096	IAP	8 路	8 路 10 位	8	21	4	
IAP15W4K61S4	61	4096	IAP	8 路	8 路 10 位	8	21	4	
STC15W1K16S	16	1024	13	—	—	3	12	1	
IAP15W1K29S	29	1024	IAP			3	12	1	
STC15W404S	4	512	9	—	—	3	12	1	
STC15W401AS	1	512	5	3 路	8 路 10 位	3	13	1	
STC15W201S	1	256	4			2	10	1	
STC15W100	0.5	128	—			2	8	—	

1.2.3　STC15W4K32S4 系列单片机

1. STC15W4K32S4 系列单片机资源配置

STC15W4K32S4 系列单片机的资源配置综合如下：

1）增强型 8051CPU，1T 型，即每个机器周期只有 1 个系统时钟，速度比传统 8051 单片机快 8~12 倍。

2）工作电压：2.4~5.5 V。

3）ISP/IAP 功能，即在系统可编程/在应用可编程。其中，以 STC15W4K 开头的以及 IAP15W4K58S4 单片机可直接采用 USB 进行在线编程。

4）内部高可靠复位，ISP 编程时 16 级复位门槛电压可选，可彻底省掉外围复位电路。

5）内部高精度 R/C 时钟，±1% 温漂（−40~85℃），常温下温漂为 ±0.6%，ISP 编程时内部时钟从 5~35 MHz 可选（5.5296 MHz、11.0592 MHz、22.1184 MHz、33.1776 MHz 等）。

6）Flash 程序存储器（16 KB、32 KB、40 KB、48 KB、60 KB、61 KB、63.5 KB 可选）。

7）4096 字节 SRAM，包括常规的 256 字节 RAM 和内部扩展的 3840 字节 XRAM。

8）大容量的数据 Flash（EEPROM），擦写次数十万次以上。

9）7 个定时器，包括 5 个 16 位可重装载初始值的定时器/计数器（T0、T1、T2、T3、T4）和 2 路 CCP 可再实现 2 个定时器。

10）4 个全双工异步串行口（串行口 1、串行口 2、串行口 3、串行口 4）。

11）8 通道高速 10 位 ADC，速度可达 30 万次/秒，8 路 PWM 可用作 8 路 D/A 使用。

12）6 通道 15 位专门的高精度 PWM（带死区控制）。

13）2 通道 CCP。

14）高速 SPI 串行通信接口。

15）6 路可编程时钟输出（T0、T1、T2、T3、T4 以及主时钟输出）。

16）比较器，可作为 1 路 ADC 使用，可用作掉电检测。

17）最多具备 62 个 I/O 口，可设置为 4 种工作模式。

18）硬件看门狗（WDT）。

19）低功耗设计：低速模式、空闲模式、掉电模式（停机模式）。

20）具有多种掉电唤醒的资源：

① 低功耗掉电唤醒专用定时器；

② 唤醒引脚：INT0、INT1、$\overline{INT2}$、$\overline{INT3}$、$\overline{INT4}$、CCP0、CCP1、RXD、RXD2、RXD3、RXD4、T0、T1、T2、T3、T4 等。

21）支持程序加密后传输，防拦截。

22）支持下载 RS485。

23）先进的指令集结构，兼容传统 8051 单片机指令集，有硬件乘法、除法指令。

2. STC15W4K32S4 系列单片机机型一览表与命名规则

STC15W4K32S4 系列单片机机型一览表见表 1.4。STC15W4K32S4 系列单片机各机型的不同点主要在程序存储器与 EEPROM 容量的不同。

表 1.4 STC15W4K32S4 系列单片机机型一览表

型号	程序存储器/KB	数据存储器SRAM/KB	EEPROM/KB	复位门槛电压	内部精准时钟/MHz	程序加密后传输（防拦截）	可设程序更新口令	支持RS485外载	封 装 类 型
STC15W4K16S4	16	4	43	16 级	可选	有	是	是	
STC15W4K32S4	32	4	27	16 级	可选	有	是	是	
STC15W4K40S4	40	4	19	16 级	可选	有	是	是	LQFP64L、LQFP64S
STC15W4K48S4	48	4	11	16 级	可选	有	是	是	QFN64、QFN48
STC15W4K56S4	56	4	3	16 级	可选	有	是	是	LQFP48、LQFP44 LQFP32、SOP28
IAP15W4K61S4	61	4	IAP	16 级	可选	有	是	是	SKDIP28、PDIP40
IAP15W4K58S4	58	4	IAP	16 级	可选	有	是	是	
IRC15W4K63S4	63.5	4	IAP	固定	24	无	否	否	

1.2.4 STC 单片机的命名规则

STC15 系列的单片机是一个大的产品系列，包含各种内核兼容，配置各异的芯片。各芯片的命名规则如图 1.1 所示。

$$\underset{①}{\underline{XXX}} \quad \underset{②}{\underline{15}} \quad \underset{③}{\underline{X}} \quad \underset{④}{\underline{X}} \quad \underset{⑤}{\underline{XX}} \quad \underset{⑥}{\underline{X}} \text{--} \underset{⑦}{\underline{XX}} \quad \underset{⑧}{\underline{X}} - \underset{⑨}{\underline{XXX}} \quad \underset{⑩}{\underline{XXX}}$$

图 1.1 STC15 系列单片机的命名规则

其中：

① 表示 STC、IAP 或者 IRC，具体含义如下：

STC：设计者不可以将用户程序区的程序 Flash 作为 EEPROM 使用，但有专门的 EEPROM。

IAP：设计者可以将用户程序区的程序 Flash 作为 EEPROM 使用。

IRC：设计者可以将用户程序区的程序 Flash 作为 EEPROM 使用，且（默认）使用内部 24 MHz 时钟或外部晶振。

② 表示是 STC 公司的 15 系列单片机，1T 型产品，即一个机器周期包含一个时钟周期，当工作在同样的工作频率时，其速度是普通 8051 单片机的 8~12 倍。

③ 表示单片机工作电压，用 F、L 和 W 表示，含义如下：

F：表示 Flash，工作电压范围为 3.8~5.5 V。

L：表示低电压，工作电压范围为 2.4~3.6 V。

W：表示宽电压，工作电压范围为 2.5~5.5 V。

④ 用于标识单片机内 SRAM 存储空间容量。

当为一位数字时，容量计算以 128B（字节）为单位，乘以该数字。比如，当该位为数字 4 时，表示 SRAM 存储空间的容量为 128B×4=512B。

当容量超过 1 KB（1024B 时），用 1K、4K 表示，其单位为 B（字节）。

⑤ 表示单片机内程序空间的大小，例如，01 表示 1 KB；02 表示 2 KB；03 表示 3 KB；04 表示 4 KB；16 表示 16 KB；24 表示 24 KB；29 表示 29 KB 等。

⑥ 表示单片机的一些特殊功能，用 W、S、AS、PWM、AD、S4 表示。

W：表示有掉电唤醒专用定时器。

S：表示有串口。

AS/PWM/AD：表示有一组高速异步串行通信接口、SPI 功能、内部 EEPROM 功能、A/D 转换功能、CCP/PWM/PCA 功能。

S4：表示有 4 组高速异步串行通信接口、SPI 功能、内部 EEPROM 功能、A/D 转换功能、CCP/PWM/PCA 功能。

⑦ 表示单片机工作频率。比如 28 表示该款单片机的工作频率最高为 28 MHz。

⑧ 表示单片机工作温度范围，用 C、I 表示，具体含义如下：

C：表示商业级，其工作温度范围为 0~70℃。

I：表示工业级，其工作温度范围为 -40℃~85℃。

⑨ 表示单片机封装类型。典型的有 LQFP、PDIP、SOP、SKDIP、QFN。

⑩ 表示单片机引脚个数。典型的有 64、48、44、40、32、28 等。

例如，有一芯片标示 STC15W4K60S4，表示该芯片为 STC15 系列的产品，其工作电压为 2.5~5.5 V，片内数据存储器 SRAM 为 4 KB，片内 Flash 程序存储器为 60 KB，4 个串行口等。

1.3　STC15 单片机内部总体结构及引脚功能

1.3.1　引脚功能

虽然 STC15 系列单片机型号众多，同种芯片封装也不同，但这些芯片的引脚信号大部分都具有相同的意义。不过应注意的是，STC15 单片机的引脚布局，与经典的 51 单片机产品不兼容。以下以 STC15W4K32S4 的 PDIP40 封装（图 1.2）为例，初步介绍其引脚定义。其 P0 口引脚排列与功能说明见表 1.5。

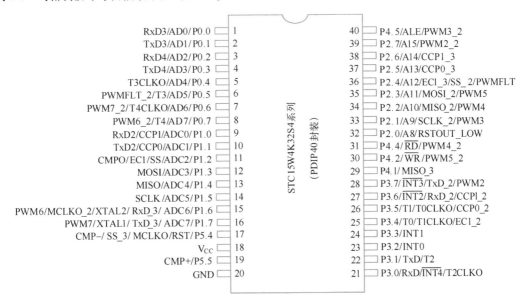

图 1.2　STC15W4K32S4 的 PDIP40 引脚封装图

表 1.5　P0 口引脚排列与功能说明

引　脚　号	1	2	3	4	5	6	7	8
I/O 名称	P0.0	P0.1	P0.2	P0.3	P0.4	P0.5	P0.6	P0.7
第二功能	（AD0~AD7）访问外部存储器时，分时复用用作低 8 位地址总线和 8 位数据总线							
第三功能	RxD3	TxD3	RxD4	TxD4	T3CLKO	T3	T4CLKO	T4
	串行口 3 数据接收端	串行口 3 数据发送端	串行口 4 数据接收端	串行口 4 数据发送端	T3 的时钟输出端	T3 的外部计数输入端	T4 的时钟输出端	T4 的外部计数输入端
第四功能	—	—	—	—	—	PWMFLT_2	PWM7_2	PWM6_2
						PWM 异常停机控制引脚（切换 1）	脉宽调制输出通道 7（切换 1）	脉宽调制输出通道 6（切换 1）

P1 口引脚排列与功能说明见表 1.6。

表 1.6　P1 口引脚排列与功能说明

引脚号	I/O 名称	第二功能	第三功能	第四功能	第五功能	第六功能
9	P1.0	ADC0	CCP1	RxD2	—	—
		ADC 模拟输入通道 0	CCP 输出通道 1	串行口 2 串行数据接收端		
10	P1.1	ADC1	CCP0	TxD2	—	—
		ADC 模拟输入通道 1	CCP 输出通道 0	串行口 2 串行数据发送端		
11	P1.2	ADC2	SS	EC1	CMPO	—
		ADC 模拟输入通道 2	SPI 接口的从机选择信号	CCP 模块计数器外部计数脉冲输入端	比较器比较结果输出端	
12	P1.3	ADC3	MOSI	—	—	—
		ADC 模拟输入通道 3	SPI 接口主出从入数据端			
13	P1.4	ADC4	MISO	—	—	—
		ADC 模拟输入通道 4	SPI 接口主入从出数据端			
14	P1.5	ADC5	SCLK	—	—	—
		ADC 模拟输入通道 5	SPI 接口同步时钟端			
15	PI.6	ADC6	RxD_3	XTAL2	MCLKO_2	PWM6
		ADC 模拟输入通道 6	串行口 1 串行数据接收端（切换 2）	内部时钟放大器反相放大器的输出端	主时钟输出（切换 1）	脉宽调制输出通道 6
16	PI.7	ADC7	TxD_3	XTAL1	PWM7	—
		ADC 模拟输入通道 7	串行口 1 串行数据发送端（切换 2）	内部时钟放大器反相放大器的输入端	脉宽调制输出通道 7	

P2 口引脚排列与功能说明见表 1.7。

表 1.7　P2 口引脚排列与功能说明

引脚号	I/O 名称	第二功能		第三功能	第四功能	第五功能
32	P2.0	A8	访问外部存储器时，用作高 8 位地址总线	RSTOUT_LOW 上电后输出低电平	—	—
33	P2.1	A9		SCLK_2 SPI 接口同步时钟端（切换 1）	PWM3 脉宽调制输出通道 3	—
34	P2.2	A10		MISO_2 SPI 接口主入从出数据端（切换 1）	PWM4 脉宽调制输出通道 4	—
35	P2.3	A11		MOSI_2 SPI 接口主出从入数据端（切换 1）	PWM5 脉宽调制输出通道 5	—
36	P2.4	A12		EC1_3 CCP 模块计数器外部计数脉冲输入端（切换 2）	SS_2 SPI 接口的从机选择信号（切换 1）	PWMFLT PWM 异常停机控制引脚
37	P2.5	A13		CCP0_3 CCP 输出通道 0（切换 2）	—	—
38	P2.6	A14		CCP1_3 CCP 输出通道 1（切换 2）	—	—
39	P2.7	A15		PWM2_2 脉宽调制输出通道 2（切换 1）	—	—

P3 口引脚排列与功能说明见表 1.8。

表 1.8　P3 口引脚排列与功能说明

引脚号	I/O 名称	第二功能	第三功能	第四功能
21	P3.0	RxD 串行口 1 串行数据接收端	$\overline{INT4}$ 外部中断 4 中断请求输入端	T2CLKO T2 定时器的时钟输出端
22	P3.1	TxD 串行口 1 串行数据发送端	T2 T2 定时器的外部计数脉冲输入端	—
23	P3.2	INT0 外部中断 0 中断请求输入端	—	—
24	P3.3	INT1 外部中断 1 中断请求输入端	—	—
25	P3.4	T0 T0 定时器的外部计数脉冲输入端	T1CLKO T1 定时器的时钟输出端	EC1_2 CCP 模块计数器外部计数脉冲输入端（切换 1）

（续）

引脚号	I/O 名称	第二功能	第三功能	第四功能
26	P3.5	T1	T0CLKO	CCP0_2
		T1 定时器的外部计数脉冲输入端	T0 定时器的时钟输出端	CCP 输出通道 0（切换 1）
27	P3.6	$\overline{INT2}$	RxD_2	CCP1_2
		外部中断 2 中断请求输入端	串行口 1 串行接收数据端（切换 1）	CCP 输出通道 1（切换 1）
28	P3.7	$\overline{INT3}$	TxD_2	PWM2
		外部中断 3 中断请求输入端	串行口 1 串行发送数据端（切换 1）	脉宽调制输出通道 2

P4 口引脚排列与功能说明见表 1.9。

表 1.9　P4 口引脚排列与功能说明

引脚号	I/O 名称	第二功能	第三功能
29	P4.1	MISO_3	—
		SPI 接口主出从入数据端（切换 2）	
30	P4.2	$\overline{WR}$	PWM5_2
		外部数据存储器写脉冲	脉宽调制输出通道 5（切换 1）
31	P4.4	$\overline{RD}$	PWM4_2
		外部数据存储器读脉冲	脉宽调制输出通道 4（切换 1）
40	P4.5	ALE	PWM3_2
		外部扩展存储器的地址锁存信号	脉宽调制输出通道 3（切换 1）

P5 口引脚排列与功能说明见表 1.10。

表 1.10　P5 口引脚排列与功能说明

引脚号	I/O 名称	第二功能	第三功能	第四功能	第五功能
17	P5.4	RST	MCLKO	SS_3	CMP-
		复位脉冲输入端	主时钟输出端	SPI 接口的从机选择信号（切换 2）	比较器负极输入端
19	P5.5	CMP+	—	—	—
		比较器正极输入端			

1.3.2　总体结构

Intel 公司的 MCS-51 单片机系列产品及各芯片厂商推出的各种 51 兼容产品都具有基本相同的内核组成结构。其基本组成包括 CPU、一定容量的存储器（包括数据存储器和程序存储器）、并行 I/O 口、中断控制部件、其他的功能部件（包括定时/计数器、串行输入/输出接口等）。单片机内部各功能组件通过内部总线相连。早期 51 单片机的内核结构如图 1.3 所示。

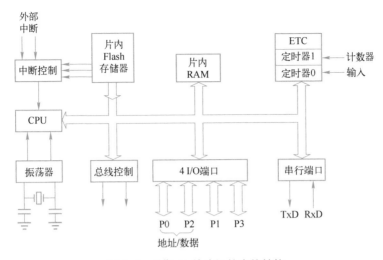

图 1.3 早期 51 单片机的内核结构

STC 单片机具有 51 单片机最基本的内核结构，同时增加了不少功能部件。图 1.4 显示了 STC15W4K32S4 单片机详细结构图，以下对其基本组成做一个概述性的说明，很多部件的详细使用方法在后续章节中会逐渐呈现。

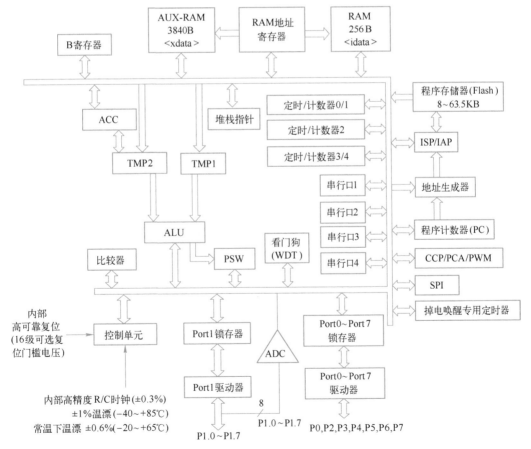

图 1.4 STC15W4K32S4 单片机详细结构图

1. CPU

中央处理器 CPU 是单片机的核心，主要由运算部件、控制部件和专用寄存器组成。CPU 功能可概况为以下三条：

1）产生控制信号。

2）控制数据传送。

3）对输入数据进行算术逻辑运算及位操作。

2. 存储器

首先，与 80x86 等大部分微处理器不同，51 单片机的存储体系将存储空间分为程序存储器及数据存储器两个独立的存储地址空间。这些空间物理上分布于芯片内和芯片外。在芯片内，根据不同的产品型号，可以有不同容量的程序存储器，这些存储器一般为可改写的 ROM 的类型，例如 STC15W4K32S4，片内有 32 KB 的 Flash 存储器；此外，单片机片内还有一定数量的数据存储器，采用 RAM 的形式，用于存储程序运行过程中产生的中间结果等；这个片内的数据存储器空间，还包括一些用于存储控制其他功能部件（如定时器）运行方式和参数的信息单元，这些称为特殊功能寄存器（Special Function Register，SFR）。STC15 系列的单片机片内还有一个单独编址的 Flash 存储区（片内 EEPROM），用于存放那些程序运行时可实时修改但系统断电后需要保持不变的数据。

3. 并行 I/O 口

并行开关量（数字量）的输入/输出是微控制器最基本的功能。STC15 系列单片机提供了最多 8 个可编程的并行 I/O 口（根据封装的不同，端口数也不同）。大部分 I/O 口是 8 位的，但也有些口不足 8 位，如图 1.4 中 Port0～Port7 所示。

4. 其他功能部件

51 单片机内一般还集成有中断逻辑、两个或多个 16 位定时/计数器、一个或多个全双工串行口、多路 A/D 转换单元、同步串行数据传输 SPI 接口、多路 PWM 脉宽调制输出、多路比较器、看门狗和内部上电复位电路、高精度 R/C 时钟 ISP/IAP 接口等功能部件，这些部件给单片机的应用带来了极大的方便，具体结构和应用方式可见本书后面的叙述。

1.4 STC15 单片机存储体系结构

如前所述，51 单片机的存储空间在逻辑上分为程序存储器空间和数据存储器空间，二者都有独立的地址空间。在物理上，STC15 单片机的程序存储器最大具有 64 KB 空间，只位于片内（经典 51 单片机，程序存储器可以位于片内及片外）；数据存储器则分布于片内和片外，片外可扩展 64 KB 空间，片内数据存储器（简称数据 RAM）又分为基本的数据 RAM 和 STC15 扩展的数据 RAM，扩展的数据 RAM 空间大小，各型号有较大的差别。此外，STC15 单片机片内还集成有一块独立的数据 Flash 存储器，用于存放掉电不丢失的数据。

所以，对于 STC15 系列的单片机，可以说是有 5 个独立的存储器编址空间：程序存储器空间（位于片内）、片内基本数据 RAM 空间、片内扩展数据 RAM 空间、片内掉电不丢失的数据 Flash（又称为 EEPROM）空间和片外数据存储器空间。

51 单片机没有独立的 I/O 地址空间。若需要扩充 I/O 接口并分配访问地址，则需要占用片外数据存储器空间，即采用"内存映像"方式进行访问。

STC15 单片机存储体系结构可用图 1.5 表示。以下分别介绍各部分存储空间的基本结构和用法。

1. 程序存储器（程序 Flash）

程序存储器用于存放程序代码以及常数表格。程序存储器地址空间为 64 KB，地址从 0000H 到 FFFFH。经典单片机可能在片内集成较少的程序存储器空间，然后允许用户在片外扩充至总空间为 64 KB，STC15 单片机各型号芯片片内分别集成了 8~61 KB 容量的 Flash 程序存储器，STC 公司认为已足够适用于各种应用系统，因此不再允许用户在片外再扩充程序存储器了，这样，对于 STC15 系列单片机，所有程序存储器都位于片内。

各型号芯片不管其片内程序存储器容量多大，都是从 0000H 开始连续编址。如图 1.5 中最左边存储器示意图所示。

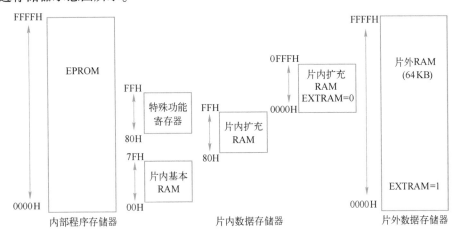

图 1.5　STC15 单片机存储体系结构

用户程序只能通过 MOVC 指令读程序存储器的内容，不能写程序存储器单元（指带 STC 头的产品）。

STC15 系列单片机程序存储空间中，有一些特殊地址单元已定义为特殊用途。这些特殊地址单元如下。

0000H~0002H：复位地址，此地址存放系统复位后单片机执行的用户程序第一条指令的代码。

0003H：外部中断 0 入口地址。

000BH：定时/计数器 0 溢出中断入口地址。

0013H：外部中断 1 入口地址。

001BH：定时/计数器 1 溢出中断入口地址。

0023H：串行口 1 中断入口地址。

以上是经典 51 单片机程序存储器所占用的情况。

从地址 0003H 开始，系统每隔 8 个单元为 5 个中断服务子程序分配有一个固定的入口地址。如外部中断 0 的入口地址为 0003H；定时器 0 的入口地址为 000BH；外部中断 1 的入口地址为 0013H；定时器 1 的入口地址为 001BH；以此类推。

中断响应后，程序指针 PC 将自动根据中断类型指向这些入口地址的某一个，CPU 就从这里开始执行中断服务子程序。

2. 基本 RAM

单片机的内部数据存储器结构如图 1.6 所示。片内数据存储器地址范围是 00H~FFH，只有 256 个字节。

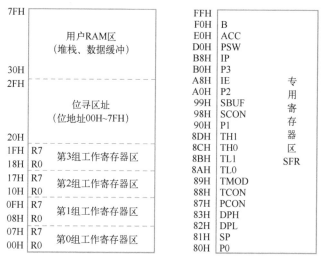

图 1.6　单片机内数据存储器的配置

（1）低 128 字节

低 128 字节根据 RAM 作用的差异性，又分为工作寄存器组区、位寻址区和用户 RAM 区。

1）工作寄存器组区。最低 32 个单元（地址为 00H~1FH）是 4 个通用工作寄存器组。每个寄存器组含有 8 个 8 位寄存器，编号为 R0~R7。

程序状态字 PSW 中的 2 位 RS0、RS1 用来确定当前采用哪一个工作寄存器组。

在某一时刻只能选用其中的一组寄存器工作，系统复位后，指向工作寄存器组 0。如果用户程序不需要 4 个工作寄存器区，则不用的工作寄存器单元可以作一般的 RAM 使用。

2）位寻址区。内部 RAM 区中的 20H~2FH 单元（16 字节）可供位寻址，这 16 个单元共有 128 位，每位均可直接寻址，其位地址范围为 00H~7FH，具体情况见表 1.11。

表 1.11　RAM 位寻址区地址表

单元地址	MSB			位地址				LSB
2FH	7FH	7EH	7DH	7CH	7BH	7AH	79H	78H
2EH	77H	76H	75H	74H	73H	72H	71H	70H
2DH	6FH	6EH	6DH	6CH	6BH	6AH	69H	68H
2CH	67H	66H	65H	64H	63H	62H	61H	60H
2BH	5FH	5EH	5DH	5CH	5BH	5AH	59H	58H
2AH	57H	56H	55H	54H	53H	52H	51H	50H
29H	4FH	4EH	4DH	4CH	4BH	4AH	49H	48H
28H	47H	46H	45H	44H	43H	42H	41H	40H
27H	3FH	3EH	3DH	3CH	3BH	3AH	39H	38H
26H	37H	36H	35H	34H	33H	32H	31H	30H
25H	2FH	2EH	2DH	2CH	2BH	2AH	29H	28H
24H	27H	26H	25H	24H	23H	22H	21H	20H
23H	1FH	1EH	1DH	1CH	1BH	1AH	19H	18H
22H	17H	16H	15H	14H	13H	12H	11H	10H
21H	0FH	0EH	0DH	0CH	0BH	0AH	09H	08H
20H	07H	06H	05H	04H	03H	02H	01H	00H

这些位地址有两种表示方式：一种是采用位地址形式，即 00H~7FH；另一种是用字节地址（20H~2FH）位数方式表示。例如，位地址 00H~07H 也可表示为 20H.0~20H.7。

3）用户 RAM 区。30H~7FH 共 80 个字节单元，为字节寻址的内部 RAM 区，可供用户作为数据存储区。这一区域的操作指令非常丰富，数据处理方便灵活，是非常宝贵的资源。但是，如果堆栈指针初始化时设置在这个区域，就要留出足够的字节单元作为堆栈区，以防止在数据存储时，破坏了堆栈的内容。

堆栈：按先进后出或后进先出原则进行读/写的特殊 RAM 区域。51 单片机的堆栈区是不固定的，原则上可设置在内部 RAM 的任意区域内。实际使用时要根据对片内 RAM 各功能区的使用情况而灵活设置，应避开工作寄存器区、位寻址区和用户实际使用的数据区，一般设在 2FH 地址单元以后的区域。

堆栈的作用：主要用在子程序调用或中断处理过程中，用于保护断点和现场，实现子程序或中断的多级嵌套处理。在 CPU 响应中断或调用子程序时，会自动地将断点处的 16 位返回地址压入堆栈。在中断服务程序或子程序结束时，返回地址会自动由堆栈弹出，并放回到程序计数器 PC 中，使程序从原断口处继续执行下去。

堆栈除了用于保护断点处的返回地址外，还可以用于保护其他一些重要信息，要注意的是，必须按照"后进先出"的原则存取信息。堆栈也可以作为特殊的数据交换区使用。

堆栈的开辟：栈顶的位置由专门设置的堆栈指针 SP 指出。

51 单片机的 SP 是 8 位寄存器，堆栈向上生长，当数据压入堆栈时，SP 的内容自动加 1，作为本次进栈的指针，然后存入数据。SP 的值随着数据的存入而增加。当数据从堆栈弹出之后，SP 的值随之减少。复位时，SP 的初值为 07H，用户在初始化程序中可以给 SP 赋新的初值。

（2）高 128 字节

高 128 字节的地址为 80H~FFH，属普通存储区域，但高 128 字节地址与特殊功能寄存器区的地址是相同的。为了区分这两个不同的存储区域，访问时，规定了不同的寻址方式，高 128 字节只能采用寄存器间接寻址方式访问；特殊功能寄存器只能采用直接寻址方式。此外，高 128 字节也可用作堆栈区。

1）特殊功能寄存器 SFR（80H~FFH）。所谓特殊功能寄存器，主要包括控制片内各功能单元（定时器、串行口、中断等）工作方式的一些寄存器，以及一些命名的数据寄存器，如累加器 A 等。STC15 系列单片机的 SFR 地址与名称对应表见表 1.12。寄存器名字下面的 8 位二进制数为单片机复位的初始值，x 表示该位为随机值。这些 SFR 地址的编排，例如 P0 地址为 80H，SP 地址为 81H，DPL 地址为 82H 等。

表 1.12　SFR 地址与名称对应表

地址	可位寻址	不可位寻址						
	+0	+1	+2	+3	+4	+5	+6	+7
80H	P0 1111 1111	SP 0000 0111	DPL 0000 0000	DPH 0000 0000	S4CON 0000 0000	S4BUF XXXX XXXX	—	PCON 0011 0000
88H	TCON 0000 0000	TMOD 0000 0000	TL0 0000 0000	TL1 0000 0000	TH0 0000 0000	TH1 0000 0000	AUXR 0000 0001	INT_CLKO AUXR2 0000 0000
90H	P1 1111 1111	P1M1 0000 0000	P1M0 0000 0000	P0M1 0000 0000	P0M0 0000 0000	P2M1 0000 0000	P2M0 0000 0000	CUK_DIV PCON2

（续）

地址	可位寻址	不可位寻址						
	+0	+1	+2	+3	+4	+5	+6	+7
98H	SCON 0000 0000	SBUF XXXX XXXX	S2CON 0000 0000	S2BUF XXXX XXXX	—	P1 ASF 0000 0000	—	—
A0H	P2 1111 1111	Bus_SPEED XXXX	P_SW1 0000 0000	—	—	—	—	—
A8H	IE 0000 0000	SADDR	WKTCL WKTCL_CNT 0111 1111	WKTCH WKTCH_CNT 0111 1111	S3CON 0000 0000	S3BUF XXXX XXXX	—	IE2 X000 0000
B0H	P3 1111 1111	P3M1 0000 0000	P3M0 0000 0000	P4M1 0000 0000	P4M0 0000 0000	IP2 XXX0 0000	IP2H XXXX XX00	IPH X000 0000
B8H	ip X0X0 0000	SADEN	P_SW2	—	ADC_CONTR 0000 0000	ADC_RES 0000 0000	ADC_RESL 0000 0000	—
C0H	P4 1111 1111	WDT_ CONTR 0X00 0000	IAP_DATA 1111 1111	IAP_ ADDRH 0000 0000	IAP_ADDRL 0000 0000	IAP_CMD XXXX XX00	IAP_TRIG XXXX XXXX	IAP_CONTR 0000 0000
C8H	P5 1111 1111	P5M1 XX00 0000	P5M0 XX00 0000	P6M1 0000 0000	P6M0 0000 0000	SPSTAT 00XX XXXX	SPCTL 0000 0100	SPDAT 0000 0000
D0H	PSW 0000 0000	T4T3M 0000 0000	T4H 0000 0000	T4L 0000 0000	T3H 0000 0000	T3L 0000 0000	T2H 0000 0000	T2L 0000 0000
D8H	CCON 00XX 0000	CMOD 0XXX X000	CCAPM0 X000 0000	CCAPM1 X000 0000	CCAPM2 X000 0000			
E0H	ACC 0000 0000	P7M1 0000 0000	P7M0 0000 0000	—	—	—	—	—
E8H	P6 1111 1111	CL 0000 0000	CCAP0L 0000 0000	CCAP1L 0000 0000	CCAP2L 0000 0000			
F0H	B 0000 0000	PWMCFG 0000 0000	PCA_PWM0 00XX XX00	PCA_PWM1 00XX XX00	PCA_PWM2 00XX XX00	PWMCR 0000 0000	PWMIF X000 0000	PWMFDCR XX00
F8H	P7 1111 1111	CH 0000 0000	CCAP0H 0000 0000	CCAP1H 0000 0000	CCAP2H 0000 0000	—	—	—

说明：各特殊功能寄存器地址等于行地址加列偏移量。

在表 1.12 中，地址能被 8 整除的那些 SFR 为可以位寻址的 SFR，也就是说，这些 SFR 的每一个二进制位也被编址了一个地址，称为位地址。这些位地址和低 128B RAM 中的位地址是统一编址的。即这里的位地址从 80H 开始编址，直到 0FFH。位地址的编址规律是：可位寻址 SFR 的字节地址值，是该 SFR 的 D0 位的位地址值，加 1 是 D1 位的地址，加 7 是 D7 位的位地址，以此类推。例如，P0 的 D0 位的位地址是 80H；P0 的 D7 位的位地址是 87H。

2）SFR 的使用方法。

① 从表 1.12 可以看出，80H~FFH 这 128 字节并不是所有的地址都定义了 SFR。在这个区域当中，除了 SFR 之外剩余的空闲单元，用户不得使用。读这些地址，一般会得到一个随机数据；写入的数据将会无效。

② 必须使用直接寻址方式对 SFR 进行访问，可使用寄存器名称（是它的符号地址）或地址。

例如：0E0H——累加器的地址；

　　　　ACC——累加器的名称。

③ 具有位地址和位名称的 SFR 才可以位寻址，位地址有以下 4 种表示形式：

a. 直接使用位地址表示

例如：0D7H —— PSW 最高位的位地址。

b. 使用位名称表示

例如：CY —— PSW 最高位的位名称。

c. 使用 SFR 字节地址 . 位形式表示

例如：0D7H. 7 —— PSW 字节地址 . 最高位。

d. 使用 SFR 名称 . 位形式表示

例如：PSW. 7 —— PSW 名称 . 最高位。

3) 与运算器相关的寄存器（3 个）。

ACC：累加器，它是 STC15W4K58S4 单片机中最繁忙的寄存器，用运算逻辑部件 ALU 提供操作数，同时许多运算结果也存放在累加器中。实际编程时，ACC 通常用 A 表示，表示寄存器寻址；若用 ACC 表示，则表示直接寻址（仅在 PUSH、POP 指令中使用）。

B：寄存器 B，主要用于乘、除法运算。也可作为一般 RAM 单元使用。

PSW：程序状态字。

程序状态字 PSW 是一个 8 位的寄存器，包含了各种程序状态信息，它相当于一个标志寄存器，以供程序查询和判别。PSW 的格式、各标志的含义及功能定义见表 1. 13。

表 1. 13　PSW 的格式、各标志的含义和功能定义

CY	AC	F0	RS1	RS0	OV	—	P

此寄存器各位的含义如下（其中 PSW. 1 未用）：

CY(PSW. 7)：进位标志。在执行某些算术和逻辑指令时，它可以被硬件或软件置位或清零。CY 在布尔处理机中被认为是位累加器，其重要性相当于一般中央处理器中的累加器 A。

AC(PSW. 6)：辅助进位标志。当进行加法或减法操作而产生由低 4 位数向高 4 位数进位或借位时，AC 将被硬件置位，否则就被清零。AC 被用于 BCD 码调整，详见指令系统中的 "DA　A" 指令。

F0(PSW. 5)：用户标志位。F0 是用户定义的一个状态标记，用软件来使它置位或清零。该标志位状态一经设定，可由软件测试 F0，以控制程序的流向。

RS1、RS0(PSW. 4、PSW. 3)：寄存器区选择控制位。可以用软件来置位或清零以确定工作寄存器区。RS1、RS0 与寄存器区的对应关系见表 1. 14。

表 1. 14　工作寄存器组选择

RS1	RS0	工作寄存器组
0	0	0 组（00H~07H）
0	1	1 组（08H~0FH）
1	0	2 组（10H~17H）
1	1	3 组（18H~1FH）

OV(PSW.2)：溢出标志。带符号加减运算中，超出了累加器 A 所能表示的符号数有效范围（−128~+127）时，即产生溢出，OV=1，表明运算结果错误。如果 OV=0，表明运算结果正确。

P（PSW.0）：奇偶标志。每个指令周期都由硬件来置位或清零，以表示累加器 A 中 1 的位数的奇偶数。若 1 的位数为奇数，P 置 1，否则 P 清零。P 标志位对串行通信中的数据传输有重要的意义，在串行通信中常用奇偶校验的办法来检验数据传输的可靠性。在发送端可根据 P 的值对数据进行奇偶置位或清零。

PSW.1：程序状态字的第 1 位，该位的含义没有定义，若用户要使用这一位，可直接使用 PSW.1 的位地址。

PSW 寄存器除具有字节地址外，还具有位地址，因此，可以对 PSW 中的任一位进行操作，这无疑大大提高了指令执行的效率。

4）指针类寄存器（3 个）。

SP：堆栈指针，它是始终指向栈顶。堆栈是一种遵循"先进后出，后进先出"原则存储的存储区域。入栈时，SP 先加 1，数据再压入（存入）SP 指向的存储单元；出栈操作时，先将 SP 指向单元的数据弹出到指定的存储单元中，SP 再减 1。STC15W4K58S4 单片机复位时，SP 为 07H，即默认栈底是 08H 单元，实际应用中，为了避免堆栈区域与工作寄存器组、位寻址区域发生冲突，堆栈区域设置在通用 RAM 区域或高 128 字节区域。堆栈区域主要用于存放中断或调用子程序时的断点地址和现场参数数据。

DPTR(16 位)：数据指针，由 DPL 和 DPH 组成，是一个 16 位的专用地址指针寄存器，用于对 16 位地址的程序存储器和扩展 RAM 进行访问。

其余特殊功能寄存器将在相关 I/O 接口章节中讲述。

3. 片内扩展的数据 RAM 空间（XRAM）

STC15 的大部分产品，在片内还扩展了另一部分数据存储器空间，这部分空间一般比上述基本数据 RAM 要大得多。以 STC15W4K32S4 为例，这部分空间为 4 KB−256B = 3840B，这部分空间使用 16 位地址访问，地址编码为 0000~0EFFH。

单片机对这部分空间的访问，使用和访问片外数据存储器空间一样的指令（即 MOVX 指令），单片机会根据 SFR 中地址为 8EH 的寄存器 AUXR 的 D1 位（名为 EXTRAM）的状态，决定是访问片外的地址单元，还是片内的相应地址单元。当 EXTRAM = 0 时，单片机 MOVX 指令访问片内的单元；当 EXTRAM =1 时，单片机 MOVX 指令访问片外的单元。用户可以用指令改变 EXTRAM 的状态。

4. 片内数据 Flash 存储器（EEPROM）

除了以上数据存储器，STC15 系列单片机片内还集成了一块较大容量的 EEPROM（电可擦可编程只读存储器），用于存储掉电不丢失的数据，一般称为数据 Flash。该数据 Flash 有单独的地址空间，采用 IAP 技术（"在应用编程"，即下面要介绍的访问方法）访问时，地址编址从 0 开始。这些 Flash 单元从首地址单元开始，每 512B 为一个扇区。CPU 每次进行擦除操作，都必须将整个扇区全部擦除，因此建议同一次修改的数据放在同一个扇区，不是同一次修改的数据放在不同的扇区，这样比较好管理。

例如，芯片 STC15W4K32S4 片内数据 Flash 有 26 KB，用 IAP 技术访问时，其地址为 0000~67FFH，分为 52 个扇区。

数据 Flash 可用于保存一些需要在应用过程中修改并且掉电不丢失的数据。在用户程序中，可以对数据 Flash 进行字节读/字节写/扇区擦除操作。为可靠起见，在工作电压 Vcc 偏低时，建议不要进行数据 Flash 的 IAP 访问操作。特殊功能寄存器 PCON 的 D5 位 LVDF 为低压检测标志位，当工作电压 Vcc 低于低压检测门槛电压时，该位置 1，所以在 LVDF 为 1 时，不要进行 Flash 的 IAP 操作。

在对数据 Flash 做 IAP 技术操作时，会涉及表 1.15 所示的特殊功能寄存器。

表 1.15　数据 Flash 的 IAP 操作功能寄存器

寄存器名	地　址	MSB	位地址及符号	LSB	复位值
IAP_DATA	C2H				1111 1111B
IAP_ADDRH	C3H				0000 000B
IAP_ADDRL	C4H				0000 0000B
1AP_CMD	C5H		MS1 MS0		xxxx x000B
IAP_TRIG	C6H				xxxx xxxxB
IAP_CONTR	C7H	IAPEN	SWBS SWRST CMD FAIL	WT2 WT1 WT0	0000 x000B

以下说明中 ISP/IAP 指的是采用 ISP/IAP 技术访问数据 Flash 的操作。

1. ISP/IAP 数据寄存器 IAP_DATA

IAP_DATA：ISP/IAP 操作时的数据寄存器。IAP 从 Flash 读出的数据放在此处，向 Flash 写的数据也需要放在此处。

2. ISP/IAP 地址寄存器 IAP_ADDRH 和 IAP_ADDRL

IAP_ADDRH：ISP/IAP 操作时的地址寄存器高 8 位。IAP_ADDRL：ISP/IAP 操作时的地址寄存器低 8 位，用于存放要读/写/擦除的数据 Flash 单元的地址。

3. ISP/IAP 命令寄存器 IAP_CMD

IAP_CMD 的最低两位 MS1 及 MS0 的功能见表 1.16。

表 1.16　ISP/IAP 操作命令编码

MS1	MS0	命令/操作模式
0	0	Standby 待机模式，无 ISP 操作
0	1	从用户的应用程序区对数据 Flash 区进行字节读取
1	0	从用户的应用程序区对数据 Flash 区进行字节编程
1	1	从用户的应用程序区对数据 Flash 区进行扇区擦除

4. ISP/IAP 命令触发寄存器 IAP_TRIG

IAP_TRIG：ISP/IAP 操作时的命令触发寄存器。在 IAPEN(1AP_CONTR.7)=1 时，对 IAP_TRIG 先写入 5AH，再写入 A5H，ISP/IAP 命令才会生效。

5. 1SP/IAP 命令寄存器 IAP_CONTR

ISP/IAP 控制寄存器相关位解释如下：

IAPEN：ISP/IAP 功能允许位。0：禁止 IAP 读/写/擦除；1：允许 IAP 读/写/擦除。

SWBS. SWRST 位，在复位一节中介绍。

CMD_FAIL：如果由 IAP 地址寄存器 IAP_ADDRH 和 IAP_ADDRL 的值指向了非法地址

或无效地址，且送了 ISP/IAP 命令及触发，则 CMD_FAIL 为 1，需由软件清零。

WT2、WT1、WT0 设置 ISP/IAP 操作时 CPU 等待时间，具体设置方法见表 1.17。

表 1.17　ISP/IAP 操作时 CPU 等待时间设置

设置等待时间			CPU 等待时间（多少个 CPU 工作时钟）			
WT2	WT1	WT0	读（2 个时钟）	编程（＝55 μs）	扇区擦除（＝21 ms）	系统时钟
1	1	1	2 个时钟	55 个时钟	21 012 个时钟	≥1 MHz
1	1	0	2 个时钟	110 个时钟	42 024 个时钟	≥2 MHz
1	0	1	2 个时钟	165 个时钟	63 036 个时钟	≥3 MHz
1	0	0	2 个时钟	330 个时钟	126 072 个时钟	≥6 MHz
0	1	1	2 个时钟	660 个时钟	252 144 个时钟	≥12 MHz
0	1	0	2 个时钟	1100 个时钟	420 240 个时钟	≥20 MHz
0	0	1	2 个时钟	1320 个时钟	504 288 个时钟	≥24 MHz
0	0	0	2 个时钟	1760 个时钟	672 384 个时钟	≥30 MHz

在了解了以上 SFR 的用法后，可归纳出对数据 Flash 的 ISP/IAP 访问操作的基本步骤如下：

1）将读/写/擦除的数据 Flash 单元的地址装入 IAP_ADDRH 及 IAP_ADDRL 寄存器，注意，若要删除某一扇区，则地址可为该扇区任一单元地址。

2）若是编程操作，则将要写入的数据装入 IAP_DATA 寄存器。

3）根据系统时钟值及表 1.17，设置 IAP_CONTR 中的等待时间 WT2、WT1、WT0。

4）将 IAP_CONTR 的 D7 位置 1。

5）根据操作类型，将操作命令编码写入 IAP_CMD。

6）向 IAP_TRIG 寄存器先后写入 5AH 及 0A5H。

注意：在对某一个字节地址写入时，必须保证其内容为 "0FFH"，也就是先要将以前写入的内容擦除掉，才能写入新的数据。

1.5　并行 I/O 口

并行 I/O 接口是实际应用中使用最多、最普遍的接口类型，开关量的输入/输出都是通过并行 I/O 接口实现的。STC15 系列单片机，根据芯片型号和封装的不同，最多具有 P0～P7 共 8 个 I/O 口，62 根口线。每个端口的每个口线，均具有输出的锁存和驱动，以及输入的三态缓冲，它们都可以被用户程序配置为 4 种工作模式之一。

1.5.1　I/O 口的工作模式及其设置

STC15 单片机的所有 I/O 口均有 4 种工作模式：准双向口（传统 8051 单片机 I/O 模式）、推挽输出、仅为输入（高阻状态）与开漏模式。每个 I/O 口的驱动能力均可达到 20 mA，但 40 引脚及以上单片机整个芯片的最大工作电流不要超过 120 mA；20 引脚以上、32 引脚以下单片机整个芯片的最大工作电流不要超过 90 mA。每个口的工作模式由 PnM1 和 PnM0（n=0，1，2，3，4，5，6，7）两个寄存器的相应位来控制。例如，P0M1 和 P0M0 用于设定 P0 口的工作模式，其中 P0M1.0 和 P0M0.0 用于设置 P0.0 的工作模式，P0M1.7 和 P0M0.7 用于设置 P0.7 的工作模式，以此类推。设置关系见表 1.18，除与专用 PWM 模块有关的引脚（P1.6、P1.7、P2.3、P2.2、P2.1、P3.7）为高阻外，STC15 单片机上电复位后所有的 I/O 口均为准双向口模式。

表 1.18　I/O 口工作模式的设置

模　式	控 制 信 号		I/O 口工作模式
	PnM1	PnM0	
0	0	0	准双向口（传统 8051 单片机 I/O 模式）：灌电流可达 20 mA，拉电流为 150~230 μA
1	0	1	推挽输出：强上拉输出，可达 20 mA，要外接限流电阻
2	1	0	仅为输入（高阻）
3	1	1	开漏：内部上拉电阻断开，要外接上拉电阻才可以拉高。此模式可用于 5 V 器件与 3 V 器件电平切换

1. 模式 0——准双向 I/O 口模式

准双向口工作模式下，I/O 口的电路结构如图 1.7 所示。此模式下，I/O 口可用直接输出而不需重新配置口线输出状态。这是因为当口线输出为"1"时驱动能力很弱，允许外部装置将其拉低电平。当引脚输出为低电平时，它的驱动能力很强，可吸收相当大的电流。

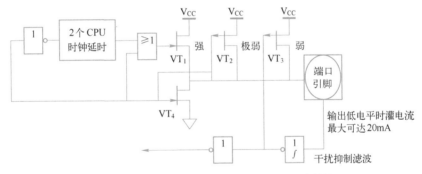

图 1.7　准双向口工作模式下 I/O 口的电路结构

每个端口都包含一个 8 位锁存器，即特殊功能寄存器 P0~P3。这种结构在数据输出时，具有锁存功能，即在重新输出新的数据之前，口线上的数据一直保持不变。但对输入信号是不锁存的，所以外设输入的数据必须保持到取数指令执行为止。准双向口有三个上拉场效应晶体管 VT_1、VT_2、VT_3，以适应不同的需要。其中，VT_1 称为"强上拉"，上拉电流可达 20 mA；VT_2 称为"极弱上拉"，上拉电流一般为 30 μA；VT_3 称为"弱上拉"，一般上拉电流为 150~270 μA，典型值为 200 μA。输出低电平时，灌电流最大可达 20 mA。

当口线寄存器为"1"且引脚本身也为"1"时，VT_3 导通，VT_3 提供基本驱动电流使准双向口输出为"1"。如果一个引脚输出为"1"而由外部装置下拉到低电平时，VT_3 断开，而 VT_2 维持导通状态，为了把这个引脚强拉为低电平，外部装置必须有足够的灌电流使引脚上的电压降到门槛电压以下。

当口线锁存器为"1"时，VT_2 导通。当引脚悬空时，这个极弱的上拉源产生很弱的上拉电流，将引脚上拉为高电平。

当口线锁存器由"0"到"1"跳变时，VT_1 用来加快准双向口由逻辑"0"到逻辑"1"的转换。当发生这种情况时，VT_1 导通约两个时钟，以使引脚能够迅速地上拉到高电平。

准双向口带有一个施密特触发输入以及一个干扰抑制电路。

当从端口引脚上输入数据时，VT_4 应一直处于截止状态。假定在输入之前曾输出锁存过数据"0"，则 VT_4 是导通的，这样引脚上的电位就始终被钳位在低电平，使输入高电平无法读入。若要从端口引脚读入数据，必须先向端口锁存器置"1"，使 VT_4 截止。

2. 模式 1——推挽输出工作模式

推挽输出工作模式下，I/O 口的电路结构如图 1.8 所示。此模式下，I/O 口输出的下拉结构、输入电路结构与准双向口模式是一致的，不同的是推挽输出工作模式下 I/O 口的上拉是持续的"强上拉"，若输出高电平，输出拉电流最大可达 20 mA；若输出低电平时，输出灌电流最大可达 20 mA。

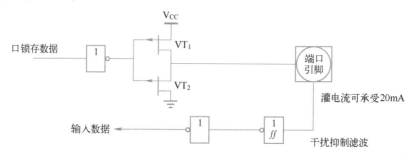

图 1.8　推挽输出工作模式下 I/O 口的电路结构

当从端口引脚上输入数据时，必须先向端口锁存器置"1"，使 VT_2 截止。

3. 模式 2——仅为输入（高阻）工作模式

仅为输入（高阻）工作模式下，I/O 口的电路结构如图 1.9 所示。此模式下，可直接从端口引脚读入数据，而不需要先对端口锁存器置"1"。

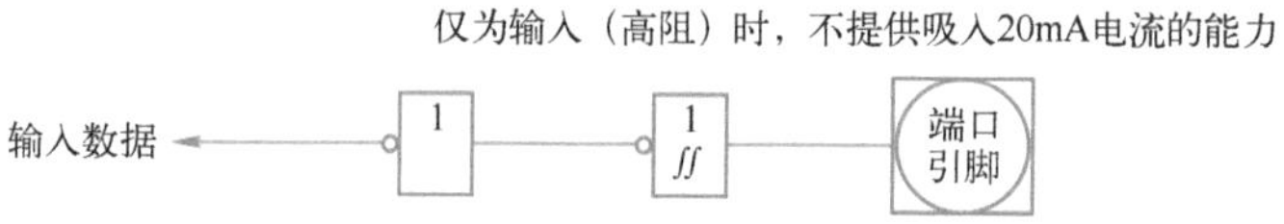

仅为输入（高阻）时，不提供吸入20mA电流的能力

图 1.9　仅为输入（高阻）工作模式下 I/O 口的电路结构

4. 模式 3——开漏工作模式

开漏输出工作模式下，I/O 口的电路结构如图 1.10 所示。此模式下，I/O 口输出的下拉结构与推挽输出/准双向口一致，输入电路与准双向口一致，但输出驱动无任何负载，即开漏状态，输出应用时，必须外接上拉电阻。

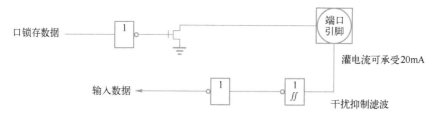

图 1.10　开漏输出工作模式下 I/O 口的电路结构

1.5.2　并行 I/O 口使用注意事项

1. 关于数据/地址/控制三总线

微型计算机系统一般采用三总线结构，即以数据总线 DB、地址总线 AB、控制总线 CB 连接各组成部件。对于 STC15 单片机为主处理器组成的系统来说，也是采用这样的结构。STC15 单片机的数据总线由 P0 口提供，双向 8 位，地址总线 16 位由 P0、P2 提供，P0 口提供低 8 位地址、数据总线复用，P2 口提供高 8 位地址。控制总线主要信号由 P3、P4 口提供，例如，$\overline{\text{WR}}$、$\overline{\text{RD}}$、ALE 等。如图 1.11 所示为 STC15 单片机片外三总线扩展的一般模型图。

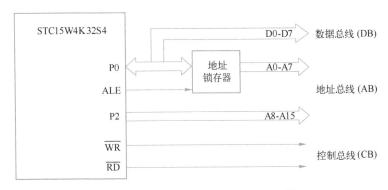

图 1.11　STC15 单片机片外三总线扩展模型

若单片机需要进行片外的三总线扩展，则使用到的相应口线都不能再作为一般的 I/O 使用了。

2. 引脚口线的多功能性

STC 单片机的口线，除上述介绍的三总线以外，其他也都具有多种功能。具体功能安排请见芯片的引脚图。这里需要注意一种情况，即 STC15 单片机的一些产品，如 STC15W4K60S4 等，可以将几种特殊的片内部件的引脚，在多个端口间切换。例如，串行口 1 的 RxD 和 TxD 引脚，既可安排在 P3.0 和 P3.1 上，也可安排在 P3.6 和 P3.7 上，还可安排在 P1.6 和 P1.7 上，串行口 1 的这种安排，用户可以通过设置 AUXR1（P_SW1）的 SFR （地址 0A2H）的 D7、D6 位的状态来控制。类似的部件还包括 PCA/CCP/PWM、SPI、串行口 2~4 等。当然，在实际应用中，这些部件的功能引脚显然各自只能出现在某一个口线上。

同样，若单片机系统需要使用某一口线的第二或第三功能，则相应口线也不能再作为一般的 I/O 使用了。

3. 复位状态和驱动能力

单片机复位后，各端口锁存器 SFR 置 1。各端口处于准双线/弱上拉工作模式，进入程序后，用户可按实际需要，任意设置成 4 种工作模式之一。必须注意，不管该口线是工作在普通 I/O 还是第二功能、第三功能，若非工作于模式 2——仅输入模式，则当需要从引脚输入时，都需要先向口线锁存器 SFR 的对应位写 1。复位后各端口引脚已处于可输入状态，若在运行过程中，修改了口线 SFR 对应位的状态，又需要使用该口线的输入功能，必须先向对应的锁存器 SFR 相应位写入 1。

　　STC15 单片机的口线，都具有最大 20 mA 的灌电流输出驱动能力，若工作于模式 1——推挽输出模式，则还有 20 mA 的拉电流驱动力。但是，单片机芯片总的功耗有限制，一般 40 引脚以上的芯片，总电流不超过 120 mA，40 引脚以下的芯片，总电流不能超过 90 mA。因此，用户在设计时，并不能每个引脚都使用其最大驱动能力。绝大部分引脚在驱动较大负载时，需外加驱动芯片或晶体管增加驱动能力。

4. 读端口与读锁存器的区别

　　单片机在运行过程中，除了可能执行读引脚状态的操作外，还可能有另外一种读并行口的操作，即读端口锁存器状态的操作。此时单片机内部会将端口锁存器的状态读入内部总线。显然，读引脚状态和读端口锁存器状态，其结果是不一样的。

　　哪些指令产生读端口锁存器的操作，哪些产生读引脚的操作呢？单片机对并行口的"读—改—写"指令执行的是读端口锁存器的操作，除此之外，其他的读端口指令执行的是读引脚的操作。所谓"读—改—写"指令，是指那些先将端口（锁存器）数据读入，经过运算修改后，再写回端口（锁存器）的指令。例如 ANL P0, A，该指令将 P0 口锁存器的内容和 A 累加器相与，结果回写到 P0 口锁存器，这里开始读的就是 P0 口锁存器。类似的指令还有以端口为目标操作数的 ORL、XRL、JBC、CPL、INC、DEC 等。

1.6　STC15 单片机时钟、复位及启动流程

　　微处理器作为一个复杂的时序逻辑电路，其工作必须要有时钟驱动。给单片机提供合适的时钟是单片机能正常工作的基本条件。主频时钟的频率也直接决定单片机执行指令的速度。

　　STC15 系列单片机的时钟可以有两种产生方法，内部高精度 R/C 时钟和外部时钟（外部输入的时钟或外部晶体振荡产生的时钟）。一些产品两种方法都可以使用，如 STC15W4K32S4 系列等；另一些产品则只能使用内部高精度 R/C 时钟，如 STC15F100W 系列、STC15W201S 系列等。

1. 外部时钟

　　最常用的方法就是在片外接一个晶体振荡元件（简称晶振），利用片内的振荡电路产生主时钟，接法如图 1.12 所示。

　　图 1.12 中晶振多为石英晶体，其振荡频率决定了主频时钟的频率，可根据系统对快速性的要求和具体单片机芯片允许的频率范围选择。例如，传统的 51 芯片最高频率为 12 MHz，STC15 最高主频为 35 MHz 或更高。在实际应用中，并不是主频越高越好，主频越高，对外围器件的要求越高，功耗越大，可靠性也会相应降低，所以应根据实际应用要求来确定较为合适的频率。

　　对于石英晶体振荡器，图 1.12 中电容器 C_1、C_2 可选 30 pF 左右的独石电容或其他高频特性较好的电容。

　　51 单片机也可使用外时钟信号。即将外部已有的时钟信号引入单片机内作为主频时钟，接法如图 1.13 所示。图中的门电路可以提高驱动能力，改善波形特性。外部时钟信号一般需要保证一定的脉冲宽度，时钟频率低于单片机最高主频指标。

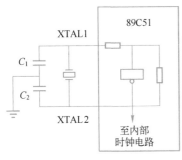

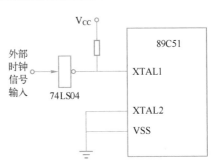

图 1.12　外接晶振产生时钟　　　　　　　　图 1.13　直接外接时钟

2. 内部 R/C 时钟

　　STC15 单片机也可以选择使用片内产生的 R/C 时钟，有些芯片则只能使用这种方式。STC 单片机内部高精度 R/C 时钟具有 ±0.3% 的精度，以及 ±1% 温漂（ −40 ～ +85℃）或 ±0.6% 温漂（ −20 ～ +65℃）。

　　STC15 系列单片机选择这种时钟方式时，需要在给芯片装入程序代码时进行适当设置。利用 STC 公司发布的 ISP（在系统编程）软件——STC-ISP（V6.86），可以完成程序代码的下载（写入单片机片内程序 Flash）及其他的一些初始化的设置，操作界面如图 1.14 所示。设置完后，单击"下载/编程"按钮，这些设置及单片机的程序代码将一起写入单片机中。

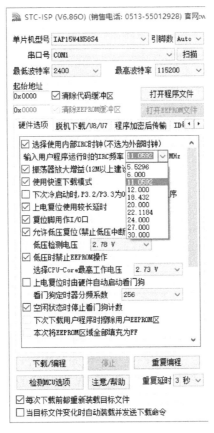

图 1.14　选择内部 R/C 时钟的设置

3. 主时钟分频、时钟输出和分频寄存器

以上方法产生的时钟称为主时钟 MCLK，单片机内部控制 CPU、定时器、串行口、SPI、CCP/PWM/PCA、A/D 转换的实际工作时钟称为系统时钟 SYSCLK（相当于经典 51 单片机中的机器周期概念）。系统时钟是对主时钟分频而得，分频系数由一个 SFR 时钟分频寄存器（CLK_DIV，地址 97H）设置，CLK_DIV 寄存器各位的定义见表 1.19。

表 1.19　时钟分频寄存器的定义

位	D7	D6	D5	D4	D3	D2	D1	D0
CLK_DIV（PCON2）	MCKO_S1	MCKO_S0	ADRJ	Tx_Rx	MCLKO_2	CLKS2	CLKS1	CLKS0

1）CLKS2、CLKS1、CLKS0：系统时钟频率选择控制位，单片机系统时钟频率由这三位配置，具体设置情况见表 1.20。

表 1.20　主时钟分频设置

CLKS2	CLKS1	CLKS0	系统时钟频率设置
0	0	0	主时钟频率/1，不分频
0	0	1	主时钟频率/2
0	1	0	主时钟频率/4
0	1	1	主时钟频率/8
1	0	0	主时钟频率/16
1	0	1	主时钟频率/32
1	1	0	主时钟频率/64
1	1	1	主时钟频率/128

通过设置 CLKS2、CLKS1、CLKS0 这三位，可以让单片机在较低的频率上运行。

2）MCKO_S1 及 MCKO_S0 设置引脚 MCLKO/P5.4 或 MCLKO_2/P1.6 是否对外输出时钟，输出的时钟频率具体情况见表 1.21。

表 1.21　主时钟对外输出设置

MCKO_S1	MCKO_S0	引脚 MCLKO 或 MCLKO_2 对外输出时钟设置
0	0	不对外输出时钟
0	1	对外输出时钟，输出时钟频率不分频
1	0	对外输出时钟，输出时钟频率 2 分频
1	1	对外输出时钟，输出时钟频率 4 分频

还需要注意，STC15 系列中，有的芯片输出的是系统时钟的分频信号，如 STC15W4K32S4 系列等，有的芯片输出的是主时钟的分频信号，如 STC15W404S 系列等。具体情况请见 STC15 产品手册。此外，STC15 系列 5 V 单片机 I/O 口的对外输出速度最快不超过 13.5 MHz，3.3 V 单片机 I/O 口的对外输出速度最快不超过 8 MHz，这个限制也需要在输出时钟时予以考虑。

3）注意 MCLKO_2 设置是在 MCLKO/P5.4 引脚还是在 MCLKO_2/P1.6 引脚上输出时

钟，为 0 在 MCLKO 引脚，为 1 在 MCLKO_2 引脚。

4. STC15 单片机时序说明

所谓时序，一般指的是在 CPU 运行时，引脚信号随着时钟而变化的时间与次序的安排。单片机的特点是：大部分指令的执行，只需在芯片内完成，因此也无引脚信号的变化。只是在执行片外数据存储器读/写操作时，才涉及片外总线的变化，而引起片外三总线的操作时序。

一般而言，指令执行时引起的片内逻辑信号的变化，我们并不关心。但为了对指令的执行有一个基本的概念，以及对程序运行时间计算的了解，仍需要理解以下概念。

（1）主时钟频率、系统时钟频率、机器周期

主时钟频率 MCLK：如前所述，MCLK 是单片机运行的基本时钟，它可以在片外产生，例如由片外输入或是由片外晶振决定；也可由片内 R/C 电路直接产生。这个频率是程序员能够感知的系统最高频率，其他时钟频率都是来源于它。

系统时钟频率 SYSCLK：这是 STC15 单片机引入的名词，它或者与 MCLK 同频率，或者是由 MCLK 的若干分频得到。系统时钟是单片机片内各种操作的同步时钟，单片机内各种操作的工作时钟，比如指令执行时间单位、各种定时器的定时计数脉冲等都是它。所以，系统时钟才是真正的片内的工作时钟。

机器周期：这是传统单片机或其他微处理器的基本概念，它是处理器执行一个基本操作所需要的时间，也是系统工作的一个基本时间单位。在 STC15 单片机中，机器周期等价于系统时钟 SYSCLK 频率的倒数，即与系统时钟是同一个信号、同一个概念。

（2）指令执行时间

指令的执行时间，即指令执行所需要的机器周期数。传统上，将指令的执行时间简称为指令周期。STC15 单片机的各类指令所需要的时间不同，总体来说，这些指令执行时间和指令长度（即指令代码的字节数）分为以下几种类型。

1）单字节单周期：这类指令的长度是一个字节，执行时间是一个机器周期（也可以说是在一个系统时钟内完成）。CPU 在一个系统时钟内，完成取指令码、译码、执行等操作。

2）双字节单周期：这类指令的长度是两个字节，执行时间是一个机器周期。CPU 在一个系统时钟内，完成取指令码两次（每次一字节）、译码、执行等操作。

3）单字节双周期：这类指令的长度是一个字节，但执行时间是两个机器周期。CPU 在第一个系统时钟内，完成取指令码，然后在本时钟周期及接下来的时钟周期内，完成指令译码、执行等操作。

4）多字节多周期：这类指令的长度是两个或三个字节，执行时间最少两个机器周期，最多 5 个机器周期（不考虑访问片外数据存储器空间的指令）。CPU 在第一个系统时钟内，完成取两个指令码字节，在第二个系统时钟内，取第三个指令码字节（如果有的话），然后在第一时钟周期及接下来的时钟周期内，完成指令译码、执行等操作。

当单片机执行访问片外数据存储器指令时，将引起片外总线的操作时序变化。

1.7　复位

单片机复位的意义是给片内各寄存器和触发器一个确定的初始状态。可靠的复位是单片

机能正确执行用户程序的必要前提。STC15 单片机的复位有两种类型 4 种组合：冷启动/热启动复位、硬（件）复位/软（件）复位。具体共有 7 种复位方式，包括：外部 RST 引脚复位、软件复位、掉电复位/上电复位、内部低压检测复位、MAX810 专用复位电路复位、看门狗复位以及程序地址非法复位，具体见表 1.22。

表 1.22 热启动复位和冷启动复位对照表

复位种类	复位源	上电复位标志（POF）	复位后程序启动区域
冷启动复位	系统停电后再上电引起的硬复位	1	从系统 ISP 监控程序区开始执行程序，如果检测不到合法的 ISP 下载命令流，将软复位到用户程序区执行用户程序
热启动复位	通过控制 RST 引脚产生的硬复位	不变	从系统 ISP 监控程序区开始执行程序，如果检测不到合法的 ISP 下载命令流，将软复位到用户程序区执行用户程序
	内部看门狗复位	不变	若（SWBS）= 1，复位到系统 ISP 监控程序区；若（SWBS）= 0，复位到用户程序区 0000H 处
	通过对 IAP_CONTR 寄存器操作的软复位	不变	若（SWBS）= 1，软复位到系统 ISP 监控程序区；若（SWBS）= 0，软复位到用户程序区 0000H 处

1. 复位操作有关寄存器

（1）ISP/IAP 控制寄存器

ISP/IAP 控制寄存器（IAP_CONTR，地址 0C7H）各位定义见表 1.23。

表 1.23 ISP/IAP 控制寄存器各位定义

位	D7	D6	D5	D4	D3	D2	D1	D0
定义	IAPEN	SWBS	SWRST	CMD_FAIL	—	WT2	WT1	WT0

其中，SWBS 为 0，则复位后从用户应用程序区启动，为 1 从系统 ISP 监控程序区启动（用于下载用户程序代码至本芯片的程序存储器）。

SWRST 为 1，软件控制产生复位；为 0：无操作。

（2）电源控制寄存器

电源控制寄存器（PCON，地址 87H）各位定义见表 1.24。

表 1.24 电源控制寄存器各位定义

位	D7	D6	D5	D4	D3	D2	D1	D0
定义	SMOD	SMOD0	LVDF	POF	GF1	GF0	PD	IDL

表 1.24 中，POF 为冷启动复位标志。所谓冷启动，指单片机从无电到接通电源所进行的复位操作。当单片机冷启动复位后，POF = 1；除此之外的热启动，此位保持不变。在冷启动后，此位可以立即用软件清零，如此，用户程序可以通过此位的状态是 0 还是 1，来判断单片机是否是冷启动。

2. 复位的实现

（1）MAX810 专用复位电路复位

这是一种冷启动复位。STC15 系列单片机内部集成了 MAX810 专用复位电路。若

MAX810 专用复位电路在执行 STC-ISP 下载时被允许，则在掉电复位/上电复位状态结束后将产生约 180 ms 复位延时，复位才被解除，解除后继续按前述掉电复位/上电复位流程同样操作。

（2）外部 RST 引脚复位

这是一种通过在单片机 RST 引脚上施加一定宽度的复位高电平信号引起的复位。这种复位属于热启动复位（按 STC 的说法，是热启动/硬复位——由硬件引起的复位）。

外部 RST 引脚在芯片出厂时被配置为 I/O 口线，要将其配置为复位引脚，可在用 STC-ISP 程序给 STC15 单片机下载程序代码时同时设置。如图 1.14 中可看到选项"复位脚用作 I/O 口"已勾选，此时，RST 所在的引脚将只能用作普通的并行 I/O 操作了。

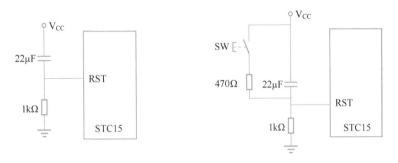

图 1.15　RST 复位信号产生

将 RST 复位引脚拉高并维持至少 24 个时钟加 20 μs 后，单片机会进入复位状态，其 RST 复位信号产生如图 1.15 所示。将 RST 复位引脚拉回低电平后，单片机结束复位状态并将特殊功能寄存器 IAP_CONTR 中的 SWBS 位置 1，同时从系统 ISP 监控程序区启动。若监控程序检测不到合法的 ISP 下载指令流（即无用户程序代码下载），或下载 ISP 指令流完毕，均会执行一个软复位到用户的程序区执行用户程序。

由于 STC15 单片机内部具有上电复位逻辑，因此，除非应用系统中需要手动复位外，一般不需要外部 RST 引脚复位，这是 STC 单片机与经典单片机不同的地方。

（3）内部低压检测复位

STC15 的内部低压检测复位，是当电源电压 V_{CC} 低于内部低压检测（LVD）门槛电压时所产生的复位，这种复位能发生的前提是在 STC-ISP 编程/烧录用户程序时，选择允许"低压检测复位（禁止低压中断）"。STC15 单片机内置了 8 级可选内部低压检测门槛电压，设计者可以在 STC-ISP 编程/烧录用户程序时，根据产品型号和应用状态选择。本类复位属于热启动硬复位，其完成后，不影响特殊功能寄存器 IAP. CONTR 中 SWBS 位的值，单片机根据复位前 SWBS 的值选择是从用户应用程序区启动，还是从系统 ISP 监控程序区启动。

如果在 STC-ISP 编程/烧录用户应用程序时，没选择低压检测复位，则在用户程序中可将低压检测设置为低压检测中断。当电源电压 V_{CC} 低于内部低压检测（LVD）门槛电压时，低压检测中断请求标志位（LVDF/PCON. 5）就会被硬件置位。如果 ELVD/IE. 6（低压检测中断允许位）被设置为 1，低压检测中断请求标志位就能产生一个低压检测中断（详见中断一章）。

（4）看门狗复位

"看门狗"（Watch Dog）技术是在微机控制系统中常用的一种抗干扰技术。当微机控制系统在较强干扰环境下运行时，有时干扰会造成 CPU 中的程序计数器 PC 值乱码，从而造成程序跳到某个随机的位置，即程序跑飞。若没有应对措施，可能会造成系统瘫痪等严重后果。

所谓看门狗，实际上是一种定时器（Watch-Dog-Timer，WDT），它独立于程序运行而计时，当计时时间到（即 WDT 溢出）后，可以让它发出信号，迫使 CPU 复位，重新启动系统。当系统运行正常时，使程序在看门狗定时器 WDT 计时时间到之前，将 WDT 清零复位，重新开始计时，这样，WDT 将不会溢出去复位 CPU。这种清除 WDT 的操作，必须定时进行，定时间隔显然要小于 WDT 溢出时间。这样，只要程序运行正常，WDT 将永远没机会溢出去复位系统；而一旦系统程序跑飞，则很可能会丢失清除 WDT 的操作，这时 WDT 会很快溢出，从而迫使系统复位，避免瘫痪或造成更严重的后果。

STC15 单片机中，集成了一个硬件看门狗定时器（WDT），从而实现了看门狗功能。因看门狗定时器溢出而造成的复位即为看门狗（WDT）复位，属热启动复位中的软复位（由软件引起的复位）。看门狗复位状态结束后，不影响特殊功能寄存器 IAP_CONTR 中 SWBS 位的值。

与看门狗复位功能有关的特殊功能寄存器 WDT_CONTR（地址 0C1H）定义见表 1.25。

表 1.25   WDT_CONTR 寄存器各位定义

位	D7	D6	D5	D4	D3	D2	D1	D0
定义	WDT_FLAG	—	EN_WDT	CLR_WDT	IDLE_WDT	PS2	PS1	PS0

WDT_FLAG：看门狗溢出标志位，当溢出时，该位由硬件置 1，可用软件将其清零。

EN_WDT：看门狗允许位，当设置为 1 时，看门狗启动。

CLR_WDT：看门狗清零位，当设为 1 时，看门狗将重新计数。硬件将自动清零此位。

IDLE_WDT：看门狗 IDLE 模式位，当设置为 1 时，看门狗定时器在"空闲模式"计数。当清零该位时，看门狗定时器在"空闲模式"时不计数。

PS2、PS1、PS0：看门狗定时器预分频值见表 1.26，其值与看门狗溢出时间计算有关。

表 1.26   看门狗定时器预分频值

PS2	PS1	PS0	Pre-scale 预分频值
0	0	0	2
0	0	1	4
0	1	0	8
0	1	1	16
1	0	0	32
1	0	1	64
1	1	0	128
1	1	1	256

看门狗溢出时间 = (12×Pre-scale×32768)/主时钟频率。

（5）软件复位

在系统运行过程中，有时会根据特殊需求，需要实现单片机系统软复位（热启动之一），传统的 8051 单片机由于硬件上未支持此功能，用户必须用软件模拟实现，实现起来较麻烦。IAP15W4K58S4 单片机利用 ISP/IAP 控制寄存器 IAP_CONTR 实现了此功能。IAP_CONTR 的格式见表 1.27。用户只需简单地控制 ISP_CONTR 的其中两位 SWBS/SWRST，就可以使系统复位了。

表 1.27　IAP_CONTR 的格式

位	D7	D6	D5	D4	D3	D2	D1	D0
定义	IAPEN	SWBS	SWRST	CMD_FAIL	—	WT2	WT1	WT0

SWBS：软件复位程序启动区的选择控制位，（SWBS）= 0，从用户程序区启动；（SWBS）= 1，从 ISP 监控程序区启动。

SWRST：软件复位控制位。（SWRST）= 0，不操作；（SWRST）= 1，产生软件复位，见表 1.28。

表 1.28　软件复位控制操作

SWBS	SWRST	启 动 类 型
1	1	软件复位并切换到系统 ISP 监控程序区开始执行程序
0	1	软件复位并切换到用户应用程序区开始执行程序
*	0	无操作

若要切换到用户程序区起始处开始执行程序，执行"MOV IAP_CONTR，#20H"指令；

若要切换到 ISP 监控程序区起始处开始执行程序，执行"MOV IAP_CONTR，#60H"指令。

（6）掉电复位/上电复位

这是一种冷启动复位，即给单片机接通电源的复位。当电源电压 V_{cc} 低于掉电复位/上电复位检测门槛电压时，所有的逻辑电路都会复位。当内部 V_{cc} 上升至上电复位检测门槛电压以上后，延时 32768 个时钟，掉电复位/上电复位结束。复位状态结束后，单片机将特殊功能寄存器 1AP_CONTR 中的 SWBS 位置 1，同时从系统 ISP 监控程序区启动 ISP 监控程序，若监控程序检测不到合法的 ISP 下载指令流（即无用户程序代码下载），或下载 ISP 指令流完毕，均会执行一个软复位到用户的程序区执行用户程序。

对于 5 V 单片机，它的掉电复位/上电复位检测门槛电压为 3.2 V；对于 3.3 V 单片机，掉电复位/上电复位检测门槛电压为 1.8 V。

（7）程序地址非法复位

程序地址非法复位，是指当程序计算器 PC 指向的地址超过了有效程序空间的范围所引起的复位。程序地址非法复位状态结束后，不影响特殊功能寄存器 IAP_CONTR 中 SWBS 位的值，单片机将根据复位前 SWBS 的值选择是从用户应用程序区启动，还是从系统 ISP 监控程序区启动，本类复位属于热启动软复位，具体复位类型见表 1.29。

表 1.29　STC15 单片机复位类型

复　位　源	冷/热复位	软/硬复位	SWBS	复位后操作
掉电或上电	冷	硬	1	复位后从 ISP 监控程序区启动
MAX810 专用复位电路复位	冷	硬	1	复位后从 ISP 监控程序区启动
RST 引脚	热	硬	1	复位后从 ISP 监控程序区启动
软件控制复位	热	软	可设置	由 SWBS 决定
看门狗（WDT）复位	热	软	不变	由 SWBS 决定
内部低压检测复位	热	硬	不变	由 SWBS 决定
程序地址非法复位	热	软	不变	由 SWBS 决定

3. 复位状态

冷启动复位和热启动复位时，除程序的启动区域以及上电标志的变化不同外，复位后 PC 值与各特殊功能寄存器的初始状态是一样的，具体见表 1.29。

其中，(PC)=0000H，(SP)=07H，(P0)=(P1)=(P2)=(P3)=(P4)=(P5)=FFH（其中，P2.0 的输出状态取决于 STC-ISP 下载程序时硬件参数的设置，默认时为高电平）。复位不影响片内 RAM 的状态。

1.8　汇编语言简介

单片机所有指令的集合称为指令系统。指令系统与计算机硬件逻辑电路有密切关系。它是表征计算机性能的一个重要指标。不同类型的单片机指令系统不同，同一系列不同型号的单片机指令系统基本相同。

51 单片机指令系统具有功能强、指令短、执行快等特点，共有 111 条指令，从功能上可划分为数据传送类（28 条）、算术运算类（24 条）、逻辑运算类（25 条）、控制转移类（17 条）位操作类（17 条）共 5 大类。

在汇编语言指令系统中，约定了一些指令格式描述中的常用符号。现将这些符号的标记和含义说明汇总于表 1.30。

表 1.30　指令描述常用符号

符　　号	含　　义
$	当前指令起始地址
/	对该位内容取反
Rel	转移指令 8 位偏移量
Rn	当前 R0~R7
Ri	R0 R1(i=0、1)
#data8/16	8 位常数（立即数）、16 位常数（立即数）
Addr11/16	11 位目的地址、16 位目的地址
direct	直接地址（00H~FFH）或指 SFR
bit	位地址

（续）

符　号	含　义
@	间接寻址符号（前缀）
(x)	x 中的内容/数据
((x))	由 x 作为地址存储单元中的内容
→	数据传送方向

计算机的指令系统是表征计算机性能的重要指标，每种计算机都有自己的指令系统。MCS-51 单片机的指令系统是一个具有 255 种代码的集合，绝大多数指令包含两个基本部分：操作码和操作数。操作码表明指令要执行的操作的性质；操作数说明参与操作的数据或数据所存放的地址。

MCS-51 指令系统中所有程序指令是以机器语言形式表示，可分为单字节、双字节、三字节 3 种格式。

用二进制编码表示的机器语言由于阅读困难，且难以记忆，因此在微机控制系统中采用汇编语言指令来编写程序。本章介绍 MCS-51 指令系统就是以汇编语言来描述，其指令代码见表 1.31。

表 1.31　汇编指令与指令代码

代码字节	指令代码	汇编指令	指令周期
单字节	84	DIV　AB	四周期
单字节	A3	INC　DPTR	双周期
双字节	7410	MOV　A,#10H	单周期
三字节	B440　rel	CJNE　A,#40H,LOOP	双周期

MCS-51 汇编语言的指令在格式上可以分为操作码和操作数两部分。操作码用来规定指令进行什么操作，而操作数则表示指令操作的对象。操作数可以直接是一个数（立即数），也可以是一个数据所在的空间地址，即在执行指令时从指定的地址空间取出操作数。

MCS-51 单片机指令格式采用了单地址指令格式。一条汇编语句由标号、操作码、目的操作数、源操作数和注释 5 部分组成，其中方括号中的部分是可以选择的。指令的具体格式为

标号：操作码　目的操作数,源操作数　;注释
标号与操作码之间用":"隔开;
操作码与操作数之间用"空格"隔开;
目的操作数和源源操作数之间用","分隔;
操作数与注释之间用";"隔开。

标号由用户定义的符号组成，必须用英文大写字母开始。标号可有可无，若一条指令中有标号，标号代表该指令所存放的第一个字节存储单元的地址，故标号又称为符号地址，在汇编时，把该地址赋值给标号。

操作码是指令的功能部分，不能缺省。MCS-51 指令系统中共有 42 种助记符，代表了

33 种不同的功能。例如 MOV 是数据传送的助记符。

操作数是指令要操作的数据信息。根据指令的不同功能，操作数的个数有 3、2、1 或没有操作数。例如 MOV A,#20H，包含了两个操作数 A 和#20H，它们之间用","隔开。注释可有可无，加入注释主要为了便于阅读，程序设计者对指令或程序段做简要的功能说明，在阅读程序或调试程序时将会带来很多方便。

1.8.1 寻址方式

所谓寻址方式，通常是指某一个 CPU 指令系统中规定的寻找操作数所在地址的方式，或者说通过什么的方式找到操作数。寻址方式的方便与快捷是衡量 CPU 性能的一个重要方面，MCS-51 单片机有 7 种寻址方式。

1. 立即数寻址

立即数寻址方式是操作数包括在指令字节中，指令操作码后面字节的内容就是操作数本身，其数值由程序员在编制程序时指定，以指令字节的形式存放在程序存储器中。立即数只能作为源操作数，不能当作目的操作数。

例如：

```
MOV   A,#52H            ;A←52H
MOV   DPTR,#5678H       ;DPTR←5678H
```

立即数寻址示意图如图 1.16 所示。

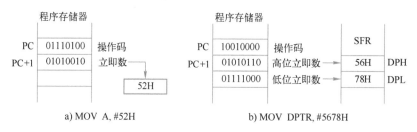

a) MOV A,#52H   b) MOV DPTR,#5678H

图 1.16   立即数寻址示意图

2. 直接寻址

直接寻址即在指令中含有操作数的直接地址，该地址指出了参与操作的数据所在的字节地址或位地址。

例如：

```
MOV   A,52H     ;把片内 RAM 字节地址 52H 单元的内容送累加器 A 中
MOV   52H,A     ;把 A 的内容传送给片内 RAM 的 52H 单元中
MOV   50H,60H   ;把片内 RAM 字节地址 60H 单元的内容送到 50H 单元中
MOV   IE,#40H   ;把立即数 40H 送到中断允许寄存器 IE。IE 为专用功能寄存器，其字节地址为
                 0A8H。该指令等价于 MOV  0A8H,#40H
INC   60H       ;将地址 60H 单元中的内容自加 1
```

在 MCS-51 单片机指令系统中，直接寻址示意图如图 1.17 所示，其可以访问两种存储空间：

1）内部数据存储器的低 128 个字节单元（00H~7FH）。

2）80H~FFH 中的（SFR）特殊功能寄存器。

这里要注意，指令 MOV　A,#52H 与 MOV　A,52H 指令的区别，后者表示把片内 RAM 字节地址为 52H 单元的内容传送到累加器（A）中。

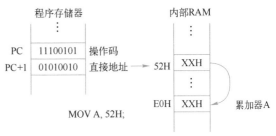

图 1.17　直接寻址示意图

3. 寄存器寻址

由指令指出某一个寄存器中的内容作为操作数，这种寻址方式称为寄存器寻址。寄存器一般指累加器 A 和工作寄存器 R0 ~ R7。例如：

```
MOV    A,Rn      ;A←(Rn) 其中 n 为 0~7 之一，Rn 是工作寄存器
MOV    Rn,A      ;Rn←(A)
MOV    B,A       ;B←(A)
```

寄存器寻址方式的寻址范围包括：

1）寄存器寻址的主要对象是通用寄存器，共有 4 组 32 个通用寄存器，但寄存器寻址只能使用当前寄存器组。因此指令中的寄存器名称只能是 R0 ~ R7。在使用本指令前，需通过对 PSW 中 RS1、RS0 位的状态设置，来进行当前寄存器组的选择。

2）部分专用寄存器。累加器 A、B 寄存器以及数据指针 DPTR 等。

4. 寄存器间接寻址

由指令指出某一个寄存器的内容作为操作数，这种寻址方式称为寄存器间接寻址。这里要注意，在寄存器间接寻址方式中，存放在寄存器中的内容不是操作数，而是操作数所在的存储器单元地址。

寄存器间接寻址只能使用寄存器 R0 或 R1 作为地址指针，来寻址内部 RAM（00H ~ FFH）中的数据。寄存器间接寻址也适用于访问外部 RAM，可使用 R0、R1 或 DPTR 作为地址指针。寄存器间接寻址用符号"@"表示。例如：

```
MOV    R0,#60H   ;R0←60H
MOV    A,@R0     ;A←((R0))
MOV    A,@R1     ;A←((R1))
```

指令功能是把 R0 或 R1 所指出的内部 RAM 地址 60H 单元中的内容送累加器 A。假定(60H)=3BH，则指令的功能是将 3BH 送到累加器 A。

例如，MOV　DPTR,#3456H；DPTR ←3456H

MOVX　A,@DPTR　;A←((DPTR))

指令功能是把 DPTR 寄存器所指的外部数据存储器（RAM）的内容传送给 A，假设(3456H)=99H，指令运行后(A)=99H。

同样，MOVX @DPTR,A；MOV @R1, A；也都是寄存器间接寻址方式。寄存器间接寻址的示意图如图 1.18 所示。

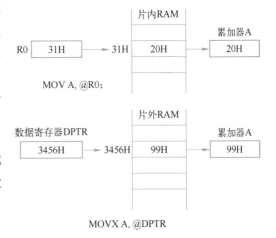

图 1.18　寄存器间接寻址示意图

5. 位寻址

MCS-51 单片机中设有独立的位处理器。位操作指令能对内部 RAM 中的位寻址区（20H~2FH）和某些有位地址的特殊功能寄存器进行位操作。也就是说，可对位地址空间的每个位进行位状态传送、状态控制、逻辑运算操作。例如指令：

```
SETB      TR0         ;TR0←1
CLR       00H         ;(00H)←0
MOV       C,57H       ;将 57H 位地址的内容传送到位累加器 C 中
ANL       C,5FH       ;将 5FH 位状态与进位位 C 相与,结果在 C 中
```

6. 基址变址寻址

这种寻址方式用于访问程序存储器中的数据表格，它以基址寄存器（DPTR 或 PC）的内容为基本地址，加上变址寄存器 A 的内容形成 16 位的地址，访问程序存储器中的数据表格，其示意图如图 1.19 所示。

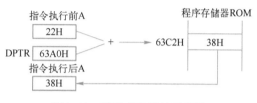

图 1.19　基址变址寻址示意图

例如：

```
MOVC   A,@ A + DPTR
MOVC   A,@ A + PC
JMP @ A+DPTR
MOVC   A,@A+DPTR
```

7. 相对寻址

相对寻址以程序计数器 PC 的当前值作为基地址，与指令中给出的相对偏移量 rel 进行相加，把所得之和作为程序的转移地址。这种寻址方式用于相对转移指令中，指令中的相对偏移量是一个 8 位带符号数，用补码表示，可正可负，转移的范围为-128~+127。使用中应注意不要超出 rel 的范围。例如：

```
JZ  LOOP
DJNE   R0,DISPLAY
```

1.8.2　指令系统

MCS-51 指令系统有 42 种助记符，代表了 33 种功能，指令助记符与各种可能的寻址方式相结合，共构成 111 条指令。在这些指令中，单字节指令有 49 条，双字节指令有 45 条，三字节指令有 17 条；从指令执行的时间来看，单周期指令有 64 条，双周期指令有 45 条，只有乘法、除法两条指令的执行时间是 4 个机器周期。

按指令的功能，MCS-51 指令系统可分为下列 5 类：

1）数据传送类指令（29 条）；

2）算术运算类指令（24 条）；

3）逻辑运算及移位类指令（24 条）；

4）位操作类指令（17 条）；

5）控制转移类指令（17 条）。

在分类介绍指令前，先对描述指令的一些符号的意义做一简单介绍。

Rn——当前选定的寄存器区中的 8 个工作寄存器 R0~R7，即 n=0~7。

Ri——当前选定的寄存器区中的 2 个寄存器 R0、R1，i = 0、1。

Direct——8 位内部 RAM 单元的地址，它可以是一个内部数据区 RAM 单元（00H ~ 7FH）或特殊功能寄存器地址（I/O 端口、控制寄存器、状态寄存器 80H ~ 0FFH）。

#data——指令中的 8 位常数。

#data16——指令中的 16 位常数。

addr16——16 位的目的地址，用于 LJMP、LCALL，可指向 64 KB 程序存储器的地址空间。

addr11——11 位的目的地址，用于 AJMP、ACALL 指令。目的地址必须与下一条指令的第一个字节在同一个 2 KB 程序存储器地址空间之内。

rel——8 位带符号的偏移量字节，用于 SJMP 和所有条件转移指令中。偏移量相对于下一条指令的第一个字节计算，在 -128 ~ +127 范围内取值。

bit——内部数据 RAM 或特殊功能寄存器中的可直接寻址位。

DPTR——数据指针，可用作 16 位的地址寄存器。

A——累加器。

B——寄存器，用于 MUL 和 DIV 指令中。

C——进位标志或进位位。

@ ——间接寄存器或基址寄存器的前缀，如 @ Ri，@ DPTR。

/——位操作的前缀，表示对该位取反。

(x) ——x 中的内容。

((x))——由 x 寻址的单元中的内容。

←——箭头左边的内容被箭头右边的内容所替代。

1. 数据传送类指令

数据传送类指令一般的操作是把源操作数传送到指令所指定的目标地址。指令执行后，源操作数保持不变，目的操作数为源操作数所替代。

数据传送类指令用到的助记符有：MOV，MOVX，MOVC，XCH，XCHD，PUSH，POP，SWAP。

数据一般传送指令的助记符"MOV"表示。

格式：MOV 　[目的操作数]，[源操作数]；

功能：目的操作数←(源操作数中的数据)；

源操作数可以是 A、Rn、direct、@Ri、#data；

目的操作数可以是 A、Rn、direct、@Ri。

数据传送指令一般不影响标志，只有一种堆栈操作可以直接修改程序状态字 PSW，这样，可能使某些标志位发生变化。

1）以累加器为目的操作数的内部数据传送指令：

```
MOV        A,Rn        ;A←(Rn)
MOV        A,direct     ;A←(direct)
MOV        A,@Ri        ;A←((Ri))
MOV        A,#data      ;A←data
```

这组指令的功能是把源操作数的内容送入累加器 A。例如：MOV A,#10H，该指令执行时，将立即数 10H（在 ROM 中紧跟在操作码后）送入累加器 A 中。

2）数据传送到工作寄存器 Rn 的指令：

```
MOV      Rn,A              ;Rn←(A)
MOV      Rn,direct         ;Rn←(direct)
MOV      Rn,#data          ;Rn←data
```

这组指令的功能是把源操作数的内容送入当前工作寄存器区的 R0~R7 中的某一个寄存器中。指令中 Rn 在内部数据存储器中的地址由当前的工作寄存器区选择位 RS1、RS0 确定，可以是 00H~07H、08H~0FH、10H~17H、18H~1FH。例如：MOV R0,A，若当前将 RS1、RS0 设置为 00（即工作寄存器 0 区），执行该指令时，将累加器 A 中的数据传送至工作寄存器 R0（内部 RAM 00H）单元中。

3）数据传送到内部 RAM 单元或特殊功能寄存器 SFR 的指令：

```
MOV      direct,A          ;direct←(A)
MOV      direct,Rn         ;direct←(Rn)
MOV      direct1,direct2   ;direct1←(direct2)
MOV      direct,@Ri        ;direct←((Ri))
MOV      direct,#data      ;direct←#data
MOV      @Ri,A             ;(Ri)←(A)
MOV      @Ri,direct        ;(Ri)←(direct)
MOV      @Ri,#data         ;(Ri)←data
MOV      DPTR,#data16      ;DPTR←data16
```

这组指令的功能是把源操作数的内容送入内部 RAM 单元或特殊功能寄存器。其中第三条指令和最后一条指令都是三字节指令。第三条指令的功能很强，能实现内部 RAM 之间、特殊功能寄存器之间或特殊功能寄存器与内部 RAM 之间的直接数据传送。最后一条指令是将 16 位的立即数送入数据指针寄存器 DPTR 中。

片内数据 RAM 及寄存器的数据传送指令 MOV、PUSH 和 POP 共 18 条，如图 1.20 所示。

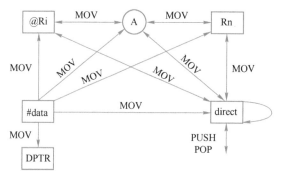

图 1.20　片内数据 RAM 及寄存器的数据传送指令

4）累加器 A 与外部数据存储器之间的传送指令：

```
MOVX     A,@DPTR           ;A←(DPTR)
MOVX     A,@Ri             ;A←((Ri))
MOVX     @DPTR,A           ;(DPTR)←A
MOVX     @Ri,A             ;(Ri)←A
```

这组指令的功能是在累加器 A 与外部数据存储器 RAM 单元或 I/O 口之间进行数据传送，前两条指令执行时，P3.7 引脚上 $\overline{RD}$ 输出有效信号，用作外部数据存储器的读选通信号；后两条指令执行时，P3.6 引脚上输出 WR 有效信号，用作外部数据存储器的写选通信号。DPTR 所包含的 16 位地址信息由 P0（低 8 位）和 P2（高 8 位）输出，而数据信息由 P0 口传送，P0 口作分时复用的总线。由 Ri 作为间接寻址寄存器时，P0 口上分时 Ri 指定的 8 位地址信息及传送 8 位数据，指令的寻址范围只限于外部 RAM 的低 256 个单元。

片外数据存储器数据传送指令 MOVX 共 4 条，如图 1.21 所示。

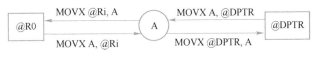

图 1.21　片外数据存储器数据传送指令

5）程序存储器内容送累加器：

MOVC A,@ A+PC
MOVC A,@ A+DPTR

这是两条很有用的查表指令，可用来查找存放在外部程序存储器中的常数表格。第一条指令是以 PC 作为基址寄存器，A 的内容作为无符号数和 PC 的内容（下一条指令的起始地址）相加后得到一个 16 位的地址，并将该地址指出的程序存储器单元的内容送到累加器 A。这条指令的优点是不改变特殊功能寄存器 PC 的状态，只要根据 A 的内容就可以取出表格中的常数。缺点是表格只能放在该条指令后面的 256 个单元之中，表格的大小受到了限制，而且表格只能被一段程序所利用。

第二条指令是以 DPTR 作为基址寄存器，累加器 A 的内容作为无符号数与 DPTR 内容相加，得到一个 16 位的地址，并把该地址指出的程序存储器单元的内容送到累加器 A。这条指令的执行结果只与指针 DPTR 及累加器 A 的内容有关，与该指令存放的地址无关，因此，表格的大小和位置可以在 64 KB 程序存储器中任意安排，并且一个表格可以为各个程序块所共用。

程序存储器查表指令 MOVC 共 2 条，如图 1.22 所示。

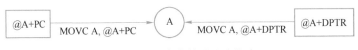

图 1.22　程序存储器查表指令

6）堆栈操作指令：

PUSH　direct
POP　　direct

在 MCS-51 单片机的内部 RAM 中，可以设定一个先进后出、后进先出的区域，称其为堆栈。在特殊功能寄存器中有一个堆栈指针 SP，它指出栈顶的位置。进栈指令的功能是：首先将堆栈指针 SP 的内容加 1，然后将直接地址所指出的内容送入 SP 所指出的内部 RAM 单元；出栈指令的功能是：将 SP 所指出的内部 RAM 单元的内容送入由直接地址所指出的字节单元，接着将 SP 的内容减 1。

例如：进入中断服务程序时，把程序状态寄存器 PSW、累加器 A、数据指针 DPTR 进栈

保护。设当前 SP 为 60H。则程序段为

```
PUSH    PSW
PUSH    ACC
PUSH    DPL
PUSH    DPH
```

执行后，SP 内容修改为 64H，而 61H、62H、63H、64H 单元中依次栈入 PSW、ACC、DPL、DPH 的内容，当中断服务程序结束之前，如下程序段（SP 保持 64H 不变）

```
POP     DPH
POP     DPL
POP     ACC
POP     PSW
```

指令执行之后，SP 内容修改为 60H，而 64H、63H、62H、61H 单元的内容依次弹出到 DPH、DPL、ACC、PSW 中。

MCS-51 提供一个向上的堆栈，因此 SP 设置初值时，要充分考虑堆栈的深度，留出适当的单元空间，满足堆栈的使用。

7）字节交换指令：

数据交换主要是在内部 RAM 单元与累加器 A 之间进行，有整字节和半字节两种交换。

① 整字节交换指令

```
XCH     A,Rn          ;(A)⇆(Rn)
XCH     A,direct      ;(A)⇆(direct)
XCH     A,@Ri         ;(A)⇆((Ri))
```

② 半字节交换指令

该指令是将字节单元与累加器 A 进行低 4 位的半字节数据交换，只有一条指令。

```
XCHD    A,@Ri
```

③ 累加器高低半字节交换指令

该指令只有一条指令：

```
SWAP    A
```

【例 1.13】（R0）= 30H，（A）= 65H，（30H）= 8FH

执行指令：

```
XCH    A,@R0   ;(R0)= 30H,(A)= 8FH,(30H)= 65H
XCHD   A,@R0   ;(R0)= 30H,(A)= 6FH,(30H)= 85H
SWAP   A       ;(A)= 56H
```

数据交换指令 XCH、XCHD 和 SWAP 共 5 条，如图 1.23 所示。

2. 算术操作类指令

算术运算类指令共有 24 条，包括加、减、乘、除 4 种基本算术运算指令，这 4 种指令能对 8 位的无符号数进行直接运算，借助溢出标志，可对带符号数进行补码运算；借助进位标

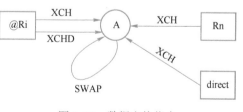

图 1.23　数据交换指令

志，可实现多精度的加、减运算，同时还可对压缩的 BCD 码进行运算，其运算功能较强。算术指令用到的助记符共有 8 种：ADD、ADDC、INC、SUBB、DEC、DA、MUL、DIV。

算术运算指令执行结果将影响进位标志（Cy），辅助进位标志（Ac）、溢出标志位（Ov）。但是加 1 和减 1 指令不影响这些标志。

（1）加法指令

加法指令分为普通加法指令、带进位加法指令、增量指令和十进制调整指令。

1）普通加法指令。

```
ADD      A,Rn          ;A←(A)+(Rn)
ADD      A,direct      ;A←(A)+(direct)
ADD      A,@Ri         ;A←(A)+((Ri))
ADD      A,#data       ;A←(A)+ data
```

这组指令的功能是将累加器 A 的内容与第二操作数相加，其结果放在累加器 A 中。相加过程中如果位 7（D7）有进位，则进位标志 Cy 置"1"，否则清"0"；如果位 3（D3）位有进位，则辅助进位标志 Ac 置"1"，否则清"0"。

对于无符号数相加，若 Cy 置"1"，说明和数溢出（大于 255）。对于带符号数相加时，和数是否溢出（大于+127 或小于-128），则可通过溢出标志 OV 来判断，若 OV 置为"1"，说明和数溢出。

【例 1.14】（A）= 85H，R0 = 20H，（20H）= 0AFH，执行指令：

ADD　A,@R0

```
    10000101
+   10101111
─────────────
   100110100
```

结果：（A）= 34H；Cy = 1；AC = 1；OV = 1。

对于加法，溢出只能发生在两个加数符号相同的情况。在进行带符号数的加法运算时，溢出标志 OV 是一个重要的编程标志，利用它可以判断两个带符号数相加，和数是否溢出。

2）带进位加法指令。

```
ADDC     A,Rn          ;A←(A)+(Rn)+(Cy)
ADDC     A,direct      ;A←(A)+(direct)+(Cy)
ADDC     A,@Ri         ;A←(A)+((Ri))+(Cy)
ADDC     A,#data       ;A←(A)+ data+(Cy)
```

这组指令的功能与普通加法指令类似，唯一的不同之处是，在执行加法时，还要将上一次进位标志 Cy 的内容也一起加进去，对于标志位的影响也与普通加法指令相同。

【例 1.15】（A）= 85H，（20H）= 0FFH，Cy = 1，执行指令：

ADDC　A,20H

```
    10000101
    11111111
+          1
─────────────
  1 10000101
```

结果：（A）= 85H；Cy = 1；AC = 1；OV = 0。

3）增量指令。

```
INC      A          ;A←(A)+1
INC      Rn         ;Rn←(Rn)+1
INC      direct     ;direct←(direct)+1
INC      @Ri        ;(Ri)←((Ri))+1
INC      DPTR       ;DPTR←(DPTR)+1
```

这组指令的功能是将指令中指出的操作数的内容加 1。若原来的内容为 0FFH，则加 1 后将产生溢出，使操作数的内容变成 00H，但不影响任何标志。最后一条指令是对 16 位的数据指针寄存器 DPTR 执行加 1 操作，指令执行时，先对低 8 位指针 DPL 的内容加 1，当产生溢出时就对高 8 位指针 DPH 加 1，但不影响任何标志。

【例 1.16】(A)=12H，(R3)=0FH，(35H)=4AH，(R0)=56H，(56H)=00H，执行如下指令：

```
INC      A          ;执行后(A)=13H
INC      R3         ;执行后(R3)=10H
INC      35H        ;执行后(35H)=4BH
INC      @R0        ;执行后(56H)=01H
```

4）十进制调整指令。

```
DA       A
```

这条指令对累加器 A 参与的 BCD 码加法运算所获得的 8 位结果进行十进制调整，使累加器 A 中的内容调整为二位压缩型 BCD 码的数。使用时必须注意，它只能跟在加法指令之后，不能对减法指令的结果进行调整，且其结果不影响溢出标志位。

执行该指令时，判断 A 中的低 4 位是否大于 9，若满足大于则低 4 位做加 6 操作；同样，A 中的高 4 位大于 9 则高 4 位加 6 操作。

例如：有两个 BCD 数 36 与 45 相加，结果应为 BCD 码 81，程序如下：

```
MOV      A,#36H
ADD      A,#45H
DA       A
```

这段程序中，第一条指令将立即数 36H（BCD 码 36H）送入累加器 A；第二条指令进行如下加法：

$$
\begin{array}{r r}
0011\ 0110 & 36 \\
+\ 0100\ 0101 & 45 \\
\hline
0111\ 1011 & 7B \\
+\ 0000\ 0110 & 06 \\
\hline
1000\ 0001 & 81
\end{array}
$$

得结果 7BH；第三条指令对累加器 A 进行十进制调整，低 4 位（为 0BH）大于 9，因此要加 6，最后得到调整的 BCD 码 81。

（2）减法指令

1）带进位减法指令。

```
SUBB     A,Rn       ;A←(A)-(Rn)-(Cy)
SUBB     A,direct   ;A←(A)-(direct)-(Cy)
```

```
SUBB        A,@Ri          ;A←(A)−(Ri)−(Cy)
SUBB        A,#data        ;A←(A)−data−(Cy)
```

这组指令的功能是将累加器 A 的内容与第二操作数及进位标志相减，结果送回到累加器 A 中。在执行减法过程中，如果位 7（D7）有借位，则进位标志 Cy 置"1"，否则清"0"；如果位 3（D3）有借位，则辅助进位标志 AC 置"1"，否则清"0"。若要进行不带借位的减法操作，则必须先将 Cy 清"0"。

2）减 1 指令。

```
DEC        A          ;A←(A)−1
DEC        Rn         ;Rn←(Rn)−1
DEC        direct     ;direct←(direct)−1
DEC        @Ri        ;(Ri)←((Ri))−1
```

这组指令的功能是将指出的操作数内容减 1。如果原来的操作数为 00H，则减 1 后将产生溢出，使操作数变成 0FFH，但不影响任何标志。

（3）乘法指令

乘法指令完成单字节的乘法，只有一条指令：

```
MUL  AB
```

这条指令的功能是将累加器 A 的内容与寄存器 B 的内容相乘，乘积的低 8 存放在累加器 A 中，高 8 位存放于寄存器 B 中，如果乘积超过 0FFH，则溢出标志 OV 置"1"，否则清"0"，进位标志 Cy 总是被清"0"。

【例 1.17】（A）= 50H，（B）= 0A0H，执行指令：

```
MUL  AB
```

结果：（B）= 32H，（A）= 00H（即乘积为 3200H），Cy = 0，OV = 1。

（4）除法指令

除法指令完成单字节的除法，只有一条指令：

```
DIV  AB
```

这条指令的功能是将累加器 A 中的内容除以寄存器 B 中的 8 位无符号整数，所得商的整数部分放在累加器 A 中，余数部分放在寄存器 B 中，清进位标志 Cy 和溢出标志 OV 为"0"。若原来 B 中的内容为 0，则执行该指令后 A 与 B 中的内容不定，并将溢出标志置"1"，在任何情况下，进位标志 Cy 总是被清"0"。

算术运算类指令包括：ADD、ADDC、SUBB、MUL、DIV、INC、DEC 和 DA，如图 1.24 所示。

3. 逻辑运算指令

逻辑运算指令共有 24 条，分为简单逻辑操作指令、逻辑与指令、逻辑或指令和逻辑异或指令，如图 1.25 所示。逻辑运算指令用到的助记符有 CLR、CPL、ANL、ORL、XRL、RL、RLC、RR、RRC。

（1）简单逻辑操作指令

```
CLR        A          ;对累加器 A 清"0"
CPL        A          ;对累加器 A 按位取反
```

RL	A	;累加器 A 的内容向左循环移 1 位
RLC	A	;累加器 A 的内容带进位标志向左循环移 1 位
RR	A	;累加器 A 的内容向右循环移 1 位
RRC	A	;累加器 A 的内容带进位标志向右循环移 1 位

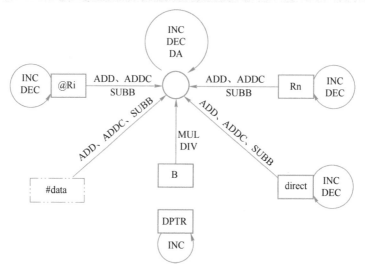

图 1.24　算术运算类指令

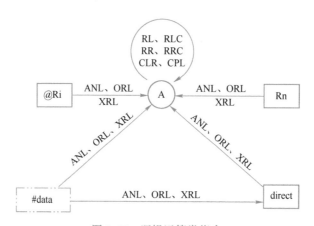

图 1.25　逻辑运算类指令

$$A7 \leftarrow A6 \leftarrow A5 \leftarrow A4 \leftarrow A3 \leftarrow A2 \leftarrow A1 \leftarrow A0$$

循环左移指令示意图：RL　A

$$A7 \rightarrow A6 \rightarrow A5 \rightarrow A4 \rightarrow A3 \rightarrow A2 \rightarrow A1 \rightarrow A0$$

循环右移指令示意图：RR　A

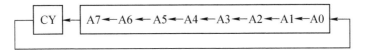

带进位的循环左移指令示意图：RLC   A

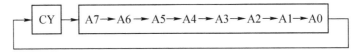

带进位的循环右移指令示意图：RRC   A

这组指令的功能是对累加器 A 的内容进行简单的逻辑操作。除了带进位的移位指令外，其他都不影响 Cy、AC、OV 等标志。示意图可以帮助我们进一步理解循环移位指令。

（2）逻辑与指令

ANL	A,Rn	;A←(A) ∧ (Rn)
ANL	A,direct	;A←(A) ∧ (direct)
ANL	A,@Ri	;A←(A) ∧ ((Ri))
ANL	A,#data	;A←(A) ∧ data
ANL	direct,A	;direct←(direct) ∧ (A)
ANL	direct,#data	;direct←(direct) ∧ data

这组指令的功能是将两个操作数的内容按位进行逻辑与操作，并将结果送回目的操作数的单元中。

【例 1.18】（A）=37H，（R0）=0A9H，执行指令如下：

ANL A,R0

结果：（A）=21H。

（3）逻辑或指令

ORL	A,Rn	;A←(A) ∨ (Rn)
ORL	A,direct	;A←(A) ∨ (direct)
ORL	A,@Ri	;A←(A) ∨ ((Ri))
ORL	A,#data	;A←(A) ∨ data
ORL	direct,A	;direct ←(direct) ∨ (A)
ORL	direct,#data	;direct ←(direct) ∨ data

这组指令的功能是将两个操作数的内容按位进行逻辑或操作，并将结果送回目的操作数的单元中。

【例 1.19】（A）=37H，（P1）=09H，执行指令如下：

ORL P1,A

结果：（A）=3FH。

（4）逻辑异或指令

XRL	A,Rn	;A←(A)⊕(Rn)
XRL	A,direct	;A←(A)⊕(direct)
XRL	A,@Ri	;A←(A)⊕((Ri))

XRL	A,#data	;A←(A)⊕data
XRL	direct,A	;direct ←(direct)⊕(A)
XRL	direct,#data	;direct ←(direct)⊕data

这组指令的功能是将两个操作数的内容按位进行逻辑异或操作，并将结果送回目的操作数的单元中。

4. 控制转移类指令

控制转移指令共有 17 条，不包括按布尔变量控制程序转移指令。其中有 64 KB 范围的长调用、长转移指令；2 KB 范围的绝对调用和绝对转移指令；有全空间的长相对转移和一页范围内的短相对转移指令；还有多种条件转移指令。由于 MCS-51 提供了较丰富的控制转移指令，因此在编程上相当灵活方便。这类指令用到的助记符共有 10 种：AJMP、LJMP、SJMP、JMP、ACALL、LCALL、JZ、JNZ、CJNE、DJNZ。

（1）无条件转移指令

1）绝对转移指令。

AJMP   addr11

这是 2 KB 范围内的无条件跳转指令，执行该指令时，先将 PC+2，然后将 addr11 送入 PC10~PC0，而 PC15~PC11 保持不变。这样得到跳转的目的地址。需要注意的是，目标地址与 AJMP 后一条指令的第一个字节必须在同一个 2 KB 的存储器区域内。这是一条二字节指令，其指令格式为

A_{10} A_9 A_8	0 0 0 0 1
A_7 A_6 A_5 A_4 A_3 A_2 A_1 A_0	

操作过程可表示为

PC←(PC)+2
PC10~0←addr11

例如程序存储器的 2070H 地址单元有绝对转移指令：

2070H   AJMP   16AH(00101101010B)

因此指令的机器代码为

0 0 1 0 0 0 0 1
0 1 1 0 1 0 1 0

程序计数器 Pc 当前＝PC+2＝2070H+02H＝2072H，取其高 5 位 00100 和指令机器代码给出的 11 位地址 00101101010，最后形成的目的地址为 0010 0001 0110 1010B＝216AH。

2）相对转移指令。

SJMP   rel

执行指令时，先将 PC+2，再把指令中带符号的偏移量加到 PC 上，得到跳转的目的地址送入 PC。

目标地址＝源地址+2+rel

源地址是 SJMP 指令操作码所在的地址。相对偏移量 rel 是一个用补码表示的 8 位带符号数，转移范围为当前 PC 值的-128~+127 共 256 个单元。

若偏移量 rel 取值为 FEH (−2 的补码)，则目标地址等于源地址，相当于动态停机，程序终止在这条指令上，停机指令在调试程序时很有用。MCS−51 没有专用的停机指令，若要求动态停机可用 SJMP 指令来实现：

HERE:SJMP　　HERE　　;动态停机(80H,FEH)

或写成：

HERE　　SJMP　　$　　;"$"表示本指令首字节所在单元的地址,使用它可省略标号

3）长跳转指令。

LJMP　　　addr16　　　　　　;PC ←addr16

执行该指令时，将 16 位目标地址 addr16 装入 PC，程序无条件转向指定的目标地址。转移指令的目标地址可在 64 KB 程序存储器地址空间的任何地方，不影响任何标志。

4）间接转移指令（散转指令）。

JMP　　@A+DPTR　　　　　　;PC ←(A)+(DPTR)

这条指令的功能是把累加器 A 中的 8 位无符号数与数据指针 DPTR 的 16 位数相加（模 2^{16}），相加之和作为下一条指令的地址送入 PC 中，不改变 A 和 DPTR 的内容，也不影响标志。间接转移指令采用变址方式实现无条件转移，其特点是转移地址可以在程序运行中加以改变。例如，当把 DPTR 作为基地址且确定时，根据 A 的不同值就可以实现多分支转移，故一条指令可完成多条条件判断转移指令功能。这种功能称为散转功能，所以间接指令又称为散转指令。

（2）条件转移指令

JZ　　　　rel　　　　;(A)= 0 转移
JNZ　　　rel　　　　;(A)≠0 转移

这类指令是依据累加器 A 的内容是否为 0 的条件转移指令。条件满足时转移（相当于一条相对转移指令），条件不满足时则顺序执行下面一条指令。转移的目标地址在以下一条指令的起始地址为中心的 256 个字节范围之内 （−128～+127）。当条件满足时，PC←(PC)+2+ rel，其中（PC）为该条件转移指令的第一个字节的地址，条件转移类指令如图 1.26 所示。

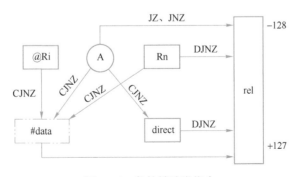

图 1.26　条件转移类指令

（3）比较转移指令
在 MCS−51 中没有专门的比较指令，但提供了下面 4 条比较不相等转移指令；

CJNE	A,direct,rel	;(A)≠(direct)转移
CJNE	A,#data,rel	;(A)≠data 转移
CJNE	Rn,#data,rel	;(Rn)≠data 转移
CJNE	@Ri,#data,rel	;((Ri))≠data 转移

这组指令的功能是比较前面两个操作数的大小，如果它们的值不相等则转移。转移地址的计算方法与上述两条指令相同。如果第一个操作数（无符号整数）小于第二个操作数，则进位标志 Cy 置"1"，否则清"0"，但不影响任何操作数的内容。

（4）减 1 不为 0 转移指令

| DJNZ | Rn,rel | ;Rn←(Rn)−1 ≠0 转移 |
| DJNZ | direct,rel | ;direct ←(direct)−1 ≠0 转移 |

这两条指令把源操作数减 1，结果回送到源操作数中，如果结果不为 0 则转移。

（5）调用及返回指令

在程序设计中，通常把具有一定功能的共用程序段编成子程序，当子程序需要使用子程序时用调用指令，而在子程序的最后安排一条子程序返回指令，以便执行完子程序后能返回主程序继续执行。

1）绝对调用指令。

ACALL　addr11

这是一条 2 KB 范围内的子程序调用指令，其指令格式为

| A_{10} A_9 A_8 | **1　0　0　0　1** |
| A_7　A_6 A_5　A_4 A_3　A_2 A_1 A_0 | |

执行该指令时，

PC←PC+2
SP←(SP)+1,(SP)←(PC)7~0
SP←(SP)+1,(SP)←(PC)15~8
PC10~0←addr11

2）长调用指令。

LCALL　　addr16

这条指令无条件调用位于 16 位地址 addr16 的子程序。执行该指令时，先将 PC+3 以获得下条指令的首地址，并把它压入堆栈（先低字节后高字节），SP 内容加 2，然后将 16 位地址放入 PC 中，转去执行以该地址为入口的程序。LCALL 指令可以调用 64 KB 范围内任何地方的子程序。指令执行后不影响任何标志。其操作过程如下：

PC←PC+3
SP←(SP)+1,(SP)←(PC)7~0
SP←(SP)+1,(SP)←(PC)15~8
PC10~0←addr16

3）子程序返回指令。

RET

子程序返回指令是把栈顶相邻两个单元的内容弹出送到 PC，SP 的内容减 2，程序返回 PC 值所指的指令处执行。RET 指令通常安排在子程序的末尾，使程序能从子程序返回到主

程序。

4）中断返回指令。

RETI

这是指令的功能与 RET 指令相类似。通常安排在中断服务程序的最后。

5）空操作指令。

NOP　　　　　;PC ←PC+1

空操作也是 CPU 控制指令，它没有使程序转移的功能，只消耗一个机器周期的时间，常用于程序的等待或时间的延迟。

5. 位操作指令

MCS-51 单片机内部有一个性能优异的位处理器，实际上是一个一位的位处理器，它有自己的位变量操作运算器、位累加器（借用进位标志 Cy）和存储器（位寻址区中的各位）等。MCS-51 指令系统加强了对位变量的处理能力，具有丰富的位操作指令。位操作指令的操作对象是内部 RAM 的位寻址区，即字节地址为 20H~2FH 单元中连续的 128 位（位地址为 00H~7FH），以及特殊功能寄存器中可以进行位寻址的各位。位操作指令包括布尔变量的传送、逻辑运算、控制转移等指令，共有 17 条指令，所用到的助记符有 MOV、CLR、CPL、SETB、ANL、ORL、JC、JNC、JB、JNB、JBC 共 11 种。

在布尔处理机中，进位标志 Cy 的作用相当于 CPU 中的累加器 A，通过 Cy 完成位的传送和逻辑运算。指令中位地址的表达方式有以下几种：

1）直接地址方式，如 0A8H。

2）点操作符方式，如 IE.0。

3）位名称方式，如 EX0。

4）用户定义名方式，如用伪指令 BIT 定义：

WBZD0　BIT　EX0

经定义后，允许指令中使用 WBZD0 代替 EX0。

以上 4 种方式都是指允许中断控制寄存器 IE 中的位 0（外部中断 0 允许位 EX0），它的位地址是 0A8H，而名称为 EX0，用户定义名为 WBDZ0。

（1）位数据传送指令

```
MOV      C,bit      ;Cy←(bit)
MOV      bit,C      ;bit←(Cy)
```

这组指令的功能是把源操作数指出的布尔变量送到目的操作数指定的位地址单元，其中一个操作数必须为进位标志 Cy，另一个操作数可以是任何可直接寻址位。

（2）位变量修改指令

```
CLR   C          ;Cy ←0
CLR   bit        ;bit ←0
CPL   C          ;Cy ←(Cy)
CPL   bit        ;bit ←(bit)
SETB  C          ;Cy ←1
SETB  bit        ;bit ←1
```

这组指令对操作数所指出的位进行清"0"、取反、置"1"的操作，不影响其他标志。

（3）位变量逻辑与指令

```
ANL   C,bit     ;Cy ←(Cy)∧(bit)
ANL   C,/bit    ;Cy ←(Cy)∧(/bit)
```

（4）位变量逻辑或指令

```
ORL   C,bit     ;Cy ←(Cy)∨(bit)
ORL   C,/bit    ;Cy ←(Cy)∨(/bit)
```

位操作类指令如图 1.27 所示。

（5）位变量条件转移指令

```
JC    rel       ;若(Cy)=1,则转    PC←(PC)+2+rel
JNC   rel       ;若(Cy)=0,则转    PC←(PC)+2+rel
JB    bit,rel   ;若(bit)=1,则转   PC←(PC)+3+rel
JNB   bit,rel   ;若(bit)=0,则转   PC←(PC)+3+rel
JBC   bit,rel   ;若(bit)=1,则转   PC←(PC)+3+rel,并 bit←0
```

位变量条件转移指令如图 1.28 所示。这组指令的功能是：当某一特定条件满足时，执行转移操作指令（相当于一条相对转移指令）；条件不满足时，顺序执行下面的一条指令。前面 4 条指令在执行中不改变条件位的布尔值，最后一条指令，在转移时将 bit 清"0"。

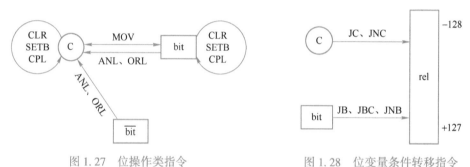

图 1.27　位操作类指令　　　　　　　　图 1.28　位变量条件转移指令

以上介绍了 MCS-51 指令系统，理解和掌握本章内容，是应用 MCS-51 单片机的一个重要前提。

【例 1.20】指出下列程序段的每条指令的源操作数是什么寻址方式，并写出每步运算的结果。（相关单元的内容）设程序存储器(1050H)=5AH。

```
MOV    A,#0FH          ;A=0FH,立即寻址
MOV    30H,#0F0H       ;(30H)=F0H,立即寻址
MOV    R2,A            ;R2=0FH,寄存器寻址
MOV    R1,#30H         ;R1=30H,立即寻址
MOV    A,@R1           ;A=F0H,寄存器间接寻址
MOV    DPTR,#1000H     ;DPTR=1000H,立即寻址
MOV    A,#50H          ;A=50H,立即寻址
MOVC   A,@A+DPTR       ;A=5AH,基址变址寻址
JMP    @A+DPTR         ;PC 目标=105AH,基址变址寻址
CLR    C               ;C=0,寄存器寻址
MOV    20H,C           ;(20H)=0,寄存器寻址
```

【例 1.21】用数据传送指令实现下列要求的数据传送。

（1）R0 的内容输出到 R1。

（2）内部 RAM 20H 单元的内容传送到 A 中。

（3）外部 RAM 30H 单元的内容送到 R0。

（4）外部 RAM 30H 单元的内容送内部 RAM20H 单元。

（5）外部 RAM 1000H 单元的内容送内部 RAM 20H 单元。

（6）程序存储器 ROM 2000H 单元的内容送 R1。

（7）ROM 2000H 单元的内容送外部 RAM 1000H 单元。

解：

```
(1)    MOV     A,R0
       MOV     R1,A
(2)    MOV     A,20H
(3)    MOV     R0,#30H        或    MOV R1,#30H
       MOVX    A,@R0                MOVX A,@R1
       MOV     R0,A                 MOV R0,A
(4)    MOV     R0,#30H        或    MOV R1,#30H
       MOVX    A,@R0                MOVX A,@R1
       MOV     20H,A                MOV 20H,A
(5)    MOV     DPTR,#1000H
       MOVX    A,@1000H
       MOV     20H,A
(6)    MOV     DPTR,#2000H
       CLR     A
       MOVC    A,@A+DPTR
       MOV     R1,A
       MOV     DPTR,#2000H
       CLR     A
       MOVC    A,@A+DPTR
       MOV     20H,A
(7)    MOV     DPTR,#2000H
       CLR     A
       MOVC    A,@A+DPTR
       MOV     R0,#30H
       MOVX    @R0,A
       MOV     DPTR, #2000H
       CLR     A
       MOVC    A,@A+DPTR
       MOV     DPTR,#1000H
       MOVX    @DPTR,A
```

1.8.3 简单汇编语言程序设计

1. 程序设计语言

程序设计首先遇到的问题，就是用何种语言与机器对话，如何把人的思想和安排告诉机器，并且能使机器接受和理解。一般有两种办法：一种是直接用机器接受的语言对话，另一种是通过翻译间接地与机器对话。因此，在计算机中有三种基本语言：机器语言、汇编语言和高级语言。

（1）机器语言

机器语言是以二进制数"0"和"1"表示的指令的集合。每台机器都有自己指令系统。

每条指令的编码送入处理机后，CPU 的指令译码器就可以译出它的含义，并告诉机器应该执行什么操作。

用机器语言编写的程序，见表 1.32。

表 1.32　机器语言编写的程序格式

地　址	机　器　码	地　址	机　器　码
0400	B0	0406	D4
0401	04	0407	0A
0402	B3	0408	8B
0403	09	0409	C8
0404	F6	040A	F4
0405	E3		

程序中每个字节占一个单元地址。指令虽然用十六进制编写，但送入存储器时均已转换成二进制数。

机器语言可以省去翻译过程，也可以使程序编写得比较简练。但这样编写的程序容易出错、难读、难于书写。如果不熟悉指令的机器码，就很难弄清所列的程序是哪条指令构成的，是完成什么任务的程序，甚至连操作码和操作数也难区分，因此在实际应用中很不方便。如果程序很大，困难就更大。因此对于新型计算机和新的调试软件，机器语言基本不被用户使用。

（2）汇编语言

为了克服机器语言的缺点，人们创造了一种比较直观的容易记忆的助记符，来代替指令的机器码，这就形成了符号语言。按一定的特约规则书写符号程序，就形成了汇编语言，这是一种面向机器的程序设计语言。用汇编语言编写的源程序和机器指令几乎是一一对应的，见表 1.33。因此可以说汇编语言仅仅是机器语言的某种改进，它属于面向机器的低级编程语言，不同计算机的汇编语言是不同的，本章探讨的是 MCS-51 单片机的汇编语言。

表 1.33　汇编语言编写的源程序和机器指令

地　址	机　器　码	助　记　符
2000H	7840H	MOV R0,#40H
2001H	E530H	MOV A,30H
2003H	0026H	ADD A,@R0

（3）高级语言

高级语言是面向过程的、独立于计算机的通用语言，利用高级语言编程，人们可以不必去了解计算机的内部结构，编程人员把主要精力集中在解题、算法和过程的研究。目前单片机的 C 语言程序设计也被广泛使用，它的程序结构、算法、变量、表达式、函数和其他 C 语言编写要求一样，而用 C51 编写的单片机应用程序则不用具体组织分配存储器资源和处理端口数据，但对数据类型与变量的定义必须要与单片机的存储结构相关联，否则编译器将不能正确地映射定位。

本书简单介绍汇编语言的程序设计方法。

2. 伪指令

所谓伪指令就是汇编控制指令，仅提供汇编信息，没有指令代码。常用伪指令及功能如下：

（1）ORG——起始地址指令

格式：ORG　n

n 为十进制或十六进制常数，代表地址，指明程序和数据块起始地址，即指出该指令下一条指令的地址。

例如：

```
ORG   2000H
MOV   R0,#30H
MOV   A,@R0
…
ORG   3000H
DB 32H,43H,'A'
…
```

上述程序指出 MOV　R0,#30H 指令所在的地址为 2000H、DB 32H、43H，'A' 这条伪指令所在的地址为 3000H。

（2）DB——定义字节型常数的指令

格式：DB　X1，X2，X3…Xn

其中 Xi 为 8 位数据或 ASCII 码。

例如：

```
ORG   1000H
DB 01H,02H
```

则

```
(1000H)= 01H
(1001H)= 02H
```

又如：

```
ORG   1100H
DB '01'
```

则：

```
(1100H)= 30H       ;0 的 ASCII 码
(1101H)= 31H       ;1 的 ASCII 码
```

（3）DW——定义双字节伪指令

格式：DW　X1，X2，…Xn

其中 Xi 为双字节数据。

例如：

```
ORG   2000H
DW 2546H,0178H
```

则

(2000H)= 25H
(2001H)= 46H
(2002H)= 01H
(2003H)= 78H

(4) EQU——数据赋值伪指令

格式：X EQU n

X 为用户定义的标号；n 为常数、工作寄存器或特殊功能寄存器，为单字节或双字节数。该伪指令是将 n 的值赋值给标号 X。

例如：

```
X1      EQU     2000H
X2      EQU     0FH
...
MAIN:MOV DPTR,#X1
ADD    A,#X2
```

则：

```
DPTR = 2000H
A = 0FH
```

(5) BIT——位赋值伪指令

格式：X　BIT　位地址

例如：CLK　BIT　P1.0

(6) DATA——数据赋值伪指令

格式：字符名　　DATA　表达式

功能：将右边表达式的值赋给左边的字符名。

此伪指令的功能与 EQU 类似，它们的区别在于：

1) DATA 可以先使用再定义，可以放在程序的开头和结尾，也可以放在程序的其他位置，比 EQU 指令灵活。

2) EQU 指令可以把一个汇编符号（如 R1）赋给一个字符名称，而 DATA 伪指令则不能。DATA 伪指令在程序中用来定义数据或地址。

(7) END ——汇编结束伪指令

格式：END

当汇编程序遇到该命令后，结束汇编过程，其后的指令将不加处理。

3. 基本程序设计方法

程序是指令的集合。一个好的程序不仅应完成规定的功能，而且还应该占内存最少、执行时间最短。一般程序设计过程可分为以下几步：

(1) 分析课题，确定解题思路

实际问题是多种多样的，不可能有统一的模式，必须具体问题具体分析。对于同一个问题，也存在多种多样的解题方案，应通过比较从中挑选最佳方案。这是程序设计的基本思路。

(2) 建立系统的数学模型，确定控制算法和操作步骤

建立好系统的数学模型、明确算法对于程序设计非常重要，不同的算法程序执行的效率不同，例如乘法运算可以左移，也可以用加法，还可以用乘法指令或用查表完成。不同的方

法程序的复杂度和执行时间差别很大。

（3）画流程图

流程图可以直观地表示程序的执行过程或解题步骤和方法。同时它给出程序的结构，体现整体与部分的关系，将复杂的程序分成若干简单的部分，给编写程序带来方便。

（4）编写程序

根据流程图的指示，编写出每一模块具体程序，再按流程图的走向加上特定的语句连接成全部程序。

1）顺序程序。顺序程序是最简单的一种程序结构，又叫直线程序，它是按指令的顺序依次执行的程序，也是所有程序设计中最重要、最基本的程序设计方法。分支和循环程序设计都是在顺序程序设计的基础上实现的。

【例 1.22】将 0~15 共 16 个立即数送到内部 RAM30H 开始的单元。

编程思路：本题题意非常清楚，也就是将 0 送到内部 RAM 的 30H 单元，将 1 送到内部 RAM 中的 31H 单元，以此类推，我们可以用顺序语句实现。

```
Start：MOV   30H, #0        ;(30H) ←  #0
MOV   31H, #1              ;(31H) ←  #1
MOV   32H, #2              ;(32H) ← #2
…
MOV   3FH, #15H            ;(3FH) ← #15
RET                       ;返回
```

【例 1.23】将内部 RAM30H 单元的压缩 BCD 码拆成两个非压缩的 BCD 码存储到内部 31H、32H 中。

编程思路：本题是一个拆字程序，比如 30H 中存的数据为#3FH，将它拆分为#03H 和#0FH，分别存入 31H 和 32H 单元。首先确定算法，先把原数保存，然后和#0FH 进行与操作，取出低位数据，再用原数和#F0H 进行与操作，取出高位，再将低位和高 4 位互换，分别保存。子程序如下：

```
Start：MOV    A, 30H
       ANL    A, #0FH
       MOV    31H, A
       MOV    A, 30H
       ANL    A, #0F0H
       MOV    32H, A
       RET
```

【例 1.24】单字节压缩 BCD 码转换成二进制码子程序。

编程思路：本题设两个 BCD 码 d0、d1，表示的两位十进制数压缩于 R2 中，其中 R2 高 4 位存十位，低 4 位存个位，转换成二进制的算法为（d1d0）BCD = d1 * 10+d0，流程图如图 1.29 所示，具体程序如下：

```
Start：   ORG     2000H
          MOV     A, R2
          ANL     A, #0F0H
          SWAP    A
          MOV     B, #0AH
          MUL     AB
```

```
MOV    R3,A
MOV    A,R2
ANL    A,#0FH
ADD    A,R3
MOV    R2,A
RET
```

2）分支程序。在一个实际应用中，程序不可能是顺序执行的，通常需根据实际问题设定条件，通过对条件是否满足的判断，产生一个或多个分支，以决定程序的流向，这种程序称为分支程序。分支程序的特点就是程序中含有条件转移指令。MCS-51 中直接用来判断分支条件的指令有 JZ、JNZ、JC、JNC、CJNE、DJNZ、JB、JNB、JBC 等。正确合理地运用条件转移指令是编写分支程序的关键。

① 单分支程序

【例 1.25】设内部 RAM 20H、21H 两个单元中存有两个无符号数，试比较它们的大小，并将较大者存入 20H 单元中，较小者存入 21H 单元中。

编程思路：可以两个数相减，判断差的正负性即判断 Cy 的值是 0 还是 1；或者用 CJNE 指令比较两个数，判断 Cy 的值。程序流程图如图 1.30 所示。具体程序如下：

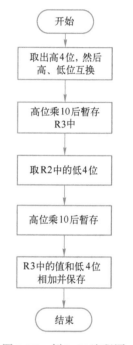

图 1.29 例 1.24 流程图

```
ORG    0000H
CLR    C
MOV    A,21H
SUBB   A,20H    ;(A)←(A)-(20H)
JC     MIN
MOV    A,20H;  } 两数
MOV    20H,21H;}  互换
MOV    21H,A;
MIN:   SJMP  $
END
```

说明：也可以用 JNC 指令或 CJNE 指令，请读者自行完成。

② 多重分支

【例 1.26】设变量 x 存放于 R2 中，函数 y 存放于 R3 中。试按下式要求给 y 赋值。

$$y=\begin{cases} 1 & (x>0) \\ 0 & (x=0) \\ -1 & (x<0) \end{cases}$$

编程思路：可以先判断 x 是否为 0，不为 0 判断最高位是 1 还是 0，最高位是 1 为负，最高位是 0 为正。程序流程图如图 1.31 所示，子程序如下：

图 1.30 例 1.25 流程图

```
ORG     0100H
MOV     A,R2
CJNE    A,#00H,L1
MOV     R3,#00H
SJMP    L3

L1：    JB      ACC.7,L2
MOV     R3,#01H
SJMP    L3
L2：    MOV     R3,#0FFH
L3：    SJMP    $
END
```

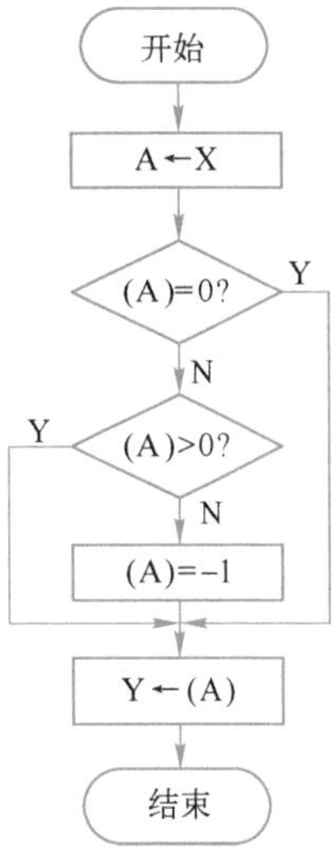

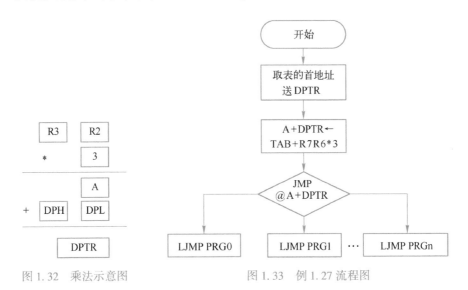

图 1.31　例 1.26 流程图

③ 散转程序

散转程序是一种并行多分支程序。它根据系统的输入或运算结果，分别转向各个处理程序。与分支程序不同的是，散转程序多采用指令 JMP @A+DPTR 实现，根据输入或运算结果，确定 A 或 DPTR 的内容，直接跳转到相应的分支程序中。而分支程序一般采用条件转移指令或比较转移指令实现程序的跳转。下面给出两个散转程序的例子。

【例 1.27】编程实现双字节乘法，乘法示意图如图 1.32 所示，用分支转移指令 JMP @A+DPTR 实现程序。程序流程图如图 1.33 所示。参考程序如下：

图 1.32　乘法示意图　　　　　　　　图 1.33　例 1.27 流程图

```
JMPN：  MOV     DPTR,#TAB
        MOV     A,R3
        MOV     B,#3
MUL     AB
        ADD     A,DPH
```

```
          MOV    DPH,A
          MOV    A,R2
          MOV    B,#3
          MUL    AB
          XCH    A,B
          ADD    A,DPH
          XCH    A,B
          JMP    @A+DPTR
TAB：     LJMP   PRG0
          LJMP   PRG1
          …
          LJMP   PRGN
```

说明：根据 R3R2 中的值程序跳转到指定子程序处执行。例如 R3R2 = 0003，先取 R3 = 00H，因为 LJMP　PROGN 指令占 3 个字节，所以将 R3 * 3 后的值送到累加器 A 中，再与表的首地址高 8 位相加得到新的 DPH；取低 8 位 R2 = 03H 的值乘以 3 后高 8 位与 DPTR 的高 8 位相加，A 中为偏移量，执行 JMP　@A+DPTR 语句后直接跳转到相应地址。

【例 1. 28】 设计可多达 128 路分支的出口程序。

```
Rukou：   MOV      DPTR,#TABL
          MOV      A,R2
RL        A
JMP       @A+DPTR
TABL：    AJMP     PROG00
          AJMP     PROG01
          …
          AJMP     PROG7F
PROG00：…
PROG7F：…
```

由于 AJMP 指令是双字节指令，因此采用 RL A 左移指令，是把入口 R2 的值乘以 2，保证找到 TABL 表中的 n 条 AJMP 指令，利用 JMP　@A+DPTR 语句使程序直接执行跳转到对应子程序执行，散转指令和后面讲到的查表指令有本质的区别。

3）循环程序。循环程序设计就是把一段重复的程序段用能完成循环指令完成。比如把 30H ~ 50H 的内容传送到 70H ~ 90H，如果用顺序结构就要用 32 条传送语句，每次传送过程中只是操作数不同，这时就可以采用循环结构设计，既可以缩短程序，又减少了程序所占用的空间，一般情况下循环程序包括 3 部分。

① 循环初值：相当于循环体的初始化，设置循环次数、间接寻址的首地址等。

② 循环体：需要多次重复执行的语句体。

③ 循环控制：修改指针和循环控制变量，或判断循环结束条件。

循环结构有两种，一种是单重循环，另一种是双重或多重循环。

① 单重循环：简单的循环，循环体中不套循环。

② 多重循环：循环体中又套用循环结构，常用的是双重循环，一般对于初学者不建议

使用层层嵌套的循环结构。

【例 1.29】将例 1.23 的程序用循环结构编写，流程图如图 1.34 所示，程序如下：

```
        ORG   0100H
        MOV   R0,#30H;
        MOV   R5,#16;          循环初值
        MOV   A,#00H;
LOOP:   MOV   @R0,A;
        INC   A;               循环体
        INC   R0;
        DJNZ  R5,LOOP1;        循环控制
        RET
```

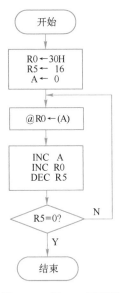

图 1.34　例 1.29 流程图

从例 1.29 可以看出循环结构程序由循环初值、循环体、循环控制 3 部分组成，循环变量通常采用能间接寻址的寄存器 R0、R1，循环次数可以采用工作寄存器或直接地址。语句明显比顺序结构少很多，减少了很多重复的语句，程序简短、占用存储空间少。

【例 1.30】求 n 个单字节数相加，设数据在 40H 开始单元，数据长度在 30H 单元，结果存放在 31H、32H 中。设累加和不超过两个字节。

编程思路：本题循环次数在 30H 单元，间接寻址单元从 40H 开始，可以采用 DJNZ　direct，rel 语句。程序流程图如图 1.35 所示，程序如下：

```
        ORG   0100H
        MOV   R0,#40H
        CLR   A
        INC   R2                ;存放结果的高位
ADDR:   ADD   A,@R0
        JNC   NEXT
        INC   R0
        INC   R2
NEXT:   DJNZ  30H,ADDR
        MOV   31H,A             ;保存结果
        MOV   32H,R2
        END
```

【例 1.31】试编写程序，将内部数据存储器中连续存放的若干数据由小到大排列。

编程思路：将两个相邻的数据相比较，如果前数大于后数，两个数的位置互换，否则位置不变，所有数据比较完后找出最大的数，并存在最后一个单元中。第二次比较在剩余的数据中进行，找到剩余数据中最大的数，以此类推即可完成数据的排序。设数据的个数为 n，第一次比较需 $n-1$ 次，第二次比较需 $n-2$ 次等。在理论上需要进行 $n-1$ 次循环比较才能完成。事实上有可能提前完成排序过程。如果在某次循环比较过程中，位置没有发生互换，说明数据排序已经完成。为此在程序中设置数据表示位 F0，当 R3 为 0 时 F0 没变成 1 程序结束。

程序流程图如图 1.36 所示，程序如下：

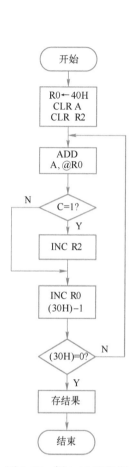

图 1.35　例 1.30 流程图

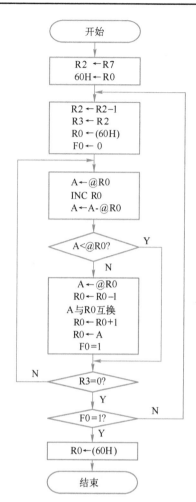

图 1.36　例 1.31 流程图

Start：	MOV	A,R7	
	MOV	R2,A	;保存数据个数
	MOV	60H,R0	;保存地址指针
NN：	DEC	R2	
	MOV	A,R2	
	MOV	R3,A	;初始化循环次数
	MOV	R0,60H	;恢复地址指针
L1：	CLR	F0	
	MOV	A,@R0	;取前数
	INC	R0	
	CLR	C	
	SUBB	A.@R0	;减后数
	B		
	JC	MM	
	MOV	A,@R0	;位置互换
	DEC	R0	
	XCH	A,@R0	
	INC	R0	

```
        MOV       @R0,A
        SETB      F0          ;置标志位
MM   :          R3,L1
DJNZ
        JB        F0,NN
        MOV       R0,60H
        RET
```

本例采用起泡法排序算法，将相邻两数进行比较，然后交换。由双层循环完成的，内层循环的循环次数是变化的，外层循环没有采用循环指令，是一个循环次数不定的循环。

【例 1. 32】设计 100 ms 延时程序。

编程思路：延时程序是计算每条指令执行的次数和每条指令执行所需时间的乘积之和。当系统晶振使用 12 MHz 时，一个机器周期为 1 μs，执行 1 条 DJNZ 指令需要 2 μs，因此执行该指令 50000 次，就可以达到延时 100 ms 的目的，因 51 系列单片机是 8 位机，每寄存器最大是 256 个数，单层循环最多延时 256 * 2 μs，达不到 100 ms 的延时时间，因此需要双层循环。具体程序如下：

	源程序		指令周期(μs)	指令执行次数
Delay:	MOV	R6,#200	1	1
Delay1:	MOV	R7,#248	1	200
	NOP		1	200
Delay2:	DJNZ	R7,$	2	200 * 248
	DJNZ	R6,Delay1	2	200
	RET		2	1

延时时间计算：(1 * 1+1 * 200+1 * 200+2 * 200 * 248+2 * 200+2 * 1) μs=100. 003 ms。

以上例题基本上属于循环次数一定的情况，一般采用 DJNZ 指令来控制循环，当循环次数不固定的时候，通常通过给定的条件标志来判断循环是否结束，一般采用条件比较指令 CJNE 来实现。

【例 1. 33】把内部 RAM 中起始地址为 BLK1 的数据块传送到外部 RAM 中起始地址为 BLK2 的区域中，遇到空格字符的 ASCII 则传送结束。

编程思路：由已知条件可知，数据传送过程中是不断重复执行的操作，但这个程序只能通过一个条件控制循环结束，属于循环次数未知的循环程序，空格字符的 ASCII 是 20H，利用 CJNE 指令将每个要传送的数据与 20H 比较，如果相同，不再传送，不同则继续传送。部分程序如下：

```
Start: MOV    R0,#BLK1        ;数据块首地址送 R0
       MOV    DPTR,#BLK2      ;让 DPTR 指针指向外部存储区的首地址
XH:    MOV    A,@R0           ;取数据
       CJNE   A,#20H,CS       ;判断是否是数据块结束
       SJMP   JS
CS:    MOVX   @DPTR,A         ;数据存到外部存储区
       INC    R0              ;修改指针
       INC    DPTR
       SJMP   XH
JS:    SJMP   $
       RET
```

（5）查表程序

在单片机应用系统中，查表程序使用频繁，利用它能避免进行复杂的运算或转换过程，故广泛应用于显示、打印字符的转换以及数据补偿、计算、转换程序中。

查表就是根据自变量 x 的值，在表中查找 y，使 $y=f(x)$。x 和 y 可以是各种类型的数据。表的结构也是多种多样的。表格可以放在程序存储器中，也可以放在数据存储器中，一般情况下，对自变量 x 是有规律变化的数据，可以根据这一规律形成地址，对应的 y 则存放于该地址单元中；对 x 是没有变化规律的数据，在表中存放 x 及其对应的 y 值。前者形成的表格是有序的，后者形成的表格是无序的。

【例 1.34】已知一位十进制数存放在 R0 中，编写程序求它的平方，并将结果放在 R1 中。

```
Start：MOV    DPTR,#TAB         ;定义表的首地址
       MOV    A,R0              ;取十进制数
       MOVC   A,@A+DPTR         ;查表
       MOV    R1,A              ;存储查得的数据到 R1 中
       RET
       TAB:DB 0,1,4,9,16,25,36,49,64,81
```

说明：使用 MOVC A,@A+DPTR 查表指令必须先把表的首地址送给 DPTR，然后把要查找数据在表格中的相对地址送给 A，再把 A+DPTR 代表的 ROM 地址中的内容取出送到累加器 A 中，完成查表。下面使用 MOVC A,@A+PC 指令完成上面的程序。

```
Start：MOV    A,R0              ;取十进制数
       ADD    A,#2              ;MOV  R1,A 指令和 RET 指令共占 2 个字节
       MOVC   A,@A+PC           ;查表，PC 值为下一条指令的地址
       MOV    R1,A
       RET
       TAB：DB 0,1,4,9,16,25,36,49,64,81
```

A+PC 的值不仅随 A 的值变化，也与查表指令在程序中的位置有关。本程序中 MOVC A,@A+PC 的指令距 TAB 表的首地址相差 2 个字节，因此给初值加 2 处理，这里"2"称作偏移量。

两条查表指令设计的查表程序不同在于：用 MOVC A,@A+PC 指令，其表格位置与查表指令间的间隔数应小于 256；而用 MOVC A,@A+DPTR 指令，表格可在 64 KB 范围内任意位置。一般情况下都使用 MOVC A,@A+DPTR 指令。

【例 1.35】设有一巡检报警装置，需要对 16 路值进行比较，当每一路输入值超过该路的报警值时，实现报警。要求编制一个查表子程序，依据路数 xi，查表得 yi 的报警值。

解题思路：xi 为路数，查表时按照 0，1，2，…，15 取值，故为单字节规划量。表格构造见表 1.34。

表 1.34 表格构造

表地址	#TAB	#TAB+1	#TAB+2	#TAB+3	...	#TAB+30	#TAB+31
存储内容	y0 高	y0 低	y1 高	y0 低	...	y15 高	y15 低
相应 x	00H		01H		...	0FH	

程序入口：（R2）= 路数 xi。

程序出口：（R4R3）= 对应 xi 的报警值 yi。

查表子程序如下：

```
Start:   MOV      A,R2        ;路数 xi 送 A
         RL       A           ;A = xi * 2
         MOV      R4,A        ;暂存
         ADD      DPTR,#TAB
         MOVC     A,@A+DPTR    ;查 yi 高字节
         MOV      R5,A         ;R5 中保存 yi 高字节
         INC      R4           ;找到 yi 低字节的偏移量
         MOV      A,R4
         MOVC     A,@A+DPTR     ;查 yi 低字节送 A
         MOV      R3,A
         RET
TAB:     DW  050FH,0E89H,A695H,1EAAH,0D9BH,7F93H,0373H,26D7H
         DW  2710H,9E3FH,1A66H,22E3H,1174H,16EFH,33E4H,6CA0H
```

本例题采用查表指令，而且表格中的数据是双字节的数据，因此需要找到待查数据首地址，使路数乘 2。本程序中，采用使 A 左移一位。先查出报警值的高位送 R5 中，再查低位送 R3 中。

（6）子程序

在一个单片机系统的程序中，往往有许多地方需要执行同样的运算或操作。例如，各种函数的加减乘除运算、代码转换以及延时程序等。通常将这些经常重复使用的、能完成某种基本功能的程序段单独编制子程序，以供不同程序或同一程序反复调用，如图 1.37 所示。在程序中需要执行这种操作的地方执行一条调用指令，转到子程序中完成规定操作，再返回原来程序中继续执行下去，这就是所谓的子程序结构。采用子程序结构，可使程序简化，便于调试、交流和共享资源。

1）子程序的调用与返回。子程序第一条指令所在地址称为入口地址，该指令前必须有标号，最好以子程序能完成的功能名为标号。例如延时子程序名一般设为 DELAY，查表子程序设为 TABLE。

子程序调用指令为 LCALL 或 ACALL，该指令应放在主程序中，这两条指令后跟的语句标号就是子程序

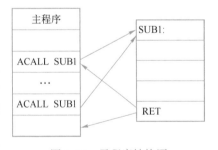

图 1.37　子程序结构图

名，具有寻找子程序入口地址的功能，而且在转入子程序前能自动使主程序断点地址入栈，具有保护主程序断点地址的功能。返回指令 RET 放在子程序的末尾，使程序指针返回到调用子程序指令的下一条指令，具有恢复断点功能。

2）参数的现场保护。在转入子程序时，特别是进入中断服务程序时，要特别注意现场保护问题。即主程序使用的内部 RAM 的内容、各工作寄存器的内容、累加器 A 的内容、DPTR 以及 PSW 等特殊功能寄存器内容都不应该因转向子程序运行而改变。如果子程序使用的寄存器与主程序使用的寄存器有冲突，则应在转入子程序后首先采取措施保护现场。方法是将要保护的单元的内容压入堆栈保存起来，在执行返回指令时将压入的数据再弹出到原工作单元，恢复主程序原来的状态，即恢复现场。

3）主程序和子程序的参数传递。子程序调用时，要特别注意主程序与子程序之间的信息交换。在调用一个子程序时，主程序应先把与调用相关的参数（入口地址）放到某些特定的位置，子程序在运行时可以从约定的位置得到相关的参数。同样在子程序结束前，也应把子程序运行后的处理结果（出口参数）送到约定的位置。当子程序返回后，主程序可从这些位置得到需要的结果。参数传递的方法大致有 3 种。

① 利用工作寄存器 R0~R7 或者累加器 A 传递参数

在调用子程序前把数据存入工作寄存器或累加器。调用子程序后就使用这些寄存器或累加器中的值进行各种操作和运算，子程序执行完返回后，这些寄存器和累加器中的值仍可被主程序使用。这种参数传递在汇编语言中比较常用。优点是方法简单、速度快，缺点是传递的参数不能太多。

【例 1.36】单字节有符号数的加减法程序。

编程思路：该程序的功能为（R2）+（R3）→（R7）。R2 和 R3 中为有符号数的原码，R7 中存放计算结果的原码。程序如下：

```
ADD0:   MOV    A,R3
        CPL    ACC.7
        MOV    R3,A
ADD1:   MOV    A,R3
        ACALL  CMPT          ;调用求补码程序
        MOV    R3,A
        MOV    A,R2
        ACALL  CMPT
        ADD    A,R3
        JB     OV,OVER       ;溢出跳转
```

求补码子程序：

```
CMPT:   JNB    ACC.7,NCH
        MOV    C,ACC.7
        MOV    00H,C
        CPL    A
        ADD    A,#1
        MOV    C,00H
NCH:    RET
        ACALL  CMPT
        MOV    R7,A
OVER:   RET
```

说明：本程序是加法程序，参数传递是通过累加器 A 完成的，主程序是将被转换的数据存放到 A 中，子程序是将被转换的有符号数据求补码后重新存放在 A 中。主程序从 A 中得到运算结果。

② 存储器传递参数

数据一般在存储器中，可以用指针来指示数据的位置，这样可以大大节省传送数据的工作量。在内部 RAM 中，可以使用 R0 和 R1 作为存储器的指针，外部存储器可以使用 DPTR0 或 DPTR1 作为指针，进行数据传递。

【例 1.37】比较两个数据串是否完全相等，若完全相等，A=0，否则 A=FFH。

编程思路：设两个数据串分别存放在内部 RAM 的两个存储区（BLOCK1 和 BLOCK2），

数据串的长度在 R2 中存放，编程时可以使 R0 指向第一数据块的首地址，R1 指向第二数据块的首地址，子程序调用时，只用 MOV　R0,#BLOCK1 和 MOV　R0,#BLOCK2 就可以了，具体程序如下：

```
COMP:   MOV     R2,#LONG        ;将数据块的长度送 R2
        MOV     R0,#BLOCK0      ;取第一个数据块的首地址
        MOV     R1,#BLOCK1      ;取第二个数据块的首地址
CHC:    MOV     A,@R0           ;用@R0 取第一个数据块的第一个数据送 A
        MOV     70H,@R1         ;用@R1 取第二个数据块的第一个数据送 70H
        CJNE    A,70H,NO        ;两个数据比较,不等转向 NO
        INC     R0              ;指针向下移动
        INC     R1
        DJNZ    R2,CHC          ;数据是否比较完,数据未完转向 CHC 继续比较
        MOV     A,#00H          ;两数据相等,给 A 赋值为 0
        SJMP    JS
NO:     MOV     A,#0FFH
JS:     RET
```

③ 利用堆栈传送

在主程序调用子程序前，可将子程序所需要的参数通过 PUSH 指令压入堆栈。在执行子程序时可用寄存器间接寻址访问堆栈，从中取出所需要的参数并返回主程序之前将其结果送到堆栈中。当返回主程序后，可用 POP 指令从堆栈中取出子程序提供的处理结果。由于使用了堆栈区，应特别注意 SP 所指示的单元。在调用子程序时，断点处的地址也要压入堆栈，占用两个单元。在返回主程序时，要把堆栈指针指向断点地址，以便能正确返回。在通常情况下，PUSH 指令和 POP 指令总是成对使用，否则会影响子程序的返回。

【例 1.38】 在 20H 单元存放两位十六进制数，编程将它们分别转换成 ASCII 码并存入 21H、22H 单元。

```
        ORG     0000H
        MOV     SP,#50H         ;设堆栈指针
        MOV     DPTR,#TAB
        PUSH    20H             ;(51H)← (20H)
        ACALL   HASC            ;PC 为子程序首地址,SP+2,使 SP=53H
        POP     21H             ;子程序中压栈的转换后的 ASCII 弹出到 21H
        MOV     A,20H           ;重新取数
        SWAP    A               ;高低 4 位互换
        PUSH    ACC             ;第二次把 20H 内容压栈
        ACALL   HASC
        POP     22H
        SJMP    $
        ORG     0030H
HASC:   DEC     SP              ;两位数的个位转换成 ASCII 码子程序
        DEC     SP              ;修改 SP 到参数位置
        POP     ACC             ;把待处理数送到 A
        ANL     A,#0FH          ;取低 4 位
        MOVC    A,@A+DPTR       ;查表转换成 ASCII
        PUSH    ACC             ;转换后的结果压栈
        INC     SP
        INC     SP              ;修改堆栈指针
        RET
```

TAB:DB　30H,31H,32H,33H,34H,35H,36H,37H,38H,39H
　　DB　41H,42H,43H,44H,45H,46H

说明：主程序通过堆栈将要转换的十六进制数送入子程序，子程序的转换结果再通过堆栈送到主程序。只要在调入前将入口参数压栈，在调用后把要返回的参数弹出。注意的是 ACALL 指令不仅能转向子程序，同时也调整了 SP 的值，因此在子程序中需要注意调整 SP 的值。

 走进科学

单片机前沿技术

随着科技的发展和进步，当前单片机技术正在持续创新和快速发展。单片机的前沿技术涵盖了物联网技术、人工智能技术、无线通信技术、低功耗技术及嵌入式技术等。如通过单片机连接传感器和执行器，可实现智能家居的自动化控制；通过人工智能技术，单片机可对传感器中的数据进行分析、处理和预判，从而实现智能监测；通过无线通信模块，单片机可以与手机、计算机等设备进行无线通信，实现远程传输和控制；通过设计优化单片机功耗电路，可以设定休眠模式和唤醒模式，从而降低功耗，延长待机时间。

这些新技术的融入，使单片机具备了更多的功能和用途，变得更加智能，为各种应用场景提供了理想的解决方案。相信随着技术的不断创新和进步，单片机中的各类新技术将会持续涌现，为人们的生活和工作带来更多的便利。

习题与思考

1. 请简述什么是单片机。
2. 请将十进制数 0.645 的二进制、八进制数和十六进制数表示出来。
3. 已知 $A=+19$，$B=10$，$C=-7$，试求 $[A+B]_补$、$[A-B]_补$、$[A+C]_补$。
4. STC15W4K32S4 单片机基本结构是什么？
5. 简单叙述主时钟频率、系统时钟频率、机器周期概念。
6. 汇编语言指令的基本格式是什么？
7. 汇编语言的寻址方式有哪几种？
8. 试编程写出将片内 50H 单元的内容送到片外数据存储器地址为 6FFFH 单元中。
9. STC 系列单片机是如何命名的？STC15W4K32S4 单片机各部分代表什么含义？
10. 请问宏晶公司生产的 STC 单片机有哪几个系列？每个系列有何区别？了解 STC 各系列单片机的价格和封装技术。
11. STC 单片机各 I/O 端口有几种工作模式？各模式怎样设置？
12. STC 单片机有几种复位模式？各种方式如何进入？
13. 简述 ISP、IAP 的含义。
14. 简述 STC 单片机的 SWBS 和 SWRST 的作用。POF 标志的含义又是什么？

项目2 城市路口交通灯的设计

 知识要点

1. C 语言知识回顾
2. C51 基础知识
3. 流水灯的设计
4. 城市路口交通灯的设计

学习要求

1. 学会使用 Proteus 软件绘制交通灯硬件电路图
2. 学会使用 Keil 软件进行 C51 的软件程序设计并调试
3. 掌握 C51 的基本编程方法和常用头文件
4. 掌握简单流水灯的设计和编程方法
5. 实现城市路口交通灯的设计

学习内容

2.1 C 语言简介

20 世纪 70 年代，美国贝尔实验室的 Ken Thompson，以 BCPL 语言为基础，设计出了能够与硬件交互的 B 语言，并且通过 B 语言写出了第一个 UNIX 操作系统。在当时大部分计算机系统为 UNIX。Dennis Ritchie 为了帮助设计 UNIX 操作系统，减少程序员繁重工作量，于 1972 年开发出了 C 语言，C 语言是一种结构化语言，方便以模块化方式组织程序，层次清晰，方便移植，减少了开发周期。很快 C 语言传播到世界各地，程序员们用 C 语言来编写各种程序。但是由于不同国家地区的差异，不同的组织开始使用自己的 C 语言版本。为了防止不同版本之间出错带来的麻烦，美国国家标准化组织 ANSI 于 1983 年成立了一个委员会，发布了 C 语言标准——ANSI 标准 C 语言。大多数的编译器都遵循这个标准。1999 年，国际标准化组织 ISO 和国际电工委员会 IEC 发布了新的标准，简称 C99。2011 年，国际标准化组织 ISO 和国际电工委员会 IEC 再次发布新的标准，简称 C11。这是官方的第三个最新标准。因此在使用不同的编译器时需要注意 C 语言标准的选择。

2.1.1 C 语言的数据类型

C 语言的数据类型包括：基本类型、构造类型、指针类型、空类型四大类结构。

1）基本类型：char、short、int、long、float、double 这 6 个关键字代表 C 语言里的 6 种基本数据类型。但是由于 CPU 位数或者系统位数的不同，数据类型可能占内存的大小也不同，因此在使用前需要使用 sizeof( )对各个类型大小进行测试。

2）构造类型：结构体 struct、共用体 union、数组和枚举类型。

① 定义结构体的一般格式为

```
struct 结构名
{
    类型   变量名；
    类型   变量名；
}结构变量；
```

② 定义共用体的一般格式为

```
union 共用体名
{
    成员表列
}变量表列；
```

③ 数组：整型数组、浮点型、字符型。

④ 枚举类型：enum，其一般格式为

```
enum WEEKDAY{
Monday = 1,
Tuseday,
Wednesday,
}
```

3）指针类型：指针类型的符号为 " * "，比如：int * P = &a；是定义了一个指向整型数据的指针变量 P，也就是说 P 的值为变量 a 的地址。

4）空类型：{ }。

2.1.2 C 语言的数组

数组表示一组数据存储位置，其中每个位置的名称相同，存储的数据类型相同。数组中的数据存储位置被称为数组元素。在使用数组时需要为其分配内存空间，例如：定义一个数组 int a[num]；需要在 a 数组放入 num = 5 个整数，程序存储内存就得分配 5 个 int 型大小的空间 int a[5]；在设计程序时要合理定义数组的大小以免造成浪费。数组一个非常常用的功能就是查表，比如记录每个月份的营业开支，字形码表和程序一起固化在存储器当中。多维数组有多个下标，两个下标为二维数组，3 个下标为三维数组，以此类推。

使用数组注意事项如下：

数组元素从 0 开始编号，而不是从 1 开始，例如：声明一个数组 int a[5]；那么该数组的第一个元素为 a[0]。

数组与数组之间不能直接赋值。例如：错误写法 int a[5] = b[5]；如果数组之间要赋值，只能通过编程的方式进行赋值，正确写法如下：

for(i = 0; i<num;i++){b[i] = a[i];}

求数组的大小，sizeof( )给出整个数组所占据的内容的大小，单位为字节，例如：sizeof(a)/sizeof(a[0])就可得到数组的元素的多少。

数组作为参数时，往往必须再用另一个参数来传入数组的长度，不能在[ ]中给出数组的大小。例如：int abc(int a [ ],int length)；length 为数组的长度。但是不能用 sizeof(a)/sizeof(a[0])作为 length。

2.1.3 C 语言的指针与函数

指针是一个存储计算机内存地址的变量。& 运算符用于获取变量的地址，它的操作数必须为变量，运算符 & 的右边必须是明确的变量。指针变量，就是存放地址的变量，它是一种变量。普通变量的值是实际的值而指针变量的值是具有实际值的变量的地址。指针的声明格式如：anytype * name；anytype 为任何数据类型，它指定了指针指向的变量的类型。星号 * 是一个间接运算符，它表明 name 是一个指向 anytype 类型变量的指针。星号 * 可以作间接运算符和乘法运算符。指针应用的场景如：

两个变量的值进行交换。

```c
void swap(int * a,int * b)
{
int t = * a;
* a = * b;
* b = t;
}
```

思考：此次交换是存储空间的内容交换还是数据交换？

函数需要返回多个值时，某些值就只能通过指针来返回。下面程序为在数组中找出最小值和最大值，通过指针返回。

```c
#include<stdio. h>
void minmax(int a[ ],int len,int * min, int * max);
void main( )
{
int a[ ] = {1,2,3,4,5,6,88,140,255,423};
int min,max;
minmax(a,sizeof(a)/sizeof(a[0]),&min,&max);
printf("%d %d",min,max);
}
void minmax(int a[ ],int len,int * min,int * max)
{
    int i;
     * min = * max=a[0];
    for(i=1;i<len;i++)
      {
          if(a[i]< * min)
{
 * min = a[i];
}
if(a[i]> * max)
```

```
    {
        * max = a[i];
    }
        }
    }
```

函数返回运算的状态，结果通过指针返回。一般常用的方法是通过返回不属于有效范围内的值-1 或 0 这样的特殊值来表示出错，但是当任何值都代表有效的时候，就得分开返回。以下程序为 a/b 进行运算，如果分母为零则表示无效。

```
#include<stdio. h>
int divide(int a,int b, int * result);
int main()
{
int a,b,result;
scanf("%d %d",&a,&b);
if(divide(a,b,&result))
printf("a/b = %d",result);
else
printf("输入有误");
}
int divide(int a,int b,int * result)
{
int ret =1;//函数返回的状态
if( b = =0 ) ret = 0;
else
{
    * result = a/b;
}
return ret;
}
```

2.2　C51 的变量与常量

2.2.1　C51 的变量

C51 中定义变量的格式：[存储种类]　数据类型 [存储器类型]　变量名;

1. 变量的存储种类

要在程序中使用变量必须先用标识符作为变量名，并指出所用的数据类型和存储模式，这样编译系统才能为变量分配相应的存储空间。存储种类和存储器类型可以填写也可以不填写。C51 变量的存储种类一共有 4 种，分别为自动 auto、静态 static、外部 extern 和寄存器 register。

2. 变量的存储器类型及空间分配

STC15 系列单片机的数据存储器和程序存储器地址是相互独立的，单片机内部的存储区均可访问，STC15 单片机的存储空间可以分为内部数据存储器 256 B SRAM、16 KB/32 KB/40 KB/48 KB/56 KB 的片内 Flash 程序存储器。单片机除了可以访问片内的程序存储器 Flash,

还可以访问 64 KB 外部程序存储器。51 系列单片机在物理和逻辑上都分为两个地址空间：内部 RAM 和内部扩展 RAM。而且 51 系列单片机还可以访问片外扩展的 64 KB 外部数据存储器。

内部数据存储器是可读可写的，最高可达高 256B。以 52 子系列单片机为例，内部数据存储器共 256B，可分为 3 个部分：低 128 B RAM、高 128 B RAM 和特殊功能寄存器区。低 128B 内部数据存储器既可直接寻址又可间接寻址。高 128B 内部数据存储器与特殊功能寄存器共用相同的地址范围，但是物理上是独立的，没有相互重叠，高 128 B RAM 只能间接寻址，特殊功能寄存器区只可直接寻址。从 20H~2FH 可以位寻址，内部数据存储器又可分成 3 个不同的存储类型：data、idata 和 bdata。如图 2.1 所示。

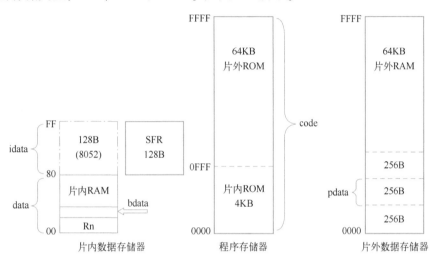

图 2.1 存储器空间分配

低 128B RAM 也称通用 RAM 区。通用 RAM 区又可分为工作寄存器区、可位寻址区、用户 RAM 区和堆栈区。00H~1FH 共 32 B，分为 4 组，每组包含 8 个 8 位的工作寄存器。通过使用寄存器组可以提高运算速度。20H~2FH 为可位寻址区，共 16 个字节单元，这 16 B 单元既可以按字节存取，也可以对单元中的任何一位单独存取，可位寻址区的地址范围为 00H ~7FH。30H~FFH 是用户 RAM 区和堆栈区，1 个 8 位的堆栈指针 SP。

外部数据存储器是可读可写的，C51 编译器提供了两种存储类型：xdata 和 pdata，来访问外部数据存储器。pdata 区只有 256 B 而 xdata 区可达到 65536 B，由于装入地址的位数不同，pdata 区比 xdata 区寻址要快。

51 系列单片机内部集成了 4 KB ~ 64 KB 的程序存储器 Flash，只能读不能写。C51 编译器提供了 code 存储类型访问程序存储器。每个变量可以明确地分配到指定的存储空间。我们已经列举出了 6 种存储类型：data、bdata、idata、xdata、pdata、code。

3. 变量的存储模式

存储模式决定了没有明确指定存储类型的变量、函数参数等的默认存储区域，共 3 种：

（1）Small 模式

所有默认变量参数均装入内部 RAM，优点是访问速度快，缺点是空间有限，只适用于小程序。

（2）Compact 模式

所有默认变量均位于外部 RAM 区的一页（256B），具体哪一页可由 P2 口指定，在 ST-ARTUP. A51 文件中说明，也可用 pdata 指定，优点是空间较 Small 宽裕，速度较 Small 慢，但较 large 要快，是一种中间状态。

（3）Large 模式

所有默认变量可放在多达 64KB 的外部 RAM 区，优点是空间大，可存变量多，缺点是速度较慢。

提示：存储模式在单片机 C 语言编译器选项中选择。

4. 变量类型

C51 既可以使用 C 语言里的基本变量类型，又定义了特殊的变量类型，比如：sfr、sfr16、bit、sbit 等。

1）特殊功能寄存器的定义：sfr 特殊功能寄存器名字 = 特殊功能寄存器地址

地址必须为常数，不允许带有运算符。这个地址常数值必须在 80H~FFH 之间。例如：

```
sfr P0 = 0x80;
Sfr ACC = 0xE0;
sfr B = 0xF0;
```

使用关键字 sfr 定义 16 位特殊功能寄存器。

在 51 单片机中，有时会使用两个地址连续的特殊功能寄存器组合成 1 个 16 位的特殊功能寄存器，而且高字节地址直接位于低字节地址之后。例如：

```
sfr16 DPTR = 0x82;
sfr16 T2 = 0xCC;
```

在 51 单片机中，52 子系列会有 3 个定时器，其中 T2 就可以把两个 8 位计数器 TH2（高 8 位地址 0xCDH）和 TL2（低 8 位地址 0xCCH）合并成 1 个 16 位寄存器；DPTR 由 DPH（高 8 位地址 0x83H）和 DPL（低 8 位地址 0x82H）两个寄存器组成。

2）使用 sbit 进行特殊功能位的定义：用一个已经声明的特殊功能寄存器的地址作为 sbit 的基地址，"^" 后数字范围 0~7，表示该寄存器的第几位。

sbit 位名=特殊功能寄存器名^位置;

例如：

```
sfr PSW = 0xD0;
sbit CY = PSW^7;
sbit AC = PSW^6;
sbit F0 = PSW^5;
```

此办法为用一个常数作为基地址，范围为 80H~FFH，"^" 后面数字范围还是 0~7，表示该寄存器的第几位。

sbit 位名 = 字节地址^位置;

例如：

```
sbit CY = 0xD0^7;
sbit AC = 0xD0^6;
```

3）将特殊功能位的绝对地址赋给变量，位地址范围必须在 80H~FFH 之间。

sbit 位名 = 位地址；

例如：

sbit CY = 0xD7；
sbit AC = 0xD6；

2.2.2　C51 的常量

常量和变量一样，也是程序使用的一个数据存储位置；但是不同的是常量在程序运行当中不可以被修改，是一个常数。常量的数据类型一般分成整型、浮点型、字符型、字符串型和地址常量。

1. 整型常量

整型常量可以是长整型、短整型、有符号型、无符号型。每种数据类型和值域范围可见表 2.1。

表 2.1　C51 的数据类型和值域

数据类型	长　　度	值　　域
unsigned char	单字节	0~255
signed char	单字节	−128~127
unsigned int	双字节	0~65535
signed int	双字节	−32768~32767
unsigned long	四字节	0~4294967295
signed long	四字节	−2147483648~2147483647
float	四字节	$\pm1.175494E-38 \sim \pm3.402823E+38$
*	1~3 字节	对象的地址
bit	位	0 或 1
sfr	单字节	0~255
sfr16	双字节	0~65535
sbit	位	0 或 1

可以指定一个整型常量为二进制、八进制或十六进制。

十六进制的常量表示方法在常量前有符号"0x"。如果前面的符号只有一个数字 0，那么表示该常量是八进制。有时我们在常量的后面加上符号 L 或者 U，来表示该常量是长整型或者无符号整型：123456L、0xffffL、2000U，后缀可以是大写，也可以是小写。

2. 浮点型常量

一个浮点型常量由整数和小数两部分构成，中间用十进制的小数点隔开。有些浮点数非常大或者非常小，用普通方法不容易表示，可以用科学计数法或者指数方法表示。下面是一个实例：3.1416、1.234E−30、2.47E201。

注意在 C 语言中，数的大小也有一定的限制。对于 float 型浮点数，数的表示范围为

-3. 402823E38~3. 402823E38，其中-1. 401298E-45~1. 401298E-45 不可见。double 型浮点型常数的表示范围为-1. 79E308~1. 79E308，其中-4. 94E-324~4. 94E-324 不可见。

在浮点型常量里也可以加上后缀：

```
FloatNumber = 1.6E10F;          /*有符号浮点型*/
LongDoubleNumber = 3.45L;       /*长双精度型*/
```

后缀可大写也可小写。

说明：

1）浮点常数只有一种进制（十进制）。

2）所有浮点常数都被默认为 double。

3）绝对值小于 1 的浮点数，其小数点前面的零可以省略。如 0. 22 可写为 . 22，-0. 0015E-3 可写为-. 0015E-3。

4）默认格式输出浮点数时，最多只保留小数点后 6 位。

3. 字符型常量

字符型常量所表示的值是字符型变量所能包含的值。可以用 ASCII 表达式来表示 1 个字符型常量，或者用单引号内加反斜杠表示转义字符。

```
'A', '\x2f', '\013';
```

其中：\x 表示后面的字符是十六进制数，\0 表示后面的字符是八进制数。

注意：字符型常量表示数的范围是-128~127，除非把它声明为 unsigned，这样就是 0~255。

4. 字符串型常量

字符串型常量就是一串字符，用双引号括起来表示。

```
"Hello,World!"
```

5. 地址常量

前面说的变量是存储数据的空间，它们在内存里都有对应的地址。在 C 语言里可以用地址常量来引用这些地址，如下：

```
&Counter, &Sum;
```

& 是取地址符，作用是取出变量（或者函数）的地址。在后面的输入语句和指针里还会说明。

这一节所讲到的变量和常量知识可以说是在一切程序中都要用到，特别是变量的声明和命名规则。

（1）#define 定义常量

#define 是 C 语言中的预处理器编译指令之一，在 C51 中常用来宏定义常量，例如：#define　PI 3. 14159，是将程序中所有的 PI 替换为 3. 14159，相当于编译器的查找并替换的功能。要注意的是，#define 并不会把双引号中和注释中的内容进行替换。

（2）const 定义常量

const 是一个修饰符，可用于任何变量声明中。被声明为 const 的变量在程序执行期间不能被修改，即声明时被初始化一个值，以后便不能修改。

2.2.3　C51 的头文件

C51 的头文件通常有：reg51. h、math. h、ctype. h、stdio. h、stdlib. h、absacc. h、STC8. h STC15. h，其中 reg51. h、STC8. h、STC15. h 内定义了 51 单片机和 STC 单片机的各个特殊功能寄存器和特殊功能寄存器的位变量，absacc. h、intrins. h 定义常用数学运算，见表 2.2 和表 2.3。

表 2.2　absacc. h 定义常用数学运算

```
#define CBYTE ((unsigned char volatile code   *) 0)
#define DBYTE ((unsigned char volatile data   *) 0)
            #if ! defined (__CX2__)
#define PBYTE ((unsigned char volatile pdata *) 0)
                  #endif
#define XBYTE ((unsigned char volatile xdata *) 0)
#define CWORD ((unsigned int volatile code   *) 0)  #define DWORD ((unsigned int volatile data   *) 0)
            #if ! defined (__CX2__)
#define PWORD ((unsigned int volatile pdata *) 0)
                  #endif
#define XWORD ((unsigned int volatile xdata *) 0)
```

表 2.3　intrins. h 定义常用数学运算

crol	字符循环左移
cror	字符循环右移
irol	整数循环左移
iror	整数循环右移
lrol	长整数循环左移
lror	长整数循环右移

2.2.4　C51 的运算符

C51 的运算符具体见表 2.4。

表 2.4　C51 的运算符

运　算　符	功　　能
+　-　*　/	加减乘除
>　>=　<　<=	大于　大于或等于　小于　小于或等于
==　!=	测试等于　测试不等于
&&　‖　!	逻辑与　逻辑或　逻辑非
>>　<<	位右移　位左移
&		按位与　按位或
^　~	按位异或　按位取反

2.3 C51 指针

指针就是指变量或数据所在的存储区单元的地址，这些地址指向了变量或数据的单元，把这些地址形象化地称为指针。C51 指针支持通用指针和基于存储器的指针两种类型。C51 指针使用的方法与标准 C 语言使用的方法相同，但是 C51 指针同时可以声明存储类型。

1. 通用指针

C51 语言提供一个三个字节的指针，第一个字节表明该指针存储器类型，后两个字节用来存放该指针的高低位地址（也称为偏移量），所以地址最大值为 0xFFFF。但不是所有的存储器类型指针地址都占两个字节，data、bdata、idata、pdata 存储器指针占用一个字节，code、xdata 存储器指针占用两个字节。不管什么数据类型都可以存放在任何的存储器类型，只要不超过寻址范围。使用指针变量之前跟使用其他变量一样需要先定义。例如：

```
数据类型   [数据存储类型]   *[指针自身存储类型] 变量名
unsigned char *   xdata  pi //pi 为指向无符号字符型数据的指针，而指针自身存放在 xdata 中
int * pi   //pi 为指向 int 型整型数的指针，而指针自身存放在编译器默认不同的 RAM 区中
```

2. 基于存储器的指针

C51 指针允许使用者规定指针指向的存储段，这种指针叫基于存储器的指针。这种方式相对通用指针执行的速度快，基于存储器的指针能节省存储空间，因为通用指针指向的变量没有声明存储类型，是未知的，所以编译器需要产生可以访问任何存储区的通用代码，而基于存储器的指针已经声明好了指针指向的存储区，不需要产生过多的代码，执行得相对较快。如果考虑执行速度的话，应尽可能使用基于存储器的指针。例如：

```
数据类型   [数据存储类型]*[指针自身存储类型] 变量名
unsigned char data * pi;   //pi 指向 data 区中的无符号字符型数据
int xdata * pi;   //pi 指向 xdata 区中的 int 整型数据
unsigned char data * xdata pi //pi 为指向 data 存储区无符号字符型的指针，而指针自身存放在 xdata 中
```

2.4 C51 函数

2.4.1 函数定义

C51 语言程序在结构上可以划分为两种主函数：main( )和普通函数。主函数也是一种函数，只不过它比较特殊，在编译器进行编译时它作为程序的开始段。C51 语言继承了 C 语言编程模块化的优点，当编写功能较多的程序时，如果都放在主函数里就会显得凌乱，因此可以把每个功能程序段作为子函数，需要使用时进行简单反复的调用即可。

对于普通函数可以分成标准库函数和用户自定义函数。Keil4 软件或者其他编译器里都会自带一些标准库函数，这些函数由软件商家编写定义，在使用时直接调用就可以了。但是标准的库函数不能满足用户的需求，需要用户自己对函数进行定义。函数的一般形式是：

```
返回值类型   函数名称(形式参数列表)
{
函数体；
}
```

2.4.2　函数的调用

C51 函数的调用与标准 C 语言方法一样，调用函数的方式有两种，第一种对于任何函数，都可以使用其名称和参数列表进行调用。第二种只能用于返回值的函数，可以用在任何能使用表达式的地方，也可以被用作函数的参数，把有返回值的函数放在赋值语句的右边。

当使用标准库函数时，需要进行声明引入相应的头文件。使用时要在文件最前面用#include 预处理语句引入相应的头文件，说明要使用的函数在头文件中。调用就是指一个函数体中引用另一个已定义的函数来实现所需要的功能，这个时候函数体称为主调用函数，函数体中所引用的函数称为被调用函数。但是本征库函数进行函数调用时需要注意，比如本征库函数#include<intrins. h>里面循环左移函数_crol_或循环右移_cror_函数，编译时直接将其固定的代码插入当前行。

2.4.3　无参函数写法及调用

无参函数定义的一般形式如下：

类型标识符　函数名( )
{
　　声明部分；
　　语句；
}

其中类型标识符和函数名称为函数头。类型标识符指明了本函数的类型，函数的类型实际上是函数返回值的类型。该类型标识符与前面介绍的各种说明符相同。函数名是由用户定义的标识符，函数名后有一个空括号，其中无参数，但括号不可少。{}中的内容称为函数体。在函数体中声明部分，是对函数体内部所用到的变量的类型说明。在很多情况下都不要求无参函数有返回值，此时函数类型符可以写为 void。

2.4.4　有参函数写法及调用

有参函数定义的一般形式如下：

类型标识符　函数名(形式参数表列)
{
　　声明部分；
　　语句；
}

有参函数比无参函数多了一个内容，即形式参数表列。在形参表中给出的参数称为形式参数，它们可以是各种类型的变量，各参数之间用逗号间隔。在进行函数调用时，主调函数将赋予这些形式参数实际的值。形参既然是变量，那么在形参表中必须给出形参的类型说明。

2.4.5　中断函数

中断服务函数在 51 单片机应用中非常重要，只有在有中断源发出中断请求信号时，中断服务函数才会被执行。中断函数的声明需要使用 interrupt 关键字和中断编号 0~4。

使用中断函数的格式如下：

返回值类型　函数名(形式参数表) interrupt　中断编号　[using n]

当开始执行主函数里面的程序时，如果需要 CPU 马上执行特定的任务，则跳出主函数进入中断服务函数里，中断服务函数执行完后，会再返回到主函数原先执行到的位置继续执行主函数里面的程序。CPU 会根据优先级高低进行判断，高优先级中断可以打断低优先级中断，当高优先级程序执行完后，再执行低优先级程序。还要注意的是不能直接调用中断函数，using n（n 的范围 0~3）是选用 51 芯片内部 4 组工作寄存器，使用者可以不用去设定，由编译器自动选择。

2.4.6　C51 软件程序

【例 2.1】 清零程序。

1）将片外 RAM 6000H 开始的连续 10 个单元清零。

例2.1　清零

```
#include<reg52.h>
#include<absacc.h>        //绝对地址包含文件
unsigned char xdata num[10] _at_ 0x6000;   //关键字_at_对指定
的存储空间的绝对地址进行访问。格式为 [存储类型] 数据类型 变
量名 _at_  地址常数
void main(void)
{
  unsigned char i;
  for(i = 0;i<10;i++)
  {
  num[i] = 0;
  }
}
```

2）将片内 RAM 中 20H~30H 连续 16 个单元清零。

```
#include<reg52.h>
#include<absacc.h>
void main( )
{
  unsigned char i;
  for(i = 0;i<16;i++)
  {
  DBYTE[0x20+i] = 0x00;
  }
}
```

【例 2.2】 互换程序。

将外部数据存储器的 000BH 和 0000CH 单元的内容互相交换。

例2.2　互换

方法 1：XBYTE 函数法。

```
#include<reg52.h>
#include<absacc.h>
void main(void)
```

```
{
    unsigned xdata    char i ;
    i = XBYTE[11];         //XBYTE 是一个地址指针
    XBYTE[11] = XBYTE[12];
    XBYTE[12] = i;
}
```

方法 2：指针法。

```
#include    <reg51.h>
void    main( )
{
    unsigned char * p, c,x;
    While(1)
    {p=0x0b;
      c= * p;
      p++;
      x= * p;
      * p=c;
      p--;
      * p=x;
    }
}
```

【例 2.3】查找相同数。

例 2.3　查找相同数

```
#include <reg51.h>
main ( )
{
    unsigned char xdata * p=0x2000;   //指针 p 指向 2000H 单元
    int n=0,i;
    for(i=0;i<16;i++)
    { if( * p==0) n++;               //若该单元内容为零，则 n+1
      p++;                           //指针指向下一单元
    }
    p=0x2100;                        //指针 p 指向 2100H 单元
    * p=n;                           //把个数放在 2100H 单元中
}
```

【例 2.4】将 1 字节的二进制数转换成 3 个十进制数（BCD 码）并存入 20H 开始的单元中。

例 2.4　BCD 码运行

```
void    main( )
{
    unsigned   char    * p=0x20;
    unsigned   char    number=123;
    * p=number/100;
    P++;
    * p=(number%100)/10;
    P++;
    * p= (number%100)%10;
}
```

【**例 2.5**】单片机 P1 口的 P1.0、P1.1 接两个开关 K1、K2。P1.4、P1.5、P1.6 和 P1.7 各接一只发光二极管（LED），表 2.5 所示为通过按键 K1、K2 选择点亮 VL1～VL4 中的一个。

例 2.5　LED 亮灭

表 2.5　K1、K2 功能

K2	K1	点亮的灯
0	0	L1
0	1	L2
1	0	L3
1	1	L4

图 2.2 中元器件有 AT89C51、Crystal、cap、cap-elec、led-red、res、switch。

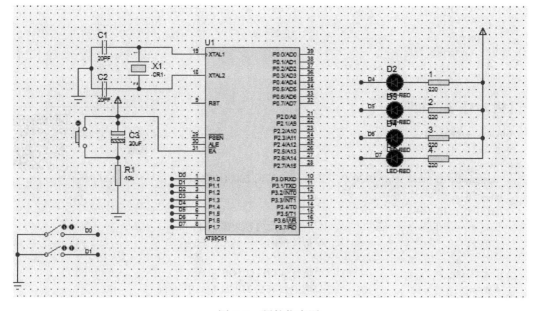

图 2.2　硬件仿真图

方法 1：用 if 语句实现。

```
#include "reg51. h"
void main( )
{
    char a;
    a=P1;
    a=a&0x03;        //屏蔽高 6 位
    if ( a= =0)    P1 =0xe3;
    else if ( a= =1)    P1 =0xd3;
    else if ( a= =2)    P1 =0xb3;
    else   P1 =0x73;
}
```

方法 2：用 switch/case 语句实现。

```
#include "reg51. h"
  void main( )
 {
     char a;
     a=P1;
     a=a&0x03;              //屏蔽高 6 位
     switch（a）
     {
        case 0:P1=0xe3;break;
     case 1:P1=0xd3;break;
     case 2:P1=0xb3;break;
     case 3:P1=0x73;break;
     }
}
```

方法 3：用 goto 语句实现。

```
#include "reg51. h"
void main( )
{
        char a;
loop:  a=P1;
        a=a&0x03;                //屏蔽高 6 位
        switch（a）
        {
        case 0:P1=0xe3;break;
        case 1:P1=0xd3;break;
        case 2:P1=0xb3;break;
        case 3:P1=0x73;break;
        }
        goto loop;
}
```

2.5 流水灯的设计

流水灯的设计

功能描述：使用 STC 单片机控制 8 个 LED 小灯从上向下轮流闪烁。

1. 硬件电路图的设计

STC 单片机控制 LED 硬件电路图如图 2.3 所示。

2. 软件程序设计

程序设计代码如下：

```
#define MAIN_Fosc   12000000L            //定义主时钟
#include <stc\STC15Fxxxx. H>
#include   <intrins. h>
void   delay_ms( unsigned char ms)
{
    unsigned int i;
```

```
        do{
            i = MAIN_Fosc / 13000;
            while( --i );
        } while( --ms );
    }
    void main( void )
    {
        unsigned char i, a = 0xfe;
        P6M1 = 0;  P6M0 = 0;    //P6 口设置为基本输入输出口
        while ( 1 )
        {
        for( i = 1; i <= 8; i++)
        { P6 = a;
        delay_ms( 250 );
        a = _crol_( a, 1 ); }
        }
    }
```

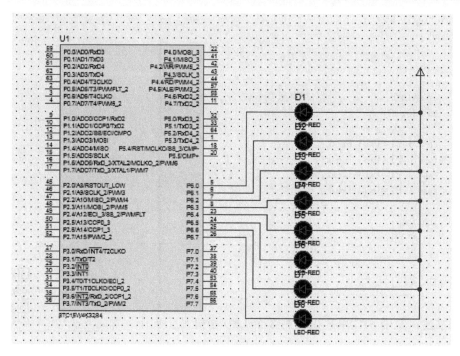

图 2.3   LED 轮流闪烁硬件仿真图

2.6   城市路口交通灯的设计

交通灯的设计

功能描述：由 STC 单片机 P1 口控制南北和东西方向交通信号灯，其仿真图如图 2.4 所示。要求：南北方向红灯亮 20 s，东西方向绿灯亮 20 s；南北方向红灯亮 3 s，东西方向黄灯亮 3 s；南北方向绿灯亮 20 s，东西方向红灯亮 20 s；南北方向黄灯亮 3 s，东西方向红灯亮 3 s；硬件电路中需要的元器件：stc15w4k32s、traffic lights。

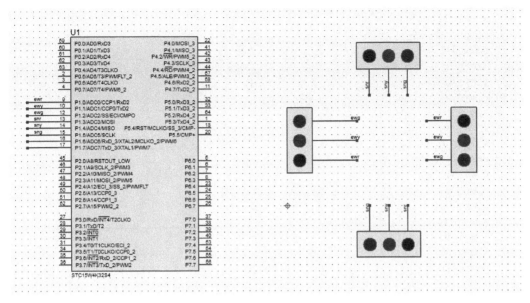

图 2.4　交通灯硬件仿真图

软件程序如下：

```c
#include <stc\STC15.H>
unsigned int i,j,m;
sbit e_wr=P1^0;
sbit e_wy=P1^1;
sbit e_wg=P1^2;
sbit s_nred=P1^3;
sbit s_nyel=P1^4;
sbit s_ngrn=P1^5;
void delay(m)
{
    for(i=0;i<=50000;i++)
    for(j=0;j<=m;j++);
}
void main()
{
    P1M0=0X00;P1M1=0X00;
    while(1)
    {
    e_wr=1;
    e_wy=0;
    e_wg=0;
    s_nred=0;
    s_nyel=0;
    s_ngrn=1;
    delay(20);
    e_wr=1;
    e_wy=0;
    e_wg=0;
    s_nred=0;
```

```
        s_nyel = 1;
        s_ngrn = 0;
        delay(3);
        e_wr = 0;
        e_wy = 0;
        e_wg = 1;
        s_nred = 1;
        s_nyel = 0;
        s_ngrn = 0;
        delay(20);
        e_wr = 0;
        e_wy = 1;
        e_wg = 0;
        s_nred = 1;
        s_nyel = 0;
        s_ngrn = 0;
        delay(3);
        }
}
```

走进科学

单片机与显示系统

单片机控制的常用显示器有很多种，如目前广泛使用的液晶显示器（LCD）、多段数码管以及点阵显示器，常用于电子游戏、电子钟表、电视机等电子设备上。近年来，如 OLED（Organic Light Emitting Diode）显示器和 TFT – LCD（Thin Film Transistor – Liquid Crystal Display）显示器也已经问世，其中 OLED 除了具备高分辨率、高亮度、高对比度及低功耗的优点，还具备可弯曲、耐低温等特点，如图 2.5 所示，常用于高端手机及平板电脑显示等场合。

图 2.5　柔性屏幕应用

习题与思考

1. 编程实现 P2 口 LED 灯按"加 1"方式循环显示（比如：D1（1）亮完 D2（2）亮，然后 D1（3）和 D2（3）同时点亮）。

2. 编程实现 P2 口 LED 灯先奇数灯依次点亮然后偶数灯依次点亮。

3. 将外部数据存储器的 000BH 和 0000CH 单元的内容互相交换。

4. 查找片外 2000H~20FFH 单元零的个数，并将结果存放在 2100H 单元。

5. 将 1 字节的二进制数转换成 3 个十进制数（BCD 码）并存入 20H 开始的单元中。

6. 将片内 30H 单元存放的压缩 BCD 码转换成非压缩 BCD 码存放在 31H 和 32H 单元。

7. 将片内 RAM 中 50H~60H 连续 16 个单元清零。

项目 3　八路电子抢答器的设计

📋 **知识要点**

1. 了解中断的基本概念
2. 中断系统的响应过程
3. 外部中断的简单应用
4. 八路电子抢答器的设计

🖱 **学习要求**

1. 掌握中断的基本概念
2. 掌握 STC15W4K32S4 单片机的中断系统
3. 掌握外部中断的基本设置
4. 掌握中断初始化的方法
5. 掌握利用外部中断进行程序设计的方法

✒ **学习内容**

3.1　中断的基本概念

众所周知，随着 CPU 的工作速度越来越快，CPU 启动外部设备输入/输出一个字节数据只需要微秒级甚至更短的时间，而低速的外部设备工作速度一般在毫秒级，若 CPU 和外部设备是串行工作的，则 CPU 就浪费了很多时间去等待外部设备，其效率大大降低。若没有中断技术，CPU 难以为多个设备服务，对故障的处理能力也极差。为了解决这些问题，在计算机中引入了中断技术，目前所有的计算机都有中断处理的能力。

3.1.1　中断的基本概念和相关术语

中断是 CPU 在执行现行程序的过程中，发生随机事件和特殊请求时，使 CPU 中止现行程序的执行，而转去执行随机事件或特殊请求的处理程序，待处理完毕后，再返回被中止的程序继续执行的过程，如图 3.1 所示。

实现中断的硬件逻辑和实现中断功能的指令统称为中断系统。引起中断的事件称为中断源，实现中断功能的处理程序称为中断服务程序。对于中断系统来说，由中断源向 CPU 所发出的请求中断的信号称为中断请求信号；CPU 中止现行程序执行的位置称为中断断点；

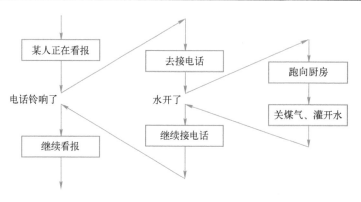

图 3.1　中断执行过程

中断断点处的程序位置称为中断现场；由中断服务程序返回到原来程序的过程称为中断返回；CPU 接受中断请求而中止现行程序，转去为中断源服务称为中断响应。中断响应过程如图 3.2 所示。

在中断系统中，对中断断点的保护是 CPU 在响应中断时自动完成的，中断服务完成时执行中断返回指令而得到恢复；对于中断断点处其他数据的保护与恢复是通过在中断服务程序中采用堆栈操作指令 PUSH 及 POP 来实现的，这种操作通常称为保护现场与恢复现场。

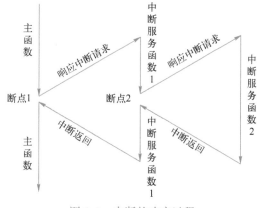

图 3.2　中断的响应过程

3.1.2　中断的作用

中断系统在计算机系统中有很重要的作用，利用中断可以实现以下功能：

1）分时操作。利用中断系统可以实现 CPU 和多台外部设备并行工作，能对多道程序分时操作，以及实现多机系统中各机间的联系，提高计算机系统的工作效率。

2）实时处理。利用中断系统可以对生产过程的随机信息及时采集和处理，实现实时控制，提高计算机控制系统的灵活性。

3）故障处理。利用中断系统可以监视现行程序的程序性错误（如运算溢出、地址出错等）和系统故障（如电源掉电、I/O 总线奇偶错误等），实现故障诊断和故障的自行处理，提高计算机系统的故障处理能力。

3.1.3　中断源

通常，计算机的中断源有下列几种：

1）一般输入/输出设备。当外部设备准备就绪时可以向 CPU 发出中断请求，从而实现外部设备与 CPU 的通信，如键盘、打印机等。

2）实时时钟或计数信号。如定时时间或计数次数一到，则向 CPU 发出中断请求，要求

CPU 予以处理。

3）故障源。当采样或运算结果出现超出范围或系统停电时，可以通过报警、掉电等信号向 CPU 发出中断请求，要求 CPU 加以处理。

4）为调试程序而设置的中断源。为了便于控制程序的调试，及时检查中间结果可以在程序中设置一些断点或单步执行等。

3.1.4　中断系统的基本功能

为了满足系统中各种中断请求的要求，中断系统应该具备如下的基本功能：

1）识别中断源。在中断系统中必须能够正确识别各种中断源，以便区分各种中断请求，从而为不同的中断请求服务。

2）能实现中断响应及中断返回。当 CPU 收到中断请求申请后，能根据具体情况决定是否响应中断，如果没有更高级别的中断请求，则在执行完当前指令后响应这一请求。响应过程应包括：保护断点、保护现场、执行相应的中断服务程序、恢复现场、恢复断点等。当中断服务程序执行完毕后返回被中断的程序继续执行。

3）能实现中断优先权排队。如果在系统中有多个中断源，可能会出现两个或多个中断源同时向 CPU 提出中断请求的情况，这样就必须要求设计者事先根据轻重缓急，给每个中断源确定一个中断级别，即优先权。当多个中断源同时发出中断请求时，CPU 能找到优先权级别最高的中断源，并优先响应它的中断请求；在优先权级别高的中断处理完了以后，再响应级别较低的中断源。

4）能实现中断嵌套。当 CPU 响应某一中断的请求，在进行中断处理时，若有优先权级别更高的中断源发出中断请求，CPU 要能中断正在进行的中断服务程序，保留这个程序的断点和现场，而响应高优先权的中断，在高优先权处理完以后，再继续执行被中断的中断服务程序，即形成中断嵌套，而当发出新的中断请求的中断源的优先权与正在处理的中断源同级或更低时，则 CPU 就可以不响应这个中断请求，直至正在处理的中断服务程序执行完以后才去处理新的中断申请。

3.2　STC15W4K32S4 单片机的中断系统

3.2.1　STC15W4K32S4 单片机的中断源

STC15W4K32S4 单片机的提供了 21 个中断源，具体结构如图 3.3 所示。

1）外部中断 0（INT0）：中断请求信号由 P3.2 引起，当 IT0 = 0 时，边沿（上升沿或下降沿）都可触发中断，当 IT0 = 1 时，由下降沿触发中断，IE0 为中断标识位。

2）定时器 T0：定时器 T0 计满溢出时产生中断，中断标识位 TF0 = 1，当响应中断后 TF0 由硬件清零。

3）外部中断 1（INT1）：中断请求信号由 P3.3 引起，当 IT1 = 0 时，边沿（上升沿或下降沿）都可触发中断，当 IT1 = 1 时，由下降沿触发中断；IE1 为中断标识位。

4）定时器 T1：定时器 T1 计满溢出时产生中断，中断标识位 TF1 = 1，当响应中断后 TF0 由硬件清零。

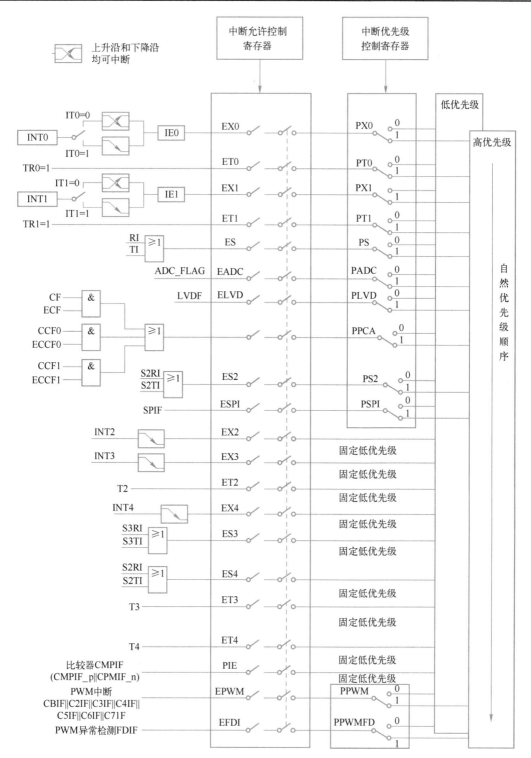

图 3.3　STC15W4K32S4 中断系统结构图

5）串行口中断 1：当串行口 1 发送或接收完一串数据帧时，置位 RI 或 TI，向 CPU 申请中断。

6）AD 转换中断：当 A/D 转换结束后向 CPU 申请中断，置位 ADC_FLAG。

7）低电压检测中断（LVDF）：当检测到电源电压为低电压时，置位 LVDF；当单片机上电时，电源电压处于由低到高上升的过程，LVDF = 1；单片机工作后如果需要低电压检测，应先给 LVDF 设置为 0。

8）CCP/PCA 中断：CCP/PCA 中断请求信号由 CF、CCF0、CCF1 标志共同形成，当 CF、CCF0、CCF1 其中任何一位置 "1"，都会引起 CCP/PCA 中断。

9）串行口中断 2：当串行口发送或接收完一串数据帧时，置位 S2RI 或 S2TI，向 CPU 申请中断。

10）SPI 中断：当 SPI 端口一次数据传输完成时，置位 SPIF，向 CPU 申请中断。

11）外部中断 2（$\overline{INT2}$）：下降沿触发，一旦输入引脚出现下降沿信号，则向 CPU 申请中断，中断优先级固定为低级。

12）外部中断 3（$\overline{INT3}$）：下降沿触发，一旦输入引脚出现下降沿信号，则向 CPU 申请中断，中断优先级固定为低级。

13）定时器中断 2（T2）：定时器 T2 计满溢出时产生中断，中断优先级固定为低级。

14）外部中断 4（$\overline{INT4}$）：下降沿触发，一旦输入引脚出现下降沿信号，则向 CPU 申请中断，中断优先级固定为低级。

15）串行口中断 3：当串行口发送或接收完一串数据帧时，置位 S3RI 或 S3TI，向 CPU 申请中断，中断优先级固定为低级。

16）串行口中断 4：当串行口发送或接收完一串数据帧时，置位 S4RI 或 S4TI，向 CPU 申请中断，中断优先级固定为低级。

17）定时器中断 3：定时器 T3 计满溢出时产生中断，中断优先级固定为低级。

18）定时器中断 4：定时器 T4 计满溢出时产生中断，中断优先级固定为低级。

19）比较器中断：当比较器的结果由低到高或由高到低时产生中断，中断优先级固定为低级。

20）PWM 中断。

21）PWM 异常响应中断：当 PWM 响应发生异常（比较器的正极电压比比较器负极电压高或比较器正极电平高于内部基准电压 1.28 V，或 P2.4 为高电平）时 PDIF = 1，产生中断。

3.2.2   中断请求标志

STC15W4K 单片机外部中断 0、外部中断 1、定时器 T0 中断、定时器 T1 中断、串行口 1 中断、低压检测中断等中断源的中断请求标志分别寄存在 TCON、SCON、PON 中，详见表 3.1。此外，外部中断 2（INT2）、外部中断 3（INT3）和外部中断 4（INT4）的中断请求标志位被隐藏起来了，对用户是不可见的。当相应的中断被响应后或（EXn）= 0（n = 2,3,4）时，这些中断请求标志位会自动被清零；定时器 T2、T3、T4 的中断请求标志位也被隐藏起来了，对用户同样是不可见的，当 T2、T3、T4 的中断被响应后或（ETn）= 0（n = 2,3,4）时，这些中断请求标志位会自动被清 0。

表 3.1　STC15W4K 单片机常用中断源的中断标志寄存器

寄存器	地址	B7	B6	B5	B4	B3	B2	B1	B0	复位值
TCON	88H	TF1	TR1	TF0	TR0	IE1	IT1	IE0	IT0	00H
SCON	98H	SM0	SM1	SM2	REN	TB8	RB8	TI	RI	00H
PCON	87H	SMOD	SMOD0	LVDF	POF	GF1	GF0	PD	IDL	30H

1. 定时计数器中断控制寄存器 TCON

IT0：外部中断 INT0 的中断触发方式选择位。

当 IT0 = 0 时，外部中断 INT0 为电平触发方式。在这种触发方式中，CPU 在每一个机器周期的 $S5P2$ 采样 INT0(P3.2)引脚上的输入电平，当采样到低电平时，置 INT0 的中请求标志位为 1，采样到高电平清 IE0 位为 0。在采用电平触发方式时，外部中断源（输入到INT0，即 P3.2 引脚）上的必须保持低电平有效，直到该中断被 CPU 响应，同时在该中断服务程序执行结束之前，外部中断源的有效信号必须被清除，否则将产生另一次中断。为了保证 CPU 能处于正确采样电平状态，要求外部中断源 INT0 有效的低电平信号至少要维持一个机器周期以上。

当 IT0 = 1 时，外部中断 INT0 为边沿触发方式。在这种触发方式中，CPU 在每个机器周期的 $S5P2$ 采样 INT0(P3.2)引脚上的输入电平。如果在相继的两个机器周期，一个周期采样到 INT0 为高电平，而接着的下一个周期采样到低电平，则置 INT0 的中断请求标志位 IE0 为1，即当 IE0 位为 1 时，表示外部中断 INT0 正在向 CPU 请求中断，直到该中断被 CPU 响应时，才由硬件自动将 IE0 位清为 0。因为 CPU 在每一个机器周期采样一次外部中断源输入引脚的电平状态，因此采用边沿触发方式时，外部中断源输入的高电平信号和低电平信号时间必须保持在一个机器周期以上，才能保证 CPU 检测到此信号由高到低的负跳变。

IE0：外部中断 INT0 的中断请求标志位。当 IE0 位为 0 时，表示外部中断源 INT0 没有向 CPU 请求中断；当 IE0 位为 1 时，表示外部中断 INT0 正在向 CPU 请求中断，且当 CPU 响应该中断时由硬件自动对 IE0 进行清 0。

IT1：外部中断 INT0 的中断触发方式选择位。功能与 IT0 相同。

IE1：外部中断 INT0 的中断请求标志位。功能与 IE0 相同。

TR0：定时器/计数器 T0 的启动标志位。当 TR0 位为 0 时，不允许 T0 计数工作；当 TR0 位为 1 时，允许 T0 定时或计数工作。

TF0：定时器/计数器 T0 的溢出中断请求标志位。在定时器/计数器 T0 被允许计数后，从初值开始加 1 计数，当产生计数溢出时由硬件自动将 TF0 位置为 1，通过 TF0 位向 CPU申请中断，一直保持到 CPU 响应该中断后才由硬件自动将 TF0 位清为 0。当 TF0 位为 0 时，表示 T0 未计数或计数未产生溢出。当 T0 工作在不允许中断时，TF0 标志可供程序查询。

TR1：定时器/计数器 T1 的启动标志位。功能与 TR0 相同。

TF1：定时器/计数器 T1 的溢出中断请求标志位。功能与 TF0 相同。

2. 串行口控制寄存器 SCON

SCON 为串口控制寄存器，其字节映像地址为 98H，也可以进行位寻址。串口的接收和发送数据中断请求标志位（R1、TI）被锁存在串口控制寄存器 SCON 中，其格式如下：

SM0	SM1	SM2	REN	TB8	RB8	TI	RI

RI：串口接收中断请求标志位。当串行以一定方式接收数据时，每接收完 1 帧数据，由硬件自动将 RI 位置为 1。而 RI 位的清 0 必须由用户用指令来完成。

TI：串口发送中断请求标志位。当串口以一定方式发送数据时，每发送完 1 帧数据，由硬件自动将 TI 位置为 1。而 TI 位的清 0 也必须由用户用指令来完成。

注意：在中断系统中，将串行口的接收中断 RI 和发送中断 TI 经逻辑或运算后作为内部的一个中断源。当 CPU 响应串口的中断请求时，CPU 并不清楚是由接收中断产生的中断请求还是由发送中断产生的中断请求，所以用户在编写串口的中断服务程序时，在程序中必须识别是 RI 还是 TI 产生的中断请求，从而执行相应的中断服务程序。

SCON 其他位的功能和作用与串行通信有关，将在项目 5 中介绍。在上述的特殊功能寄存器中的所有中断请求标志位，都可以由软件加以控制，即用软件置位或清 0。当某位进行置位时，就相当于该位对应的中断源向 CPU 发出中断请求，如果清 0 就撤销中断请求。

3. PCON 电源中断控制寄存器

SMOD	SMOD0	LVDF	POF	GF1	GF0	PD	IDL

IDL：IDL = 1；空闲模式。

PD：电源控制位；PD = 1 意味着电源掉电。

LVDF：低电压检测标志位，同时也是低电压检测中断请求标志位。

GF0、GF1：通用标识位。

SMOD：波特率加倍位，SMOD = 1，代表串行口 1 波特率加倍。

3.2.3　中断允许标志

单片机中断系统有两种不同类型的中断：一类称为非屏蔽中断，另一类称为可屏蔽中断。对非屏蔽中断，用户不能用软件的方法加以禁止，一旦有中断申请，CPU 必须予以响应；对可屏蔽中断，用户则可以通过软件方法来控制是否允许某中断源的中断请求，STC15W4K32S4 单片机的 12 个常用中断源都是可屏蔽中断。各中断的中断允许控制位见表 3.2。

表 3.2　各中断允许寄存器

寄存器	地址	B7	B6	B5	B4	B3	B2	B1	B0
IE	A8H	EA	ELVD	EADC	ES	ET1	EX1	ET0	EX0
IE2	AFH		ET4	ET3	ES4	ES3	ET2	ESPI	ES2
INT_CLKO	8FH		EX4	EX3	EX2		T2CLKO	T1CLKO	T0CLKO

EA：总中断允许控制位。

（EA）= 1，开放 CPU 中断，各中断源的允许和禁止还需再通过相应的中断允许位单独加以控制；（EA）= 0，禁止所有中断。

EX0、ET0、EX1、ET1、ES、ELVD、EX2、EX3、EX4、ET2、ET3、ET4 为常用的 12 个可屏蔽中断，其值等于"1"，允许对应的中断请求，其值等于"0"则禁止对应的中断请求。比如：

EX0：外部中断 0(INT0)中断允许位。

(EX0)=1，允许外部中断 0 中断；

(EX0)=0，禁止外部中断 0 中断。

3.2.4　中断优先级控制

STC15W4K 单片机常用中断中除外部中断 2（INT2）、外部中断 3（INT3）、外部中断 4（INT4）、T2 中断、T3 中断、T4 中断的优先级固定为低优先级以外，其他中断都具有 2 个中断优先级，可实现二级中断服务嵌套。IP 为 STC15W4K32S4 单片机外部中断 0、外部中断 1、定时器 T0 中断、定时器 T1 中断、串行口 1 中断、低压检测中断等中断源的中断优先级寄存器，寄存器各位如下：

IP:	PPCA	PLVD	PADC	PS	PT1	PX1	PT0	PX0

PX0：外部中断 0 中断优先级控制位。

(PX0)=0，外部中断 0 为低优先级中断；

(PX0)=1，外部中断 0 为高优先级中断。

PT0：定时/计数器 T0 中断的中断优先级控制位。

(PT0)=0，定时/计数器 T0 中断为低优先级中断；

(PT0)=1，定时/计数器 T0 中断为高优先级中断。

PX1：外部中断 1 中断优先级控制位。

(PX1)=0，外部中断 1 为低优先级中断；

(PX1)=1，外部中断 1 为高优先级中断。

PT1：定时/计数器 T1 中断优先级控制位。

(PT1)=0，定时/计数器 T1 中断为低优先级中断；

(PT1)=1，定时/计数器 T1 中断为高优先级中断。

PS：串行口 1 中断的优先级控制位。

(PS)=0，串行口 1 中断为低优先级中断；

(PS)=1，串行口 1 中断为高优先级中断。

PLVD：电源低电压检测中断优先级控制位。

(PLVD)=0，电源低电压检测中断为低优先级中断；

(PLVD)=1，电源低电压检测中断为高优先级中断。

当系统复位后，所有的中断优先管理控制位全部清 0，所有中断源均设定为低优先级中断。

在同一个优先级中，各中断源的优先级别由一个内部的硬件查询序列来决定，所以在同级的中断中按硬件查询序列也可以确定一个自然优先级，其从高到低的优先级排列如下：

外部中断 0、定时器 T0 中断、外部中断 1、定时器 T1 中断、串行口中断、A/D 转换中断、LVD 中断、PCA 中断、串行口 2 中断、SPI 中断、外部中断 2、外部中断 3、定时器 T2 中断、外部中断 4、串行口 3 中断、串行口 4 中断、定时器 T3 中断、定时器 T4 中断、比较器中断、PWM 中断、PWM 异常中断。

按中断优先权设置后，响应中断的基本原则是：

1）若多个中断请求同时有效，CPU 优先响应优先权最高的中断请求。

2）同级的或更低级的中断不能中断 CPU 正在响应的中断过程。

3）低优先权的中断响应过程可以被高优先权的中断请求所中断，CPU 会暂时中止当前低优先权的中断过程，而优先响应高优先权中断。等到高优先权中断响应结束后再继续响应原低优先权的中断过程，形成中断的嵌套。为了实现上述功能和基本原则，单片机中断系统的内部设置了两个不可寻址的优先级触发器，一个是指出 CPU 是否正在响应高优先权中断的高优先级触发器，另一个是指出 CPU 是否正在响应低优先权中断的低优先级触发器。当高优先级触发器状态为 1 时，屏蔽所有的中断请求；当低优先级触发器状态为 1 时，屏蔽所有同级的中断请求而允许高优先权中断的中断请求。单片机复位后，特殊功能寄存器 IE、IP 的内容均为 0，由用户的初始化程序对 IE、IP 进行初始化，开放或屏蔽某些中断并设置它们的优先权。

3.3　中断的响应过程

单片机一旦工作，并由用户对各中断源进行使能和优先权初始化编程后，51 系列单片机的 CPU 将会在每个机器周期顺序检查每一个中断源。那么，在什么情况下 CPU 可以及时响应某一个中断请求呢？若 CPU 响应某一个中断请求，它又是如何工作的呢？

1. 中断响应条件

单片机的 CPU 在每个机器周期的最后一个状态周期采样并按优先权设置的结果处理所有被开放中断源的中断请求。一个中断源的请求要得到响应，必须满足一定的条件：

1）CPU 正在处理相同的或更高优先权的中断请求。这种情况下只有当前中断响应结束后才可能响应另一个中断请求。

2）现行的机器周期不是当前所执行指令的最后一个机器周期。此时只有在当前指令执行结束周期的下一个机器周期才可能响应中断请求。

3）正在执行的指令是中断返回指令（RETI）或者是对 IE、IP 的写操作指令。在这种情况下，只有在这些指令执行结束并至少再执行一条其他指令后才可能响应中断请求。如果上述条件中有一个存在，CPU 将自动丢弃对中断查询的结果；若一个条件也不存在，则将在紧接着的下一个机器周期执行中断查询的结果，响应相应的中断请求。

2. 中断响应过程

中断响应过程包括保护断点和将程序转向中断服务程序的入口地址，见表 3.3。如果某一个中断被开放，且中断请求符合响应条件，CPU 会及时响应该中断请求，并按下列过程进行处理：

表 3.3　中断的入口地址和中断向量表

中断源	入口地址（中断向量）	中断号
外部中断 0	0003H	0
定时/计数器 T0 中断	0003H	1
外部中断 1	0013H	2
定时/计数器 T1 中断	001BH	3

（续）

中断源	入口地址（中断向量）	中断号
串行口 1 中断	0023H	4
A/D 转换中断	002BH	5
LVD 中断	0033H	6
PCA 中断	003BH	7
串行口 2 中断	0043H	8
SPI 中断	004BH	9
外部中断 2	0053H	10
外部中断 3	005BH	11
定时器 T2 中断	0063H	12
预留中断	006BH、0073H、007BH	13、14、15
外部中断 4	0083H	16
串行口 3 中断	008BH	17
串行口 4 中断	0093H	18
定时器 T3 中断	009BH	19
定时器 T4 中断	00A3H	20
比较器中断	00ABH	21
PWM 中断	00B3H	22
PWM 异常中断	00BBH	23

1）置相应的优先级触发器状态为 1，指明了 CPU 正在响应的中断优先权的级别，并通过它屏蔽所有同级或更低级的中断请求，允许响应更高级的中断请求。

2）清相应的中断请求标志位为 0（RI、TI 和电平触发的外部中断除外）。

3）保护断点。即将被中断程序的断点位置（PC 的值）压入堆栈保存起来。

4）根据中断向量找到对应的中断服务程序。

5）执行相应的中断服务程序。当 CPU 执行完中断服务程序中的中断返回指令后，清相应的优先级触发器为 0，然后恢复断点，即将保存在堆栈中的程序计数器 PC 的值再弹给 PC，使 CPU 继续执行原来被中断的程序。

3. 中断响应的时间

在 51 系列单片机中，外部中断请求信号在每一个机器周期的第 5 个状态周期的第 2 个时钟脉冲被采样并锁存到相应的中断请求标志中，这个状态等到下一个机器周期才被查询。如果中断被开放，并符合响应条件，CPU 接着执行一个硬件子程序调用指令以转到相应的中断服务程序入口，该调用指令需要 2 个机器周期，所以从外部产生中断请求到 CPU 开始执行中断服务程序的第 1 条指令之间，最少需要 3 个完整的机器周期。如果中断请求被阻止，则需要更长的时间。如果已经在处理同级或更高级中断，额外的等待取决于中断服务程序的处理过程。如果正处理的指令没有执行到最后的机器周期，即使是需要时间最长的乘法或除法指令，所需的额外等待时间也不会超过 3 个机器周期；如果 CPU 正在执行与中断相关的指令，加上下一条指令的执行时间，额外的等待时间不会多于 5 个机器周期。所以在单一中断系统中，外部中断响应时间总是在 3~8 个机器周期。

4. 中断服务与中断返回

中断服务与中断返回是通过执行中断服务程序完成的。中断服务程序从中断入口地址开始执行，到返回指令"RETI"为止，一般包括 4 部分内容：保护现场、中断服务、恢复现场和中断返回。

1）保护现场：通常主程序和中断服务程序都会用到累加器 A、状态寄存器 PSW 及其他一些寄存器。当 CPU 进入中断服务程序用到上述寄存器时，会破坏原来存储在寄存器中的内容，一旦中断返回，将会导致主程序的混乱，因此，在进入中断服务程序后，一般要先保护现场，即用入栈操作指令将需保护寄存器的内容压入堆栈。

2）中断服务：中断服务程序的核心部分，是中断源中断请求之所在。

3）恢复现场：在中断服务结束之后，中断返回之前，用出栈操作指令将保护现场中压入堆栈的内容弹回到相应的寄存器中，注意弹出顺序必须与压入顺序相反。

4）中断返回：中断返回是指中断服务完成后，返回原来断开的位置（即断点），继续执行原来的程序，中断返回由中断返回指令 RETI 来实现。该指令的功能是把断点地址从堆栈中弹出，送回到程序计数器 PC 中，此外，还通知中断系统已完成中断处理，并同时清除优先级状态触发器。特别要注意不能用"RET"指令代替"RETI"指令。

编写中断服务程序时的注意事项如下：

由于各中断源的中断响应入口地址之间只相隔 8 个字节，中断服务程序的字节数往往都大于 8 个字节，因此，在中断响应入口地址单元通常存放的是一条无条件转移指令，通过无条件转移指令转向执行存放在其他位置的中断服务程序。

若要在执行当前中断服务程序时禁止其他更高优先级中断，需先用软件关闭 CPU 中断，或用软件禁止相应高优先级的中断，在中断返回前再开放中断。

在保护和恢复现场时，为了不使现场数据遭到破坏或造成混乱，一般规定此时 CPU 不再响应新的中断请求。因此，在编写中断服务程序时，要注意在保护现场前关中断，在保护现场后若允许高优先级中断，则再开中断。同样，在恢复现场前也应先关中断，恢复之后再开中断。

3.4 C51 中断服务函数的定义及应用

中断服务函数的一般形式如下：

函数类型 函数名（形式参数表）【interrupt n】［using n］

关键字 interrupt 后面的 n 是中断号，对于 STC15，取值为 0~23，对应关系见表 3.3。

STC15 在内部 RAM 中有 4 个工作寄存器区，每个寄存器区包含 8 个工作寄存器（R0~R7）。C51 扩展了一个关键字 using，专门用来选择 STC15 的 4 个不同的工作寄存器区。在定义一个函数时，using 是一个选项，如果不选用该项，则由编译器选择一个寄存器区作为绝对寄存器区访问。

例如，外部中断 1( ) 的中断服务函数书写如下：

```
void int_1( ) interrupt 2 using 0    //中断号 n=2, 选择 0 区工作寄存器区
```

编写中断程序时，应遵循以下规则：

1) 中断函数没有返回值，如果定义了一个返回值，将会得到不正确的结果。因此建议在定义中断函数时，将其定义为 void 类型，以明确说明没有返回值。

2) 中断函数不能进行参数传递，如果中断函数中包含任何参数声明都将导致编译出错。

3) 在任何情况下都不能直接调用中断函数，否则会产生编译错误。因为中断函数的返回是由指令 RETI 完成的，RETI 指令会影响单片机的硬件中断系统内的不可寻址的中断优先级寄存器的状态。如果在没有实际的中断请求的情况下，直接调用中断函数，也就不会执行 RETI 指令，其操作结果有可能产生一个致命的错误。

4) 如果在中断函数中再调用其他函数，则被调用的函数所使用的寄存器区必须与中断函数使用的寄存器区不同。

响应中断服务程序与子函数的调用异同点如下：

相同点：两者都需要保护断点，都可实现多级嵌套等。

不同点：

1) 子函数是程序设计者事先安排的（断点是明确的），而中断却是系统根据工作环境随机决定的（断点则是随机的）。

2) 主函数与调用函数之间具有主从关系，而主函数与中断函数之间则是平行关系。

3) 一般函数调用是纯软件处理过程，而中断函数调用却是需要软、硬件配合才能完成的过程。

【例 3.1】电路连接如图 3.4 所示。每按一次键，触发一次中断，点亮一次 LED。

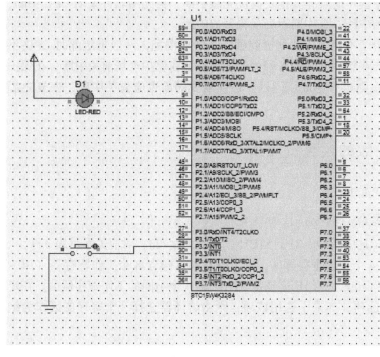

例 3.1 点亮 LED

图 3.4　例 3.1 电路原理图

程序代码如下：

```
#include <stc\STC15Fxxxx. H>
sbit p1_0=P1^0;
void main( )
{
     P1M1 = 0;   P1M0 = 0;      //设置为准双向口
     P3M1 = 0;   P3M0 = 0;      //设置为准双向口
   IT0 = 1;                     //下降沿触发外部中断 0
   EX0 = 1;                     //外部中断 0 中断允许
   EA = 1;                      //总的中断允许
   while(1);
}
void int0_service( ) interrupt 0
{
   p1_0 =! p1_0;
}
```

3.5 电子抢答器的设计

八路电子抢答器

3.5.1 项目功能描述

项目功能：主持人按下 REST 按钮时，八路中有键按下，对应指示灯亮，数码管显示对应号码，此时其他按键不再有效。

REST 端为低电平 "0"，此时与非门 74LS00 输出为高电平 "1"，锁存器 74LS373 的锁存允许端 LE 为高电平 "1"，允许选手开始抢答，然后主持人释放 REST 按钮后，REST 端为高电平 "1"。假设选手 3 先按下抢答按钮，则 IN3 为低电平 "0"，由于 74LS373 的三态允许控制端 OE 接地为低电平 "0"，Q2 也为低电平 "0"，与非门 74LS30 的输出为高电平 "1"，反相器 74LS04 输出为低电平 "0"，向单片机申请中断；同时，74LS00 的输出 LE 为低电平 "0"，74LS373 的锁存允许端 LE 为低电平 "0"，选手 3 被锁存器 74LS373 锁存，即 Q2 为低电平 "0"，LED 指示灯 D3 也被点亮，而此时若有其他选手按下抢答按钮，由于 LE 为低电平 "0"，锁存器 74LS373 也不能接收新的数据，禁止了其他选手抢答。单片机响应中断请求后，查询 P1 口的状态，然后将选手的编号显示在数码管上，直到主持人再次按下复位按钮 REST，进入新的一轮抢答。

3.5.2 项目硬件电路图

元器件清单如下：

1	STC15W4k32S4	4	74LS04	7	BUTTON	10	RESPACK-8
2	7SEG-com-ANODE	5	74LS30	8	LED-RED		
3	74LS00	6	74LS373	9	RES		

电子抢答器电路仿真图如图 3.5 所示。

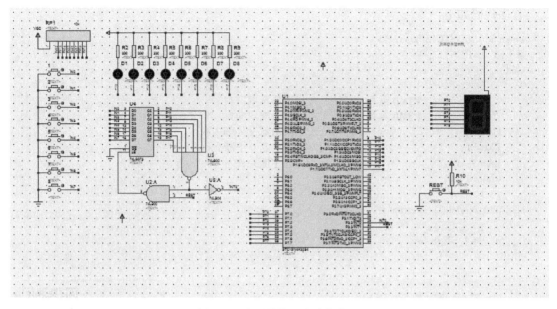

图 3.5　电子抢答器电路仿真图

3.5.3　项目程序设计

项目程序设计如下：

```
#include<stc\stc15Fxxxx.h>
#define uint unsigned int
#define uchar unsigned char
uchar num=0x0a;
uchar code   seg[]={0xc0,0xf9,0xa4,0xb0,0x99,0x92,0x82,0xf8,0x80,0x90,0xff};//
//**************************************//
void main()
{
    EA=1;
    EX0=1;
    IT0=0;
    P0M0=0x00;P0M1=0x00;
    P1M0=0x00;P1M1=0x00;
    P3M0=0x00;P3M1=0x00;
    P7M0=0x00;P7M1=0x00;
    while(1)
    {
       P7=seg[num];
    }
}
void int_0() interrupt 0
{
    EA=0;
    switch(P1)
    {
```

```
        case 0xFE : num = 0x01 ; break ;
        case 0xFD : num = 0x02 ; break ;
        case 0xFB : num = 0x03 ; break ;
        case 0xF7 : num = 0x04 ; break ;
        case 0xEF : num = 0x05 ; break ;
        case 0xDF : num = 0x06 ; break ;
        case 0xBF : num = 0x07 ; break ;
        case 0x7f : num = 0x08 ; break ;
        default : break ;
        }
    EA = 1 ;
}
```

3.5.4   项目仿真运行图

电子抢答器电路仿真运行图如图 3.6 所示。

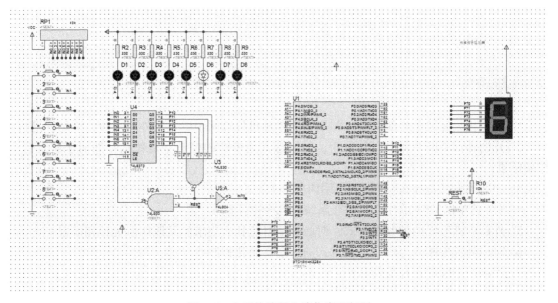

图 3.6   电子抢答器电路仿真运行图

🐻 走进科学

工业控制系统中单片机中断的意义

通过本章的学习,可知中断是单片机的基本机制之一,能够协调 CPU 对各种外部事件的响应和处理。单片机在工业控制领域应用时不同于民用、商用领域中的应用,工业控制所处的环境相对恶劣,干扰源多,其常见干扰源来自现场工业电气在投入、运行、切断等工况下产生的静电感应、尖峰电压、浪涌电流等,需要根据实际情况随时进行单片机中断操作,如图 3.7 所示,以保证生产安全和人员安全。

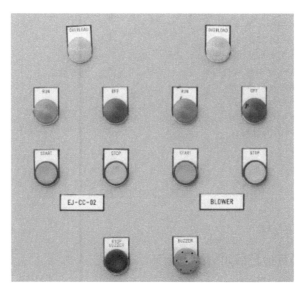

图 3.7　工业控制系统中断控制面板

习题与思考

1. 单片机只有两个外部中断，如果需要单片机处理两个以上的外部中断，该怎样进行？

2. 开放外部中断 0 和串口的中断，而屏蔽其他中断的控制字是什么？如何来实现这个控制结果？

3. 中断的含义是什么？为什么采用中断？

4. STC15W4K32S4 单片机的中断系统有几个中断源？

5. 外部中断有哪两种触发方式？对触发信号有什么要求？又该如何选择和设置？

6. 写出外部中断 0 为跳变触发方式的中断初始化程序段。

7. 不响应中断的条件是什么？

8. 中断响应时间是否为确定不变的？为什么？

项目 4　数字电子钟的设计

 知识要点

1. 定时/计数器的应用
2. LED 数码管结构、分类及应用
3. 数字电子钟的设计

学习要求

1. 了解定时/计数器结构及原理，并用 C 语言编程
2. 掌握 LED 动态扫描的编程方法
3. 能用 Proteus 软件绘制仿真原理图
4. 能应用 C 语言编程输出方波和矩形波，并进行仿真
5. 实现数字电子钟的设计

学习内容

在工业检测、控制过程中，许多场合都要用到计数或定时功能。例如，对某个外部事件进行计数、定时巡回检测物理参数、按一定的时间间隔进行现场控制等。MCS-51 系列单片机片内集成有两个 16 位可编程的定时/计数器：T0 和 T1，52 系列单片机还集成了定时器 T2。本书使用的 STC15 系列单片机兼容 MCS-51 系列单片机，同时性能有了新的扩展，单片机内部设置 5 个 16 位定时/计数器：T0~T4，5 个定时器都具有定时方式和计数方式，可以作为定时或计数器使用，此外，T1 和 T2 还可以作为串行口的波特率发生器。下面主要以定时/计数器 T0 和 T1 为参考，讲解定时/计数器的使用，其他 T2~T4 的应用可以参考相应手册。

4.1　定时/计数器工作原理

4.1.1　传统 MCS-51 单片机定时/计数器的基本结构

定时/计数器的基本结构如图 4.1 所示。基本部件是两个 16 位寄存器 T0 和 T1，每个寄存器分成两个 8 位寄存器（T0 由高 8 位 TH0 和低 8 位 TL0 组成，T1 由 TH1 和 TL1 组成）。TMOD 是定时/计数器的工作方式寄存器，由它确定定时/计数器的工作方式和功能；TCON 是定时/计数器的控制寄存器，用于控制 T0、T1 的启动和停止，以及设置溢出标志。

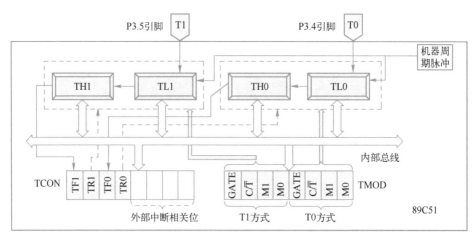

图 4.1　定时/计数器的基本结构

4.1.2　传统 MCS-51 单片机定时/计数器的工作原理

定时/计数器 T0 和 T1 的实质是加 "1" 计数器，即每输入一个脉冲，计数器加 "1"，当加到计数器全为 "1" 时，再输入一个脉冲，就使计数器回零，且计数器的溢出使 TCON 中的标志位 TF0 或 TF1 置 "1"，向 CPU 发出中断请求（定时/计数器中断允许时）。作为定时器或计数器时输入的计数脉冲来源不同，作为定时器时脉冲来自于内部时钟振荡器，作为计数器时脉冲来自于外部引脚。

1. 定时器模式

当定时/计数器作为定时器使用时，输入脉冲是由内部时钟振荡器的输出经 12 分频（传统 51 和 STC15 系列可以不分频或者少分频）后送来的，所以定时器也可看作对机器周期的计数器（因为一个机器周期是 12 个振荡周期，即计数频率为晶振频率的 1/12）。如果晶振频率为 12 MHz，则一个机器周期是 1 μs，定时器每接收一个输入脉冲的时间为 1 μs，那么要定时一段时间，只需计算一下脉冲个数即可。

2. 计数器模式

当定时/计数器作为计数器使用时，输入脉冲是由外部引脚 P3.4(T0) 或 P3.5(T1) 输入计数器的。在每个机器周期的 S5P2 期间采样 T0、T1 引脚电平。当某周期采样到一高电平输入，而下一周期又采样到一低电平时，则计数器加 "1"。由于检测一个从 "1" 到 "0" 的下降沿需要 2 个机器周期，因此要求被采样的电平至少维持一个机器周期，以保证在给定的电平再次变化前至少被采样一次，否则会出现漏计数现象，所以最高计数频率为晶振频率的 1/24。当晶振频率为 12 MHz 时，最高计数频率不超过 500 kHz，即计数脉冲的周期要长于 2 μs。

STC15 系列单片机虽然在功能上相较于传统 MCS-51 系列单片机有较大提升，但定时和计数的原理和传统 MCS-51 系列单片机基本相同。

定时/计数器的工作主要通过对相关的特殊功能寄存器的操作来实现，下面将讲解定时/计数器的特殊功能寄存器。

4.2　定时/计数器的特殊功能寄存器

STC15 系列单片机定时/计数器的特殊功能寄存器见表 4.1。

表 4.1　定时/计数器的特殊功能寄存器

符号	描述	地址	MSB			位地址及符号				LSB	复位值
TCON	定时器控制寄存器	88H	TF1	TR1	TF0	TR0	IE1	IT1	IE0	IT0	0000 0000B
TMOD	定时器模式寄存器	89H	GATE	C/$\overline{\text{T}}$	M1	M0	GATE	C/$\overline{\text{T}}$	M1	M0	0000 0000B
TL0	定时器 0 低 8 位寄存器	8AH									0000 0000B
TL1	定时器 1 低 8 位寄存器	8BH									0000 0000B
TH0	定时器 0 高 8 位寄存器	8CH									0000 0000B
TH1	定时器 1 高 8 位寄存器	8DH									0000 0000B
IE	中断允许寄存器	A8H	EA	ELVD	EADC	ES	ET1	EX1	ET0	EX0	0000 0000B
IP	中断优先级寄存器	B8H	PPCA	PLVD	PADC	PS	PT1	PX1	PT0	PX0	0000 0000B
T2H	定时器 2 高 8 位寄存器	D6H									0000 0000B
T2L	定时器 2 低 8 位寄存器	D7H									0000 0000B
AUXR	辅助寄存器	8EH	T0x12	T1x12	UART_M0x6	T2R	T2_C/$\overline{\text{T}}$	T2x12	EXTRAM	S1ST2	0000 0001B
INT_CLKO AUXR2	外部中断允许和时钟输出寄存器	8FH	—	EX4	EX3	EX2	MCKO_S2	T2CLKO	T1CLKO	T0CLKO	x000 0000B
T4T3M	T4 和 T3 的控制寄存器	D1H	T4R	T4_C/$\overline{\text{T}}$	T4x12	T4CLKO	T3R	T3_C/$\overline{\text{T}}$	T3x12	T3CLKO	0000 0000B
T4H	定时器 4 高 8 位寄存器	D2H									0000 0000B
T4L	定时器 4 低 8 位寄存器	D3H									0000 0000B
T3H	定时器 3 高 8 位寄存器	D4H									0000 0000B
T3L	定时器 3 低 8 位寄存器	D5H									0000 0000B
IE2	中断允许寄存器	AFH	—	ET4	ET3	ES4	ES3	ET2	ESPI	ES2	x000 0000B

4.2.1　定时/计数器 T0 和 T1 的控制寄存器

控制寄存器（TCON）（88H）的低 4 位用于控制外部中断，已在前面介绍。TCON 的高 4 位用于控制定时/计数器的启动和中断申请。其格式如下：

位	D7	D6	D5	D4	D3	D2	D1	D0	字节地址
TCON	TF1	TR1	TF0	TR0					88H
位地址	8FH	8EH	8DH	8CH	8BH	8AH	89H	88H	

1）TF1：定时/计数器 T1 溢出中断请求标志位（可看作 Timer Full 的缩写）。定时/计数器 T1 计数溢出时由硬件自动置 TF1 为"1"。在进入中断服务程序后 TF1 由硬件自动清"0"；若用于查询方式，此位可作为状态位供查询，但应注意查询后要由软件清"0"。

2）TR1：定时/计数器 T1 运行控制位（可看作 Timer Start 的缩写）。TR1 置"1"时，定时/计数器 T1 开始工作；TR1 置"0"时，定时/计数器 T1 停止工作。TR1 由软件置"1"或清"0"。所以，用软件可控制定时/计数器 T1 的启动与停止。

3）TF0：定时/计数器 T0 溢出中断请求标志位，其功能与 TF1 类同。

4）TR0：定时/计数器 T0 运行控制位，其功能与 TR1 类同。

4.2.2　工作方式寄存器

工作方式寄存器（TMOD）（89H）用于设置定时/计数器的工作方式，低 4 位用于 T0，高 4 位用于 T1。其格式如下：

位	D7	D6	D5	D4	D3	D2	D1	D0	字节地址
TMOD	GATE	C/$\overline{T}$	M1	M0	GATE	C/$\overline{T}$	M1	M0	89H

1）GATE：门控位。GATE = 0 时，若软件使 TCON 中的 TR0 或 TR1 设置为"1"，则启动定时/计数器工作；GATE = 1 时，当软件使 TR0 或 TR1 设置为"1"，同时外部中断引脚 $\overline{INT0}$ 或 $\overline{INT1}$ 也为高电平时，才能启动定时/计数器工作。即此时定时器的启动条件，加上了 $\overline{INT0}$ 或 $\overline{INT1}$ 引脚为高电平这一条件。

2）C/$\overline{T}$：定时/计数模式选择位。C/$\overline{T}$=0 为定时模式，C/$\overline{T}$=1 为计数模式。

3）M1M0：工作方式设置位。定时/计数器有 4 种工作方式，由 M1M0 进行设置。STC15 系列单片机的方式 0 与传统 MCS-51 单片机不同，为 16 位自动重装定时/计数器，其他方式与传统 MCS-51 单片机相同，具体功能见表 4.2。

表 4.2　定时/计数器工作方式设置表

M1M0	工作方式	功能说明
00	方式 0	13 位定时/计数器（传统 MCS-51 单片机），16 位自动重装定时/计数器（STC15 系列单片机）
01	方式 1	16 位定时/计数器
10	方式 2	8 位自动重装初值定时/计数器
11	方式 3	T0 分成两个独立的 8 位定时/计数器；T1 此方式停止计数（传统 MCS-51 单片机），不可屏蔽中断 16 位自动重装载定时/计数器（STC15 系列）

由于 TMOD 不能进行位寻址，因此只能用字节指令设置定时/计数器的工作方式。CPU 复位时 TMOD 所有位清"0"，工作在非门控定时器方式 0 状态。

4.2.3 辅助寄存器 AUXR

STC15 系列单片机是 1T 的 8051 单片机，为兼容传统 8051 单片机，定时器 0、定时器 1 和定时器 2 复位后是传统 8051 的速度，即 12 分频，这是为了兼容传统 8051 单片机。但也可不进行 12 分频，通过设置新增加的特殊功能寄存器 AUXR，将 T0、T1、T2 设置为 1T。

AUXR 格式如下：

位	D7	D6	D5	D4	D3	D2	D1	D0	字节地址
AUXR	T0x12	T1x12	UART_M0x6	T2R	T2_C/$\overline{\text{T}}$	T2x12	EXTRAM	S1ST2	8EH

T0x12：定时器 0 速度控制位。取值 0 时定时器 0 是传统 8051 速度，即 12 分频；取值 1 时定时器 0 的速度是传统 8051 的 12 倍，不分频。

T1x12：定时器 1 速度控制位。取值 0 时定时器 1 是传统 8051 速度，即 12 分频；取值 1 时定时器 1 的速度是传统 8051 的 12 倍，不分频。

UART_M0x6：串行口 1 模式 0 的通信速度设置位。取值 0 时串行口 1 模式 0 的速度是传统 8051 单片机串口的速度，即 12 分频；取值 1 时串行口 1 模式 0 的速度是传统 8051 单片机串行口速度的 6 倍，2 分频。

T2R：定时器 2 允许控制位。取值 0 时不允许定时器 2 运行；取值 1 时允许定时器 2 运行。

T2_C/$\overline{\text{T}}$：控制定时器 2 用作定时器或计数器。取值 0 时用作定时器（对内部系统时钟进行计数）；取值 1 时用作计数器（对引脚 T2/P3.1 的外部脉冲进行计数）。

T2x12：定时器 2 速度控制位。取值 0 时定时器 2 是传统 8051 速度，即 12 分频；取值 1 时定时器 2 的速度是传统 8051 的 12 倍，不分频。

如果串行口 1 或串行口 2 用 T2 作为波特率发生器，则由 T2x12 决定串行口 1 或串行口 2 是 12T 还是 1T。

EXTRAM：内部/外部 RAM 存取控制位。取值 0 时允许使用逻辑上在片外、物理上在片内的扩展 RAM；取值 1 时，禁止使用逻辑上在片外、物理上在片内的扩展 RAM。

S1ST2：串行口 1(UART1) 选择定时器 2 作波特率发生器的控制位。取值 0 时选择定时器 1 作为串行口 1(UART1) 的波特率发生器；取值 1 时选择定时器 2 作为串行口 1(UART1) 的波特率发生器，此时定时器 1 得到释放，可以作为独立定时器使用。

4.2.4 T0、T1 和 T2 的时钟输出寄存器和外部中断允许 INT_CLKO（AUXR2）

T0CLKO/P3.5、T1CLKO/P3.4 和 T2CLKO/P3.0 的时钟输出控制由 INT_CLKO（AUXR2）寄存器的 T0CLKO 位、T1CLKO 位和 T2CLKO 位控制。T0CLKO 的输出时钟频率由定时器 0 控制，T1CLKO 的输出时钟频率由定时器 1 控制，相应的定时器需要工作在定时器的模式 0（16 位自动重装载模式）或模式 2（8 位自动重装载模式），不允许相应的定时器中断，免得 CPU 反复进中断。T2CLKO 的输出时钟频率由定时器 2 控制，同样不允许相应的定时器中断，免得 CPU 反复进中断。定时器 2 的工作模式固定为模式 0（16 位自动重装载模式），在此模式下定时器 2 可用作可编程时钟输出。

INT_CLKO (AUXR2) 格式如下：

位	D7	D6	D5	D4	D3	D2	D1	D0	字节地址
INT_CLKO (AUXR2)	—	EX4	EX3	EX2	MCLKOS2	T2CLKO	T1CLKO	T0CLKO	8FH

T0CLKO：是否允许将 P3.5/T1 引脚配置为定时器 0(T0) 的时钟输出 T0CLKO。

1 允许将 P3.5/T1 引脚配置为定时器 0(T0) 的时钟输出 T0CLKO；

0 不允许将 P3.5/T1 引脚配置为定时器 0(T0) 的时钟输出 T0CLKO。

T1CLKO：是否允许将 P3.4/T0 引脚配置为定时器 1(T1) 的时钟输出 T1CLKO。

1 允许将 P3.4/T0 引脚配置为定时器 1(T1) 的时钟输出 T1CLKO；

0 不允许将 P3.4/T0 引脚配置为定时器 1(T1) 的时钟输出 T1CLKO。

T2CLKO：是否允许将 P3.0 引脚配置为定时器 2(T2) 的时钟输出 T2CLKO。

1 允许将 P3.0 引脚配置为定时器 2 的时钟输出 T2CLKO；

0 不允许将 P3.0 引脚配置为定时器 2 的时钟输出 T2CLKO。

EX4：外部中断 4($\overline{INT4}$) 中断允许位，EX4 = 1 允许中断，EX4 = 0 禁止中断。外部中断 4(INT4) 只能下降沿触发。

EX3：外部中断 3($\overline{INT3}$) 中断允许位，EX3 = 1 允许中断，EX3 = 0 禁止中断。外部中断 3(INT3) 也只能下降沿触发。

EX2：外部中断 2($\overline{INT2}$) 中断允许位，EX2 = 1 允许中断，EX2 = 0 禁止中断。外部中断 2(INT2) 同样只能下降沿触发。

4.2.5 定时器 T0 和 T1 的中断控制寄存器：IE 和 IP

1. 中断允许寄存器 IE

CPU 对中断系统所有中断以及某个中断源的开放和屏蔽是由中断允许寄存器（IE）(A8H) 控制的。IE 的状态可通过程序由软件设定。某位设定为"1"，相应的中断源中断允许；某位设定为"0"，相应的中断源中断屏蔽。CPU 复位时，IE 各位清"0"，禁止所有中断。IE 各位的定义如下（标注 STC15 系列表示传统 51 没有相应功能）：

位	D7	D6	D5	D4	D3	D2	D1	D0	字节地址
IE	EA	ELVD（STC15 系列）	EADC（STC15 系列）	ES	ET1	EX1	ET0	EX0	A8H
位地址	AFH	AEH	ADH	ACH	ABH	AAH	A9H	A8H	

ET0：定时/计数器（T0）中断允许位。

ET1：定时/计数器（T1）中断允许位。

EA：CPU 中断总允许位。

2. 中断优先级寄存器 IP

MCS-51 单片机有两个中断优先级，因此可实现二级中断服务嵌套。每个中断源的中断优先级都是由中断优先级寄存器（IP）(B8H) 中的相应位的状态来规定的。IP 的状态由软件设定，某位设定为"1"，则相应的中断源为高优先级中断；某位设定为"0"，则相应的中断源为低优先级中断。单片机复位时，IP 各位清"0"，各中断源同为低优先级中断。IP 各位的定义如下（标注 STC15 系列表示传统 51 没有相应功能）：

位	D7	D6	D5	D4	D3	D2	D1	D0	字节地址
IP	PPCA（STC15 系列）	ELVD（STC15 系列）	EADC（STC15 系列）	PS	PT1	PX1	PT0	PX0	B8H
位地址	BFH	BEH	BDH	BCH	BBH	BAH	B9H	B8H	

PT0：定时/计数器（T0）中断优先级设定位。
PT1：定时/计数器（T1）中断优先级设定位。
注意：当定时器/计数器 0 工作在模式 3（不可屏蔽中断的 16 位自动重装载模式）时，不需要设置 EA=1，只需设置 ET0=1 就能打开 T0 的中断，此模式下的 T0 中断与总中断使能位 EA 无关。一旦此模式下的定时器/计数器 0 中断被打开后，该定时器/计数器 0 中断优先级就是最高的，它不能被其他任何中断所打断（不管是比定时器/计数器 0 中断优先级低的中断还是比其优先级高的中断，都不能打断此时的定时器/计数器 0 中断），而且该中断打开后既不受 EA/IE.7 控制也不再受 ET0 控制，即清零 EA 或 ET0 都不能关闭此中断。

4.3　定时/计数器 0 的工作模式

STC15 单片机和传统 MCS-51 单片机定时/计数器 T0 有 4 种工作方式（方式 0、1、2、3），T1 有 3 种工作方式（方式 0、1、2），此外 T1 还可作为串行通信接口的波特率发生器，若错将 T1 设置为方式 3，则 T1 将停止工作。下面以定时/计数器 T0 为例进行介绍。

1. 方式 0

当 TMOD 的 M1M0 为"00"时，定时/计数器工作于方式 0，传统 MCS-51 单片机方式 0 为 13 位计数器，由 TL0 的低 5 位（高 3 位未用）和 TH0 的 8 位组成。13 位定时/计数器是为了与 Intel 公司早期的产品 MCS-48 系列兼容，该系列已过时，且计数初值装入易出错，所以在实际应用已不再使用。

STC15 系列单片机对传统 MCS-51 单片机进行了创新设计，模式 0 下定时器/计数器作为可自动重装载的 16 位计数器，具体结构图如图 4.2 所示。

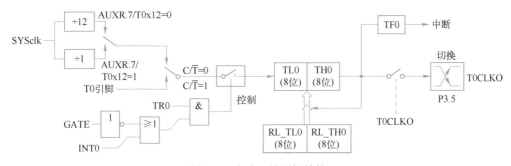

图 4.2　方式 0 的逻辑结构

方式 0 的计数位数是 16 位，由 TL0 作为低 8 位、TH0 作为高 8 位，组成了 16 位加"1"计数器。计数个数 M 与计数初值 N 的关系为

$$M = 2^{16} - N$$

用于定时功能时，定时时间 t 的计算公式为

$$t = M \times \text{机器周期} = (2^{16} - N) \times \text{机器周期}$$

用于计数功能，初值 $N = 0 \sim 65535$ 范围时，计数范围为 $1 \sim 65536$。

当 GATE = 0（TMOD. 3）时，如 TR0 = 1，则定时器计数。GATE = 1 时，允许由外部输入 INT0 控制定时器 0，这样可实现脉宽测量。TR0 为 TCON 寄存器内的控制位，TCON 寄存器各位的具体功能描述见 4.2 节 TCON 寄存器的介绍。

当 $C/\overline{T} = 0$ 时，多路开关连接到系统时钟的分频输出，T0 对内部系统时钟计数，T0 工作在定时方式。当 $C/\overline{T} = 1$ 时，多路开关连接到外部脉冲输入 P3.4/T0，即 T0 工作在计数方式。（记忆时 C 表示计数器（Counter），T 表示定时器（Timer），$\overline{T}$ 表示低有效，所以 0 时为定时器）。

STC15 系列单片机的定时器有两种计数速率：一种是 12T 模式，每 12 个时钟加 1，与传统 8051 单片机相同；另外一种是 1T 模式，每个时钟加 1，速度是传统 8051 单片机的 12 倍。T0 的速率由特殊功能寄存器 AUXR 中的 T0x12 决定，如果 T0x12 = 0，T0 则工作在 12T 模式；如果 T0x12 = 1，T0 则工作在 1T 模式。

定时器 0 有两个隐藏的寄存器 RL_TH0 和 RL_TL0。RL_TH0 与 TH0 共用同一个地址，RL_TL0 与 TL0 共用同一个地址。当 TR0 = 0 即定时器/计数器 0 被禁止工作时，对 TL0 写入的内容会同时写入 RL_TL0，对 TH0 写入的内容也会同时写入 RL_TH0。当 TR0 = 1 即定时器/计数器 0 被允许工作时，对 TL0 写入内容，实际上不是写入当前寄存器 TL0 中，而是写入隐藏的寄存器 RL_TL0 中；对 TH0 写入内容，实际上也不是写入当前寄存器 TH0 中，而是写入隐藏的寄存器 RL_TH0。这样可以巧妙地实现 16 位重装载定时器。当读 TH0 和 TL0 的内容时，所读的内容就是 TH0 和 TL0 的内容，而不是 RL_TH0 和 RL_TL0 的内容。

当定时器 0 工作在模式 0（TMOD[1:0]/[M1,M0] = 00B）时，[TL0,TH0] 的溢出不仅置位 TF0，而且会自动将 [RL_TL0,RL_TH0] 的内容重新装入 [TL0,TH0]。

当 T0CLKO/INT_CLKO. 0 = 1 时，P3.5/T1 引脚配置为定时器 0 的时钟输出 T0CLKO。输出时钟频率 = T0 溢出率/2。

如果 $C/\overline{T} = 0$，定时器/计数器 T0 对内部系统时钟计数，则：

T0 工作在 1T 模式（AUXR. 7/T0x12 = 1）时的输出时钟频率 = (SYSclk)/(65536-[RL_TH0, RL_TL0])/2；

T0 工作在 12T 模式（AUXR. 7/T0x12 = 0）时的输出时钟频率 = (SYSclk)/12/(65536-[RL_TH0, RL_TL0])/2。

如果 $C/\overline{T} = 1$，定时器/计数器 T0 是对外部脉冲输入（P3.4/T0）计数，则

输出时钟频率 = (T0_Pin_CLK)/(65536-[RL_TH0, RL_TL0])/2。

2. 方式 1

STC15 系列单片机和传统 51 单片机在方式 1 上功能基本相同，STC15 系列单片机相比传统 51 单片机主要是对系统时钟，增加了 1T 模式。

当 TMOD 的 M1M0 为"01"时，定时/计数器工作于方式 1，其逻辑结构如图 4.3 所示。

方式 1 的计数位数是 16 位，由 TL0 作为低 8 位、TH0 作为高 8 位，组成了 16 位加"1"计数器。计数个数 M 与计数初值 N 的关系为

$$M = 2^{16} - N$$

用于定时功能时，定时时间 t 的计算公式为

$$t = M \times 机器周期 = (2^{16} - N) \times 机器周期$$

用于计数功能，初值 $N = 0 \sim 65535$ 范围时，计数范围为 $1 \sim 65536$。方式 1 和方式 0（STC15 系列单片机）应用的最大区别是方式 0 在计数器计满溢出时，将自动重装计数器初值，而方式 1 没有重装功能，计数器计满时，需要重装初值，否则会从 0 开始计数。对于 STC15 系统单片机，不推荐使用方式 1。

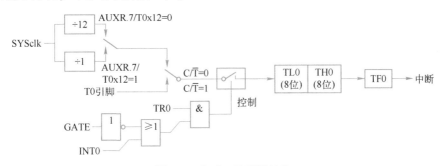

图 4.3 方式 1 的逻辑结构

当 GATE = 0（TMOD.3）时，如 TR0 = 1，则定时器计数。GATE = 1 时，允许由外部输入 INT0 控制定时器 0，这样可实现脉宽测量。TR0 为 TCON 寄存器内的控制位，TCON 寄存器各位的具体功能描述见 4.2 节 TCON 寄存器的介绍。

当 C/$\overline{\text{T}}$ = 0 时，多路开关连接到系统时钟的分频输出，T0 对内部系统时钟计数，T0 工作在定时方式。当 C/$\overline{\text{T}}$ = 1 时，多路开关连接到外部脉冲输入 P3.4/T0，即 T0 工作在计数方式。

3. 方式 2

当 M1M0 为 "10" 时，定时/计数器工作于方式 2，其逻辑结构如图 4.4 所示（STC15 系列单片机和传统 51 单片机在方式 2 上功能基本相同，STC15 系列单片机相比传统 51 单片机主要是对系统时钟，增加了 1T 模式，同时增加了 T0CLKO 输出）。

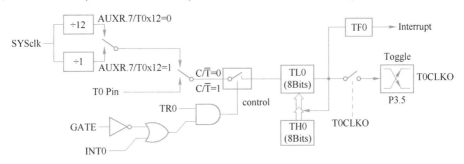

图 4.4 方式 2 的逻辑结构

方式 2 为自动重装初值的 8 位计数方式。TL0 作为 8 位定时/计数器使用，TH0 为 8 位初值寄存器，保持不变。当 TL0 计满溢出时，由硬件使 TF0 置 "1"，向 CPU 发出中断请求，而溢出脉冲打开 TL0 与 TH0 之间的三态门，将 TH0 中的计数初值自动送入 TL0。TL0

从初值重新进行加"1"计数。周而复始，直至 TR0 = 0 才会停止。计数个数 M 与计数初值 N 的关系为

$$M = 2^8 - N$$

用于定时功能时，定时时间 t 的计算公式为

$$t = M × 机器周期 = (2^8 - N) × 机器周期$$

用于计数功能，初值 $N = 0 \sim 255$ 范围时，计数范围为 $1 \sim 256$。

当 T0CLKO/INT_CLKO.0 = 1 时，P3.5/T1 引脚配置为定时器 0 的时钟输出 T0CLKO。输出时钟频率 = T0 溢出率/2；

如果 C/$\overline{T}$ = 0，定时器/计数器 T0 对内部系统时钟计数，则

T0 工作在 1T 模式（AUXR.7/T0x12 = 1）时的输出时钟频率 = (SYSCLK)/(256 - TH0)/2；

T0 工作在 12T 模式（AUXR.7/T0x12 = 0）时的输出时钟频率 = (SYSCLK)/12/(256 - TH0)/2。

如果 C/$\overline{T}$ = 1，定时器/计数器 T0 是对外部脉冲输入（P3.4/T0）计数，则

输出时钟频率 = (T0_Pin_CLK)/(256 - TH0)/2。

4. 方式 3

本书讲解 STC15 系列单片机的方式 3，传统 51 单片机定时器 0 的方式 3，请参考相关书籍。

对定时器/计数器 1，在方式 3 时，定时器 1 停止计数，效果与将 TR1 设置为 0 相同。

对定时器/计数器 0，其工作方式 3 与工作方式 0 是一样的（图 4.5 是定时器方式 3 的原理图，与方式 0 是一样的）。唯一不同的是：当定时器/计数器 0 工作在方式 3 时，只需允许 ET0/IE.1（定时器/计数器 0 中断允许位），不需要允许 EA/IE.7（总中断使能位），就能打开定时器/计数器 0 的中断，此方式下的定时器/计数器 0 中断与总中断使能位 EA 无关；一旦工作在方式 3 下的定时器/计数器 0 中断被打开（ET0 = 1），那么该中断是不可屏蔽的，其优先级是最高的，即该中断不能被任何中断所打断，而且该中断打开后既不受 EA/IE.7 控制也不再受 ET0 控制，当 EA = 0 或 ET0 = 0 时都不能屏蔽此中断。故将此方式称为不可屏蔽中断的 16 位自动重装载模式，该方式可用于实时操作系统中的节拍定时器。

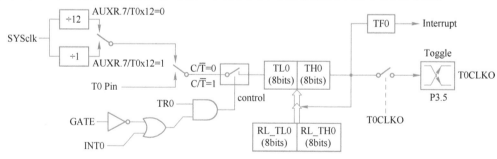

图 4.5   方式 3 的逻辑结构

4.4   应用定时/计数器输出方波和矩形波

MCS-51 单片机的定时/计数器可以用于较精确的延时和计数，对于延时的应用，可遵循以下几个方面进行应用设计。

1）确定延时时间。

2）定时/计数器初始化。

定时/计数器初始化主要包括：

1）确定定时/计数器的工作方式。

2）计算定时/计数器的初值。

3）在主程序中进行初始化设计，包括定时/计数器的初始化和中断初始化，即对 TH0、TL0 或 TH1、TL1，TMOD、TCON、IP、IE 赋值。

4）中断服务程序设计。

下面以输出方波和矩形波为例具体讲解定时/计数器的应用。

4.4.1　应用定时/计数器输出方波

在实际应用中，需要产生一定频率的波形，在本书中，方波指占空比为 50% 的波形，矩形波指占空比可变的波形，本节主要讲解方波的实现。对于方波的实现，STC15 系列单片机可以使用两种方法实现。

方法 1 是使用定时/计数器方式 0 或方式 2 的可编程分频输出实现，但该方法输出引脚固定，不适用传统的 MCS-51 单片机；

方法 2 是应用定时/计数器的延时实现，输出引脚适用于所有 I/O 引脚，也适用传统MCS-51 单片机。

1. 可编程分频输出生成的方波

对于可编程分频输出生成的方波，本书以定时/计数器 0 方式 0 为例，讲解相关应用方法，其他定时器（如 T1～T4）的使用方法，可参考相关书籍。

定时/计数器 0 方式 0 可编程分频输出方波的频率：

1T 模式，输出时钟频率 =（SYSCLK）/（65536-[RL_TH0, RL_TL0]）/2；

12T 模式，输出时钟频率 =（SYSCLK）/12/（65536-[RL_TH0, RL_TL0]）/2。

图 4.6 为输出方波的图形，周期为 T，每延时 2/T 时间输出翻转，方波的

周期 T/2 =（65536-[RL_TH0, RL_TL0]）* 机器周期；

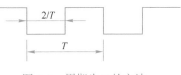

图 4.6　周期为 T 的方波

输出频率 f * 2 = 1/（(65536-[RL_TH0, RL_TL0]) * 机器周期）；

1T 模式，f =（SYSCLK）/（65536-[RL_TH0, RL_TL0]）/2；

12T 模式，f =（SYSCLK）/12/（65536-[RL_TH0, RL_TL0]）/2。

由于定时/计数器是 16 位计数器，因此对于 1T 模式，输出频率范围为 SYSCLK/（65536 * 2）～SYSCLK/2；对于 12T 模式，输出频率范围为 SYSCLK/（65536 * 24）～SYSCLK/24。

【例 4.1】产生一个 50 Hz 的方波，此方波由 P3.5 引脚输出，晶振频率为 12 MHz，12T模式。

解题思路：输出引脚 P3.5 为可编程分频输出引脚，方波频率 f = 50 Hz，在输出频率范围之内，因此可以用可编程分频输出实现。

编程步骤如下：

（1）确定定时器初值：

$f = (SYSCLK)/12/(65536-[RL\_TH0, RL\_TL0])/2$，$f = 50\,Hz$，$SYSCLK = 12\,MHz$

$65536-[RL\_TH0, RL\_TL0] = 500000/50$

$[RL\_TH0, RL\_TL0] = 65536-10000$；

在 C 语言编程中，TL0 为低 8 位，$TL0 = 65536-10000$；

TH0 为高 8 位，$TH0 = (65536-10000)>>8$；

（2）求 T0 的方式控制字 TMOD：GATE = 0，$C/\overline{T} = 0$，M1M0 = 00，可取方式控制字为 TMOD = 00H，即 T0 的方式 0。

（3）12T 模式为默认模式（上电复位后的模式），可以不用设置。

（4）INT_CLKO（AUXR2）寄存器设置。

对于可编程分频输出，需要设置 INT_CLKO（AUXR2）寄存器的 D0 为 1，由于 INT_CL-KO（AUXR2）寄存器不能位寻址，只能对字节赋值。

方法 1：直接对寄存器赋值，即 INT_CLKO = 0x1；但这种方法影响其他位的设置，因此需要对所有位都设置后统一赋值；

方法 2：使用与、和、或设置的方法，对某一位赋值，如果对 n 位置 1，则 INT_CLKO |= (1<<n)；如果对 n 位清 0，则 INT_CLKO &= !(1<<n)；

本节中使用方法 2 实现，INT_CLKO |= (1<<0)；

（5）启动计数器。

TR0 = 1；

具体程序如下：

```
#include "STC51. h"
//-------------------------------------------------
sfr INT_CLKO = 0x8f; //唤醒和时钟输出功能寄存器
sbit T0CLKO = P3^5；  //定时器 0 的时钟输出引脚
//-------------------------------------------------
void main( )
{
TMOD = 0x00;         //设置定时器为模式 0（16 位自动重装载）
TL0 = 65536-10000；  //初始化计时值
TH0 = (65536-10000) >> 8；
TR0 = 1；
INT_CLKO   |= 0x01；//使能定时器 0 的时钟输出功能
while（1）；           //程序终止
}
```

2. 延时实现方波

使用延时实现方波，根据图 4.7，方波的周期为 T，每延时 $2/T$ 时间输出翻转，实现周期为 T 的方波。该方法同时适合传统 MCS-51 单片机。为了兼容传统 MCS-51 单片机，实例使用定时/计数器 0 的方式 1 来实现，即 12T 模式（注：如果采用 STC15 系列单片机，推荐使用方式 0 实现）。在实际应用中，中断方式相较于查询方式有更高的效率，因此采用中断方式实现延时。

【例 4. 2】产生一个 100 Hz 的方波（使用定时/计数器 0 方式 1），此方波由 P1.0 引脚输出，晶振频率为 12 MHz。

解题思路：方波频率 f = 100 Hz，周期 T = 1/100 s = 0.01 s，如果让定时器计满 0.005 s，P1.0 输出"0"，再计满 0.005 s，P1.0 输出"1"，就能满足要求，此题转化为由定时器产生 0.005 s 定时的问题。

实现方法如下：

（1）查询方式：通过查询 T0 的溢出标志 TF0 是否为"1"，判断定时时间是否已到。当 TF = 1 时，定时时间已到，对 P1.0 取反操作。其缺点是，CPU 一直忙于查询工作，占用了 CPU 的有效时间。

（2）中断方式：CPU 正常执行主程序，一旦定时时间到，TF0 = 1 向 CPU 申请中断，CPU 响应了 T0 的中断，就执行中断程序，在中断程序里对 P1.0 进行取反操作。

编程步骤如下：

（1）确定定时器初值 N：由于晶振为 12 MHz，所以 1 个机器周期 T_{cy} = 12×(1/12×10^6) μs = 1 μs。所以

计数值 $M = t/T_{cy}$ = 5×10^{-3}/1×10^{-6} = 5000

$N = 2^{16} - M$ = 65536 - 5000

在 C 语言编程中，TL0 为低 8 位，TL0 = 65536 - 5000；

TH0 为高 8 位，TH0 = (65536 - 5000)>>8；

（2）求 T0 的方式控制字 TMOD：GATE = 0，C/$\overline{T}$ = 0，M1M0 = 01，可取方式控制字为 TMOD = 01H，即 T0 的方式 1。

（3）12T 模式为默认模式（上电复位后的模式），可以不用设置。

（4）启动计数器。

TR0 = 1；

（5）开启中断（如果用中断实现）：

ET0 = 1；

EA = 1；

（6）中断服务程序（如果用中断实现）：

计数器需要重赋初值；

对输出口取反。

具体程序如下：

（1）查询方式（不推荐）

```
#include "STC51.h"
//-------------------------------------------
sbit WAV = P1^0;          //方波输出引脚
//-------------------------------------------
void main()
{
TMOD = 0x01;            //设置定时器为模式 1（16 位）
TL0 = 65536-5000;        //初始化计时值
TH0 = (65536-5000) >> 8;
TR0 = 1;                //开启定时器 0
while (1)
{
```

```
    while(TF0 = = 0);        //TF0=0, 定时时间未到, 等待
    TF0 = 0;                //TF0=1, 定时时间到, 清 TF0
    TR0 = 0;                //停止计数
    TL0 = 65536-5000;       //重赋初值
THO = (65536-5000) >> 8;
TR0 = 1;                    //开始计数
WAV = ~ WAV;               //方波输出引脚取反
    }
}
```

（2）中断方式

```
#include <STC51. h>
//-------------------------------------------------
sbit WAV = P1^0;                    //方波输出引脚
//-------------------------------------------------
void TIM0_INIT(void)                //定时/计数器 0 初始化函数
{
TMOD = 0x01;                        //设置定时器为模式 1（16 位）
TL0 = 65536-5000;                   //初始化计时值
TH0 = (65536-5000) >> 8;
TR0 = 1;                            //开启定时器 0
ET0 = 1;                            //打开定时器 0 中断
EA = 1;                             //CPU 开中断
}
void TIM0_IRQHandler(void) interrupt 1    //定时/计数器 0 中断复位函数
{
    TR0 = 0;                        //停止计数
TL0 = 65536-5000;                   //重赋初值
TH0 = (65536-5000) >> 8;
TR0 = 1;                            //开始计数
    WAV = ~ WAV;
}

void main(void)
{
    TIM0_INIT();                    //调用定时器 0 初始化函数
    While(1);
}
```

思考：由于计数器是 16 位，延时时间有一定限制，如对于 12 MHz 时钟，在 12T 模式下，最大延时时间为 65.536 ms，那如果需要延时时间超过 65.536 ms，程序需要怎样实现？

4.4.2   应用定时/计数器输出矩形波

矩形波是占空比可变的波形，方波是特殊的矩形波，即占空比为 50% 的矩形波。对于矩形波，可以应用计算值和比较值相比较的方法来实现，具体实现可参考图 4.7。在图 4.7 中，计数值和比较值相比较，当计数值小于比较值时，输出为 0，大于或等于比较值时，输出为 1（相反也可以）。最大计数值 $CNT * T$ 决定了矩形波的频率，比较值/计数值为矩形波的占空比，其中 T 为计一次数的时间，可以使用定时器中断实现，CNT 决定了占空比的精度。由于计数和比较需要在定时器中断中实现，因此 T 最好至少要大于 30 个机器周期。

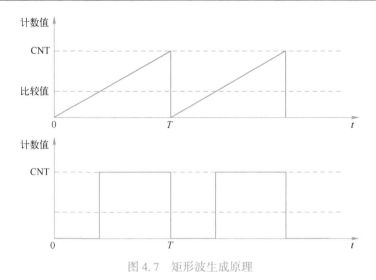

图 4.7　矩形波生成原理

【例 4.3】利用定时/计数器（T0）的方式 1，产生一个 50 Hz 的矩形波，由 P2.0 引脚输出，12T 模式，占空比 20%，占空比精度到 1%，晶振频率为 12 MHz。

解题思路：由于占空比精度到 1%，最大计数值 CNT = 100，矩形波频率 f = 50 Hz，周期 T = 1/50 s = 0.02 s，T = 100 * t 延时，t 延时 = 0.02/100 ms = 0.2 ms。程序定时器中断延时时间 0.2 ms，进一次中断，计数器加 1，P2.0 口初值为 0，当计数值 = 比较值时，P2.0 输出为 1，当计数值等于最大计数值时，P2.0 输出为 0。

编程步骤如下：

（1）确定定时器初值 N：由于晶振为 12 MHz，所以 1 个机器周期 T_{cy} = 12×(1/12×10⁶) μs = 1 μs。所以

计数值 $M = t/T_{cy} = 2×10^{-4}/1×10^{-6} = 200$

$N = 2^{16} - M = 65536 - 200$

在 C 语言编程中，TL0 为低 8 位，TL0 = 65536 - 200；

TH0 为高 8 位，TH0 = (65536 - 200)>>8；

（2）求 T0 的方式控制字 TMOD：GATE = 0，C/$\overline{T}$ = 0，M1M0 = 01，可取方式控制字为 TMOD = 01H，即 T0 的方式 1。

（3）12T 模式为默认模式（上电复位后的模式），可以不用设置。

（4）启动计数器。

TR0 = 1；

（5）开启中断（如果用中断实现）：

ET0 = 1；

EA = 1；

（6）中断服务程序（如果用中断实现）：

具体见例程，具体程序如下：

```
#include <STC51.h>
typedef unsigned char u8;
```

```
typedef unsigned int u16;
typedef unsigned long u32;
sbit   P_PWM = P2^0;                        //矩形波输出引脚
#define   CMP   20
#define   CNT_MAX   100
u8   cnt = 0;
void TIM0_INIT(void)                        //定时/计数器 0 初始化函数
{
TMOD = 0x01;                                //设置定时器为模式 1（16 位）
TL0 = 65536-200;                            //初始化计时值
TH0 = (65536-200) >> 8;
TR0 = 1;                                    //开启定时器 0
ET0 = 1;                                    //打开定时器 0 中断
EA = 1;                                     //CPU 开中断
}
void TIM0_IRQHandler(void) interrupt 1      //定时/计数器 0 中断复位函数
{
    TR0 = 0;                                //停止计数
    TL0 = 65536-5000;                       //重赋初值
    TH0 = (65536-5000) >> 8;
    TR0 = 1;                                //开始计数
    cnt ++;
    if( cnt == CMP)
        P_PWM = 1;
    if( cnt == 100)
    {
        cnt = 0;
        P_PWM = 0;
    }
}
void main(void)
{
    TIM0_INIT();                            //调用定时器 0 初始化函数
    P_PWM = 0;
    while(1);
}
```

4.5   LED 数码管的结构和分类

在单片机应用系统中，键盘和显示器是很关键的部件，是构成人机对话的一种基本设备。键盘能向计算机输入数据、传送命令，是人工干预计算机的主要手段。显示器则显示控制过程或结果。本节讲述显示器的工作原理、LED 显示器的编码显示原理以及它们与单片机的接口技术。

4.5.1   显示器及其接口

显示器是计算机的主要输出设备，它把运算结果、程序清单等以字符的形式显示出来，以供用户查阅。目前常用的显示器有数码管显示器（LED 显示器）、液晶显示器（LCD 显示器）等。下面详细介绍 LED 显示器的结构与工作原理。

　　LED 显示器的结构如图 4.8a 所示，由 8 个发光二极管按"日"字形排列，其中 7 个发光二极管组成"日"字形的笔画段，另一个发光二极管为圆点形状，安装在显示器的右下角作为小数点使用，分别控制各笔画段的 LED，使其中的某些发亮，从而可以显示出 0~9 的阿拉伯数字符号以及其他能由这些笔画段构成的各种字符。LED 显示器根据内部结构不同分为两种，一种是把所有发光二极管的阳极连在一起，称为共阳极数码管，如图 4.8b 所示；另一种是 8 个发光二极管的阴极连在一起，称为共阴极数码管，如图 4.8c 所示。

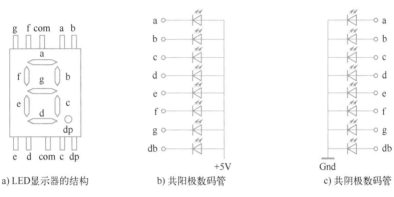

a) LED显示器的结构　　　　b) 共阳极数码管　　　　c) 共阴极数码管

图 4.8　LED 显示器原理图

　　当某一二极管导通时，相应的字段发亮。这样，若干个二极管导通，就构成了一个字符。在共阴极数码管中，导通的二极管用"1"表示，其余的用"0"表示。这些"1""0"数符按一定的顺序排列，就组成了所要显示字符的显示代码。例如，对于共阴极数码管来说，阳极排列顺序为 h、g、f、e、d、c、b、a。这样，字符 1 的显示代码为 00000110，字符 F 的显示代码为 01110001，用十六进制表示分别为 06H 和 71H。若要显示某一个字符，就在二极管的阳极按显示代码加高电平，阴极加低电平即可。显示七段码表见表 4.3。

表 4.3　显示七段码表

D7 h	D6 g	D5 f	D4 e	D3 d	D2 c	D1 b	D0 a	共阴 七段码	共阳 七段码	显示字符
0	0	1	1	1	1	1	1	3FH	C0H	0
0	0	0	0	0	1	1	0	06H	F9H	1
0	1	0	1	1	0	1	1	5BH	A4H	2
0	1	0	0	1	1	1	1	4FH	B0H	3
0	1	1	0	0	1	1	0	66H	99H	4
0	1	1	0	1	1	0	1	6DH	92H	5
0	1	1	1	1	1	0	1	7DH	82H	6
0	0	0	0	0	1	1	1	07H	F8H	7
0	1	1	1	1	1	1	1	7FH	80H	8
0	1	1	0	1	1	1	1	6FH	90H	9
0	1	1	1	0	1	1	1	77H	88H	A
0	1	1	1	1	1	0	0	7CH	83H	B

（续）

D7 h	D6 g	D5 f	D4 e	D3 d	D2 c	D1 b	D0 a	共阴 七段码	共阳 七段码	显示字符
0	0	1	1	1	0	0	1	39H	C6H	C
0	1	0	1	1	1	1	0	5EH	A1H	D
0	1	1	1	1	0	0	1	79H	86H	E
0	1	1	1	0	0	0	1	71H	8EH	F
0	1	1	1	0	0	1	1	73H	8CH	P
1	0	0	0	0	0	0	0	80H	89H	H

从前面的学习知道，单片机的 P0~P3 口具有输入数据可以缓冲和输出数据可以锁存的功能，并且有一定的带负载能力。但一般 I/O 接口芯片的驱动能力是很有限的。在 LED 显示接口电路中，若输出口所能提供的驱动电流或吸收电流不能满足要求时，就需要增加 LED 驱动电路，特别是多段 LED 显示器更是如此。有两种形式的驱动电路：低电平有效驱动电路和高电平有效驱动电路。

在低电平有效驱动电路中，当驱动管导通而使集电极处于低电平时，LED 被正向导通而发光，驱动电路吸收 LED 工作电流。在高电平有效驱动电路中，当驱动管截止而使集电极处于高电平时，LED 导通而发光，驱动电路为 LED 提供工作电流。驱动电路中的 R 为限流电阻，通常取数百欧。

限流电阻 R 的计算公式如下：

$$R = \frac{V_{\mathrm{i}} - V_{\mathrm{f}} - V_{\mathrm{cs}}}{I_{\mathrm{f}}}$$

式中，V_{i} 为输入信号电平；V_{f} 为输入端发光二极管的电压降，通常是 1.2~2.5 V；V_{cs} 为驱动器的电压降，通常是 0.1~0.5 V；I_{f} 为发光二极管的工作电流，通常是 2~10 mA。

在单片机应用系统中，LED 显示器的显示方法有两种：静态显示法和动态扫描显示法。

4.5.2　数码管的静态显示

所谓静态显示，就是每一个显示器各笔画段都要独占具有锁存功能的输出口线，CPU 把要显示的字形代码送到输出口上，就可以使显示器显示所需的数字或符号，此后，即使 CPU 不再去访问它，因为各笔画段接口具有锁存功能，显示的内容也不会消失。

静态显示法的优点是显示程序十分简单，显示亮度大，由于 CPU 不必经常扫描显示器，因此节约了 CPU 的工作时间。但静态显示也有其缺点，主要是占用的 I/O 接口线较多，硬件成本较高。所以静态显示法常用在显示器数目较少的应用系统中。

LED 采用静态显示与单片机接口时，共阴极或共阳极点连接在一起接地或接高电平。每个显示位的段选线与一个 8 位并行口线对应相连，只要在显示位上的段选线上保持段码电平不变，则该位就能保持相应的显示字符。这里的 8 位并行口可以直接采用并行 I/O 接口芯片，也可以采用串入/并出的移位寄存器或者其他具有三态功能的锁存器等。考虑到若采用并行 I/O 接口，占用 I/O 资源较多，因此静态显示器接口中通常采用串行口，设置为方式 0 输出方式，外接 74HC595 移位寄存器，构成显示器接口电路。

下面介绍采用 BCD/7 段显示译码驱动芯片构成的静态显示接口电路，其特点是一个 LED 显示器仅占 4 条 I/O 口线，当一个并行 I/O 接口经过该译码显示驱动器时，可以连接两个 LED 显示器。

常用的 BCD 数码显示译码驱动芯片有两种类型，一种是适用于共阳极显示器，如 74LS47；另一种适用于共阴极显示器，如 74LS49。图 4.9 是采用共阳极显示器的静态显示器接口电路。单片机输出控制信号由 P2.0 和 $\overline{WR}$ 合成，当二者同时为 "0" 时，或门输出为 0，将 P0 口数据锁存到 74LS273 中，口地址为 FEFFH。输出线的低 4 位和高 4 位分别接 BCD/7 段显示译码驱动器 74LS47。74LS47 能使显示器显示出由 I/O 接口送来的 BCD 码数和某些符号。

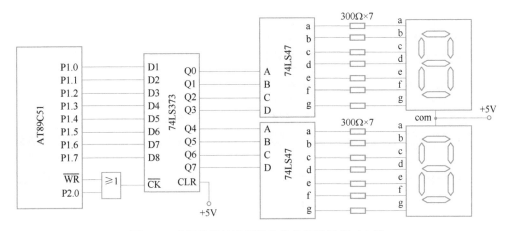

图 4.9　采用共阳极显示器的静态显示器接口电路

具体显示程序也非常简单，如欲在两个显示器上显示两位十进制数 35，仅需将该数送往显示口地址即可。

【例 4.4】在单片机最小系统的基础上设计 4 位共阳数码管显示 "1、2、3、4"。

程序实现如下：

```
#include    <STC51.h>
void main( )
{
    P0 = 0xf9;
    P1 = 0xA4;
    P2 = 0xB0;
    P3 = 0x99;
}
```

4.5.3　数码管的动态显示

动态扫描显示法是单片机应用系统中最常用的显示方法之一。它是把所有显示器的 8 个笔画段 a~h 的各段同名端互相并接在一起，并把它们接到字段输出接口上。为了防止各个显示器同时显示相同的数字，各个显示器的公共端 COM 还要受控制信号控制，即把它们接到位输出接口上。这样，对于一组 LED 显示器需要有两组信号来控制，一组是字段输出口输出的字形代码，用来控制显示的字形，称为段码；另一组是输出接口输出的控制信号，用来选择第几位显示器工作，称为位码。在这两组信号的控制下，可以一位一位地轮流点亮各个显示器，显示各自的数码，以实现动态扫描显示。例如，要显示一组数字，即利用循环扫描的方法，各位显示器依次从左到右（或从右到左）轮流点亮一遍，过一段时间再使之显示一遍，如此不断重复。在轮流点亮一遍的过程中，每位显示器点亮的时间则是极为短暂的（约 1 ms），但由于 LED 具有余辉特性以及人眼的惰性，尽管各位显示器实际上是分时断续地显示，但只要适当选取扫描频率，给人眼的视觉印象就会是在连续稳定地显示，并不会察觉有闪烁现象。建议扫描频率大于 80 Hz。

由于动态扫描方法要求每个数码管显示时间基本相同，每个数码管显示的内容都是在中断服务程序中实现，中断服务程序主要由以下程序组成：

1）计数器重赋初值（对于自动重载方式，不需要）。

2）在对应数码管显示相应的数值。

3）计数值+1，当计数值=数码管个数时，计算值回 0。

4.5.4　基于查表法动态显示实例

本节通过实例讲解数码管动态扫描编程方法，实例具体要求如下：

1）对 4 位数码管（共阳极）编程，实现从 0000~9999 十进制计数器，每计一次数时间为 1 s。

2）4 位数码管与单片机的连接如图 4.10 所示，该图用 Proteus 软件所画，未考虑硬件的驱动能力，未加限流电阻和驱动元件，只用于验证程序功能正确性。

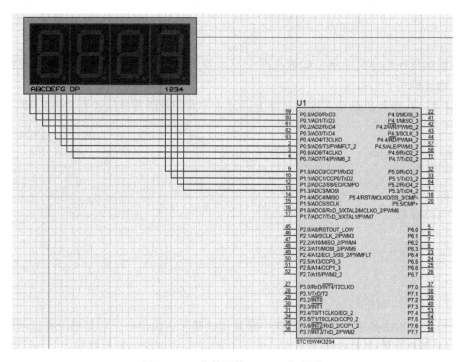

图 4.10　4 位数码管 Proteus 仿真图

下面将讲解程序的实现过程。

对 4 位数码管实现从 0000~9999 十进制计数器，1s 延时和动态扫描的延时都需要使用定时器实现，整个程序的实现框图包括主程序框图和中断服务程序框图。

数码管动态显示

（1）主程序框图

计数器的主程序框图如图 4.11 所示，其实现过程如下：

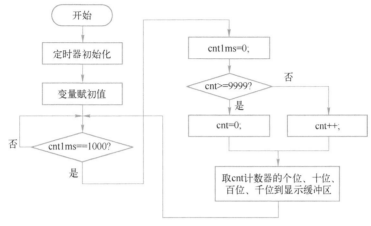

图 4.11 4 位数码管计数器显示主程序框图

1）定时器初始化，实现 1ms 的延时，使用定时/计数器 0 方式 1 实现。

2）变量赋初值，计数变量清 0，cnt1ms 表示 1ms 计数一次，cnt 是 0~9999 计数器变量，cntbit 是表示数码管个数的计数器，由于程序中使用 4 位数码管，因此该变量实现四进制计数器，对应 4 个数码管。cnt 和 cnt1ms 是 unsigned int 类型变量，cntbit 为 unsigned char 类型变量，三个变量可以定义时直接清 0；显示缓冲区赋初值，程序上电显示 0000。

3）判断计时是否到 1s，到 1s 继续执行。

4）cnt1ms 清 0。

5）cnt 计数器加 1，并加到 10000 时回 0。

6）取 cnt 的个位、十位、百位和千位到显示缓冲区，以便在中断服务程序中显示。

（2）中断服务程序框图

4 位数码管计数器的中断服务程序框图如图 4.12 所示，其实现过程如下：

1）重赋初值。

2）在对应数码管显示相应的数值，不同的计数值，表示相应的数码管亮，并显示相应的数值，如 cntbit=0，表示第 0 个数码管亮，显示计数器的个位值，cntbit=1，表示第 1 个数码管亮，显示计数器的十位值，以此类推。程序实现可以采用两种方法。

方法 1：使用 switch case 语句，根据不同的 cntbit 值，对相应的数码管赋值，这种方法由于代码量较大，运行时间长，不建议使用；

方法 2：采用查表法，设对应数码管的位码和段码，直接赋值，这种方法代码量小，运

图 4.12 4 位数码管计数器
中断服务程序框图

行时间短，因此一般使用该方法实现。具体实现如下：

```
unsigned char code ledbit[ ] = {0xfe,0xfd,0xfb,0xf7};              //位码
unsigned char code ledseg[ ] = {0X3F,0x06,0X5B,0X4F,0X66,0X6D,0X7D,0X07,0X7F,0X6F};
                                                                  //段码
P1 = ledbit[ cntbit ];                                            //赋位码
P0 = ledbuf[ bit ];                                               //赋码
```

ledbuf[ ]是显示缓冲，在主程序中，各位数码管显示的值赋值给数组 ledbuf[ ]。

3）四进制计数器，使用对 4 求余数，实现四进制计数器。

（3）程序清单

程序代码如下：

```
#include <STC51. h>
unsigned char code ledbit[ ] = {0xfe,0xfd,0xfb,0xf7};             //位码
unsigned char code ledseg[ ]
  = {0X3F,0X06,0X5B,0X4F,0X66,0X6D,0X7D,0X07,0X7F,0X6F};          //段码
unsigned char cntbit = 0;                                         //数码管位计数器
unsigned char ledbuf[ 4 ];                                        //显示缓冲区
unsigned int cnt1ms = 0;                                          //1 ms 计数器
unsigned int cnt = 0;                                             //10000 进制计数器
unsigned char unt = 0,hun = 0,thnt = 0,ten = 0;                   //分别表示个位、百位、千位和十位的数值
void TIM0_Init( void)                                             //定时器 0 初始化函数
    {
    TMOD = 1;                                                     //设置定时器 0 为方式 1
    TH0 = (65536-1000)>>256;                                      //赋计数器初值
    TL0 = 65536-1000;
    TR0 = 1;                                                      //启动计数器
    ET0 = 1;                                                      //开定时器 0 中断
    EA = 1;                                                       //开 CPU 总中断
    }
void TIM0_IRQHandler( void) interrupt 1                           //定时器 0 中断服务函数
    {
    TH0 = (65536-1000)>>8;                                        //重赋初值
    TL0 = 65536-1000;
    P1 = ledbit[ cntbit ];                                        //输出位码
    P0 = ledbuf[ cntbit ];                                        //输出段码
    cntbit++;
    cntbit = cntbit%4;                                            //位计数
    cnt1ms++;                                                     //毫秒计数
    }
void main( void)
    {
    TIM0_Init( );
    ledbuf[ 0 ] = ledseg[ 0 ];
    ledbuf[ 1 ] = ledseg[ 0 ];
    ledbuf[ 2 ] = ledseg[ 0 ];
    ledbuf[ 3 ] = ledseg[ 0 ];
    while(1) {
        if( cnt1ms = = 1000) {                                    //判断是否到 1 s
            cnt1ms = 0;
            cnt++;
```

```
    if( cnt = = 10000)          //10000 进制计数器到 10000 清 0
        cnt = 0;
    thnt = cnt/1000;            //取计数器千位
    hun = cnt%1000/100;         //取计数器百位
    ten = cnt%1000%100/10;      //取计数器十位
    unt = cnt%10;               //取计数器个位
    ledbuf[3] = ledseg[unt];    //个位数值赋显示缓冲
    ledbuf[2] = ledseg[ten];    //十位数值赋显示缓冲
    ledbuf[1] = ledseg[hun];    //百位数值赋显示缓冲
    ledbuf[0] = ledseg[thnt];   //千位数值赋显示缓冲
    }
  }
}
```

4.6　数字电子时钟设计

数字电子时钟

4.6.1　项目功能描述

设计数字电子时钟，具有时、分、秒计数显示功能，以 24 小时循环计时，并用数码管显示，具体要求如下：

1）用 8 个数码管实现数字电子钟，其中 6 个用于实现时、分、秒显示，2 个数码管显示 "–"。

2）分钟、秒为六十进制计数，小时为二十四进制计数。

3）8 个数码管用动态扫描方式连接。

4）单片机使用 STC15W4K32S4 芯片。

5）用 CAD 软件（Altium Designer）绘制硬件原理图，并根据原理图绘制 Proteus 仿真电路图，并用 Proteus 仿真。

4.6.2　项目硬件电路设计

数字电子时钟的硬件由单片机电路、电源电路、复位电路、晶振电路、数码管显示电路及数码管驱动电路组成，具体框图如图 4.13 所示。

1. 单片机电路

项目使用 STC15W4K32S4 单片机，该单片机的具体介绍见前面章节。

2. 电源电路

数字电子钟使用 5 V 电源，其电源电路输入 8～12 V，输出 5 V，使用 LM1117-5 V 芯片实现，具体电路图如图 4.14 所示。

3. 复位和晶振电路

STC15W4K32S4 单片机内部具有复位和晶

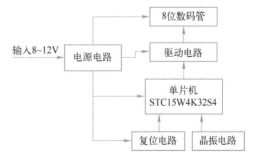

图 4.13　数字电子钟硬件框图

振电路，但为了与传统 51 单片机兼容，项目采用片外复位和晶振电路，复位电路使用 MAX810 芯片实现，晶振频率选择 12 MHz，具体电路如图 4.15 所示。

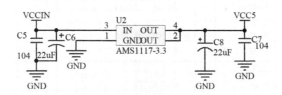

图 4.14　数字电子钟电源原理图

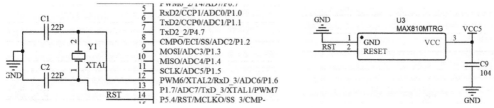

图 4.15　晶振及复位电路

4. 数码管显示电驱动电路

由于传统 51 系列单片机的灌电流能力强，对数码管的段选端一般为低电平有效，因此多位数码管选择共阳极数码管，由于点亮一位数码管的电流较大，一般超过 40 mA，需要加驱动电路，采用 PNP 晶体管驱动，具体电路如图 4.16 所示。在 Proteus 仿真电路图中，由于 PNP 晶体管仿真有问题，改用 74HC04 代替 PNP 晶体管。

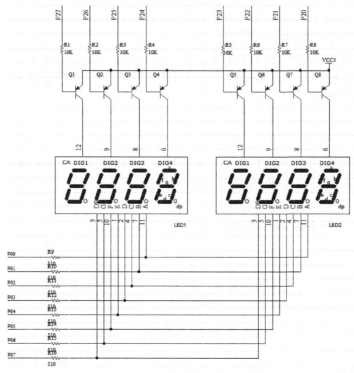

图 4.16　数码管显示电路

数字电子钟的整体电路图及仿真图分别如图 4.17 和图 4.18 所示。

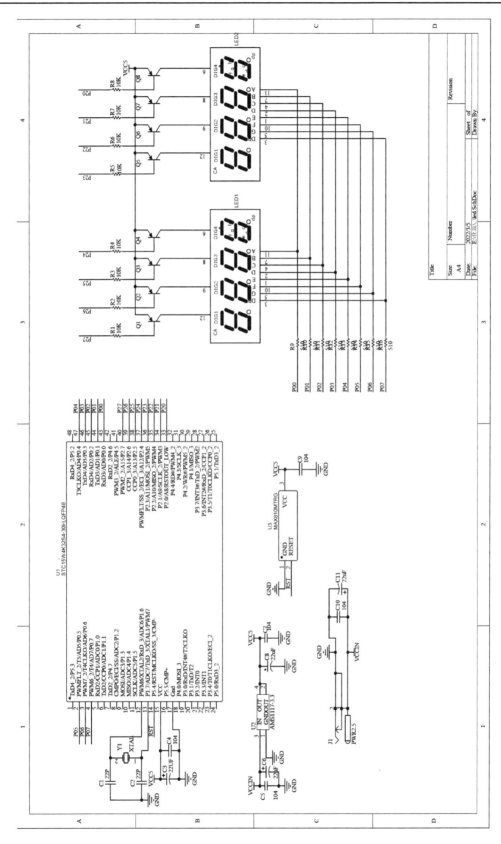

图 4.17　数字电子钟电路原理图

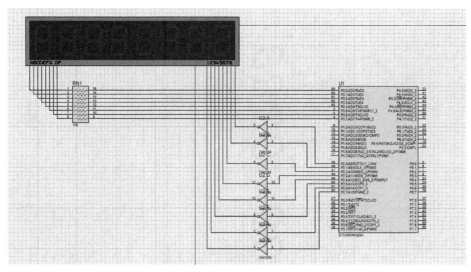

图 4.18　数字电子钟仿真电路图

4.6.3　项目程序设计

实现数字电子钟功能、1 s 延时和动态扫描的延时都需要使用定时器实现，整个程序的实现框图包括主程序框图和中断服务程序框图。

（1）主程序框图

数字电子钟的主程序框图如图 4.19 所示，其实现过程如下：

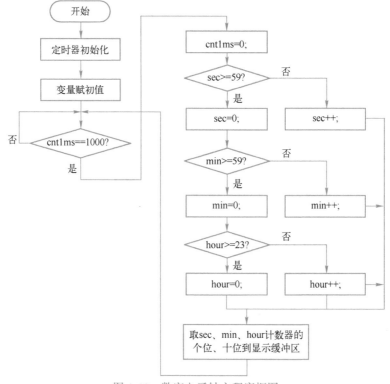

图 4.19　数字电子钟主程序框图

1）定时器初始化，实现 1 ms 的延时，使用定时/计数器 0 方式 1 实现。

2）变量赋初值，显示赋初值，计数变量清 0，cnt1ms 表示 1 ms 一次计数，sec、min 和 hour 分别表示秒、分钟和小时计数器，cntbit 是表示数码管个数的计数器，由于程序中使用 8 位数码管，因此该变量实现八进制计数器，对应 8 个数码管，cnt1ms 是 unsigned int 类型变量，cntbit、sec、min、和 hour 为 unsigned char 类型变量，变量可以定义时直接清 0。

3）判断计时是否到 1 s，到 1 s 继续执行。

4）cnt1ms 清 0。

5）实现 sec、min 和 hour 计数，sec 和 min 是六十进制计数器，hour 为二十四进制计数器。

6）取 sec、min、和 hour 的个位、十位到显示缓冲区，以便在中断服务程序中显示。

（2）中断服务程序框图

数字电子钟的中断服务程序框图如图 4.20 所示，其实现过程如下：

1）重赋初值。

2）在对应数码管显示相应的数值，不同的计数值表示相应的数码管点亮，并显示相应的数值。

采用查表法，设对应数码管的位码和段码，直接赋值具体实现如下：

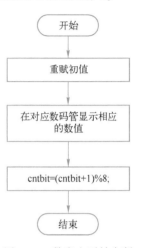

图 4.20 数字电子钟中断服务程序框图

```
unsigned char code ledbit[] = {0xfe,0xfd,0xfb,0xf7,0xef,0xdf,0xbf,0x7f};       //位码
unsigned char code ledseg[] = {0xc0,0xf9,0xa4,0xb0,0x99,0x92,0x82,0xf8,0x80,0x90};
                                                                              //共阳极段码
P2 = ledbit[cntbit];                                                          //赋位码
P0 = ledbuf[cntbit];                                                          //赋段码
```

ledbuf[] 是显示缓冲，在主程序中，各位数码管显示的值赋值给数组 ledbuf[]。

3）八进制计数器，使用对 8 求余数，实现八进制计数器。

（3）程序清单

程序代码如下：

```
#include <STC51.h>
unsigned char code ledbit[] = {0xfe,0xfd,0xfb,0xf7,0xef,0xdf,0xbf,0x7f};       //位码
unsigned char code ledseg[]
  = {0xc0,0xf9,0xa4,0xb0,0x99,0x92,0x82,0xf8,0x80,0x90};                      //段码
unsigned char cntbit = 0;                                                     //数码管位计数器
unsigned char ledbuf[8];                                                      //显示缓冲区
unsigned int cnt1ms = 0;                                                      //1 ms 计数器
unsigned char sec = 0,hour = 0,min = 0;                                       //秒、分钟、小时计数器
unsigned char secunt = 0,secten = 0,hourunt = 0,hourten = 0,minunt = 0,minten = 0; //时、分、秒的个位、十位
void TIM0_Init(void)                                                          //定时器 0 初始化
{
    TMOD = 1;
    TH0 = (65536-1000)>>256;
    TL0 = 65536-1000;
    TR0 = 1;
```

```
        ET0 = 1;
        EA = 1;
    }
    void TIM0_IRQHandler(void) interrupt 1        //定时器 0 中断服务程序
    {
        TH0 = (65536 - 1000) >> 8;
        TL0 = 65536 - 1000;
        P2 = ledbit[cntbit];
        P0 = ledbuf[cntbit];
        cntbit++;
        cntbit = cntbit % 8;
        cnt1ms++;
    }
    void main(void)
    {
        TIM0_Init();
        ledbuf[0] = ledseg[secunt];               //显示初始化
        ledbuf[1] = ledseg[secten];
        ledbuf[2] = 0xbf;
        ledbuf[3] = ledseg[minunt];
        ledbuf[4] = ledseg[minten];
        ledbuf[5] = 0xbf;
        ledbuf[6] = ledseg[hourunt];
        ledbuf[7] = ledseg[hourten];
        sec = 0;                                  //时、分、秒计数器初始化
        min = 0;
        hour = 0;
        while(1) {
            if(cnt1ms == 1000) {
                cnt1ms = 0;
                if(sec >= 59)                     //秒计数器
                {
                    sec = 0;
                    if(min >= 59)                 //分计数器
                    {
                        min = 0;
                        if(hour >= 23)            //小时计数器
                            hour = 0;
                        else
                            hour++;
                    }
                    else
                        min++;
                }
                else
                    sec++;
                secunt = sec % 10;                //秒个位
                secten = sec / 10;                //秒十位
                minunt = min % 10;                //分个位
                minten = min / 10;                //分十位
                hourunt = hour % 10;              //小时个位
                hourten = hour / 10;              //小时十位
```

```
        ledbuf[0] = ledseg[secunt];      //秒个位赋值显示缓冲区
        ledbuf[1] = ledseg[secten];      //秒十位赋值显示缓冲区
        ledbuf[2] = 0xbf;                //" -"显示
        ledbuf[3] = ledseg[minunt];      //分个位赋值显示缓冲区
        ledbuf[4] = ledseg[minten];      //分十位赋值显示缓冲区
        ledbuf[5] = 0xbf;                //" -"显示
        ledbuf[6] = ledseg[hourunt];     //小时个位赋值显示缓冲区
        ledbuf[7] = ledseg[hourten];     //小时十位赋值显示缓冲区
    }
  }
}
```

4.6.4　调试结果

项目通过 Proteus 软件调试，通过以下过程验证项目功能：

1）Proteus 中的单片机加载程序 .hex 文件并运行，初始显示 00-00-00，同时验证显示程序正确，如图 4.21 所示。

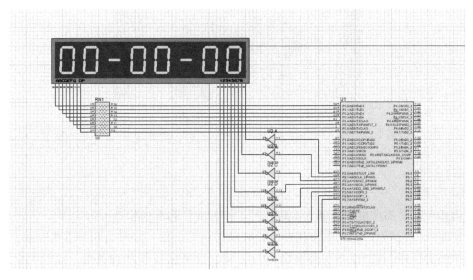

图 4.21　数字电子钟上初始显示

2）验证秒计数器的运行，秒计数器从 00-59-00，同时分钟计数器加 1，验证了秒计数器的功能，同时也验证数码管段码正确。

3）验证分钟计数器的运行，分钟计数器从 00-59，由于 60 min 时间过长，可以分两步验证，先验证个位和十位的进位，由于项目没加按键，通过修改程序的初始时间，sec = 57，min = 09，hour = 00，即初始时间为 00-09-57，经过几秒时间，可以验证进位是否正确，之后验证六十进制和向小时的进位，通过修改程序的初始时间，sec = 57，min = 59，hour = 00，即初始时间为 00-59-57，经过几秒时间，可以验证分钟计数器功能。

4）验证小时计数器的运行，小时计数器从 00-23，由于时间过长，可以分两步验证，先验证个位和十位的进位，由于项目没加按键，通过修改程序的初始时间，sec = 57，min = 59，hour = 09，即初始时间为 09-59-57，经过几秒时间，可以验证进位是否正确，之后验证二十四进制计数，通过修改程序的初始时间，sec = 57，min = 59，hour = 23，即初始时间为 23-59-57，经过几秒时间，可以验证小时计数器。

通过以上过程验证数字电子钟的功能，读者也可以通过按键设置初值，验证数字电子钟的功能，按键将在后续章节讲解。读者可以增加按键，增加设置功能，设置初始时间，通过蜂鸣器增加闹钟功能。

走进科学

奥运倒计时牌

图 4.22 为北京 2022 年冬季奥运会的奥运倒计时牌，上面显示了距离冬季奥运会召开的时间，时间一般可以使用 LED 数码管和 LCD 液晶来实现，由于 LED 数码管亮度更好，一般采用 LED 数码管实现。

图 4.22　奥运倒计时牌

习题与思考

1. STC15 系列单片机定时器 0 有哪几种工作方式？各有何特点？

2. 定时/计数器用作定时器使用时，计数脉冲由谁提供？定时时间与哪些因素有关？

3. 试编制程序，在 P1.0 引脚输出 1 Hz 方波，设晶振频率为 12 MHz，12T 模式。

4. 试编制程序，在 P3.5 引脚输出 1 kHz 方波，用可编程方波实现，设晶振频率为 12 MHz，12T 模式。

5. 试编制程序，在 P2.0 引脚输出 2 Hz 矩形波，占空比 10%，设晶振频率为 12 MHz，12T 模式。

6. 试编制程序，使定时器定时 50 ms 产生一次中断，使接在 P1.0 引脚的 LED 间隔 1 s 亮一次，每次持续 1 s，连续亮 10 次后停止工作。设晶振频率为 12 MHz。

7. 采用定时/计数器（T0）对外部脉冲进行计数，每计数 100 个脉冲后，T0 转为定时工作方式，定时 1 ms 后，又转为计数方式，如此循环不止。假定 STC15 单片机的晶振频率为 12 MHz，要求编写出程序。

8. 陈述 LED 动态扫描原理。

9. 根据图 4.18，编写程序实现 0~99999999 计数器，每计一次数时间为 500 ms，延时用定时器实现，并说明调试过程。

项目 5　串行通信技术

1. 串行通信基础知识
2. STC15W4K32S4 单片机串行口控制寄存器
3. STC15W4K32S4 单片机串行口的工作方式
4. STC15W4K32S4 单片机串行口通信技术应用

学习要求

1. STC15W4K32S4 单片机串行口控制寄存器的设置
2. 串口通信波特率的选择与设计
3. 掌握简单流水灯的设计和编程
4. 掌握开关量指示电路的设计
5. 掌握主从多级通信系统的设计

学习内容

5.1　串行口的结构

通信是人们传递信息的方式。计算机通信是将计算机技术和通信技术相结合，完成计算机与外部设备或计算机与计算机之间的信息交换。这种信息交换可分为两种方式：并行通信与串行通信。

1. 并行通信

并行通信通常是将数据字节的各位用多条数据线同时进行传送。如图 5.1 所示，并行通信的特点：控制简单、传输速度快；由于传输线较多，长距离传送时成本高且接收方的各位同时接收存在困难。

2. 串行通信

串行通信是单片机与外界交换信息的一种基本通信方式。串行通信对单片机而言意义重大，不但可以实现将单片机的数据传输到计算机端，而且能实现计算机对单片机的控制。由于串行通信所需电缆线少，接线简单，所以在较远距离传输中，得到了广泛应用。

串行通信是将数据字节分成一位一位的形式在一条传输线上逐个地传送。

图 5.1　并行通信方式

串行通信的特点：传输线少，长距离传送时成本低，且可以利用电话网等现成的设备，但数据的传送控制比并行通信复杂。如图 5.2 所示。

图 5.2　串行通信方式

（1）串行通信的分类

按照串行通信数据的时钟控制方式，串行通信分为异步通信和同步通信两类。

1）异步通信。异步通信是指通信的发送与接收设备使用各自的时钟控制数据的发送和接收过程。为使双方的收发协调，要求发送和接收设备的时钟尽可能一致。

在异步通信方式中，数据是以字符（构成的帧）为单位进行传输的，字符与字符之间的间隙（时间间隙）是任意的，但每个字符中的各位是以固定的时间传送的，即字符之间不一定有"位间隙"的整数倍关系，但同一字符内的各位之间的距离均为"位间隔"的整数倍。如图 5.3 所示。

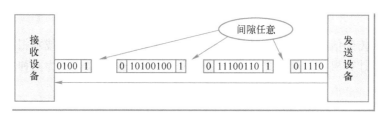

图 5.3　异步通信方式

异步通信方式的一帧信息由四部分组成：起始位、数据位、校验位和停止位。

在异步通信方式中，首先发送起始位，起始位用"0"表示数据传送的开始；然后发送数据，从低位到高位逐位传送；发送完数据后，再发送校验位（也可以省略）；最后发送停止位"1"，表示一帧信息发送完毕。如图 5.4 所示。

异步通信字符帧格式如下：

起始位：位于字符帧开头，占用一位，用来通知接收设备一个字符将要发送，准备接收。线路上不传送数据时，应保持为"1"。接收设备不断检测线路的状态，若在连续收到

"1"以后，又收到一个"0"，就准备接收数据。

图 5.4　异步通信数据帧格式

数据位：可根据情况取 5 位、6 位、7 位或 8 位，但通常情况下为 8 位，发送时低位在前，高位在后。

校验位：通常是奇偶校验，占用一位，在数据传送中也可不用，由用户自己决定。

停止位：用于向接收设备表示一帧字符信息发送完毕。停止位通常可取 1 位、1.5 位或 2 位。

异步通信的特点：不要求收发双方时钟的严格一致，实现容易，设备开销较小，但每个字符要附加 2~3 位用于起止位，各帧之间还有间隔，因此传输效率不高。

2）同步通信。同步通信是要建立发送方时钟对接收方时钟的直接控制，使双方达到完全同步。

① 同步时钟。

② 同步字符 SYN 如图 5.5 所示。

3）波特率。波特率即数据传送率，表示每秒传送二进制数码的位数，单位是 bit/s（位/秒）。在串行通信中，波特率是一个很重要的指标，它反映了串行通信的速率，波特率越高，数据传输速率越快。假如在异步传送方式中，数据的传送率是 240 字符/s，每个字符由 1 个起始位、8 个数据位和 1 个停止位组成，则传送波特率为

$$10\,\text{bit/字符} \times 240\,\text{字符/s} = 2400\,\text{bit/s}$$

一般异步通信的波特率在 50~9600 bit/s 之间，同步通信可达 56 kbit/s 或更高。

（2）串行通信的制式

在串行通信中，数据在两个站之间传送。按照数据传送方向及时间关系，串行通信分为单工（Simple Duplex），半双工（Half Duplex）和全双工（Full Duplex）三种制式。

1）单工通信。在单工制式下，通信线的一端接发送器，一端接接收器，只允许一个方向传输数据，不能实现反向传输。如图 5.6 所示。

图 5.5　同步通信方式

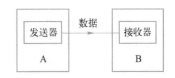

图 5.6　单工通信

2）半双工通信。在半双工制式下，系统的每个通信设备都由一个发送器和一个接收器组成，使用一条（或一对）传输线。

半双工制式允许两个方向传输数据，但不能同时传输，需要分时进行，如当 S1 闭合时，数据从 A 到 B；当 S2 闭合时，数据从 B 到 A。如图 5.7 所示。

3）全双工通信。全双工制式通信系统的每端都有发送器和接收器，使用两条（或两对）传输线，允许两个方向同时进行数据传输。如图 5.8 所示。

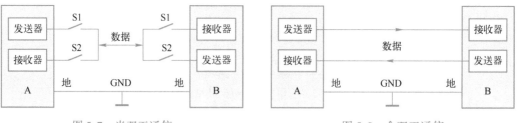

图 5.7　半双工通信　　　　　　　　　　　图 5.8　全双工通信

（3）串行口的结构

STC15W4K32S4 系列单片机中有 4 个串行口，它可作 UART 用，也可作同步移位寄存器用。其基本原理与控制方法基本一致。UART 串行口的结构如图 5.9 所示，可分为两大部分：波特率发生器和串行口。

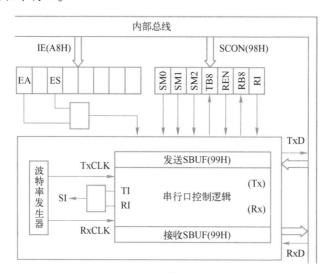

图 5.9　UART 串行口的结构

串行口的内部包含：

1）接收寄存器 SBUF 和发送寄存器 SBUF：它们在物理上是隔离的，但是占用同一个地址 99H。

2）串行口控制逻辑：接收来自波特率发生器的时钟信号 TxCLOCK（发送时钟）和 Rx-CLOCK（接收时钟）；控制内部的输入移位寄存器将外部的串行数据转换为并行数据，并控制输出移位寄存器将内部的并行数据转换为串行数据输出；同时还控制串行中断（RI 和 TI）。

3）串行口控制寄存器：SCON。

4）串行数据输入/输出引脚：TxD（P3.1）为串行输出，RxD（P3.0）为串行输入。

STC15W4K32S4 系列单片机内部有 4 个可编程全双工串行通信接口，它们具有 UART 的全部功能。每个串行口的数据缓冲器由两个相互独立的接收缓冲器和发送缓冲器构成，可以同时发送和接收数据。发送数据缓冲器只能写入而不能读出，接收缓冲器只能读出而不能写入，因而两个缓冲器可以共用一个地址码。

串行口 1 的两个数据缓冲器（SBUF）的共用地址码是 99H。当对 SBUF 进行读操作（x=SBUF;）时，操作对象是串行口 1 的接收数据缓冲器；当对 SBUF 进行写操作（SBUF=x;）时，操作对象是串行口 1 的发送数据缓冲器。

STC15W4K32S4 单片机串行口 1 默认对应的发送、接收引脚是 TxD/P3.1、RxD/P3.0，通过设置 P_SW1 中的 S1_S1、S1_S0 控制位，串行口 1 的 TxD、RxD 硬件引脚可切换为 P1.7、P1.6 或 P3.7、P3.6。

5.1.1 串行口控制寄存器

1. 串行口 1

与串行口 1 有关的特殊功能寄存器包括：串行口 1 的控制寄存器、与波特率设置有关的定时器/计数器（T1/T2）相关寄存器以及与中断控制相关的寄存器，见表 5.1。

表 5.1 串行口 1 相关的特殊功能寄存器

地址	B7	B6	B5	B4	B3	B2	B1	B0	复位值	寄存器
98H	SM0/FE	SM1	SM2	REN	TB8	RB8	TI	RI	0000 0000	SCON
99H	串行口 1 数据缓冲器								xxxx xxxx	SBUF
87H	SMOD	SMOD0	LVDF	POF	GF1	GF0	PD	IDL	0011 0000	PCON
8EH	T0x12	T1x12	UART_M0x6	T2R	T2_C/$\overline{T}$	T2x12	EXTRAM	S1ST2	0000 0000	AUXR
8AH	T1 的低 8 位								0000 0000	TL1
8BH	T1 的高 8 位								0000 0000	TH1
D7H	T2 的低 8 位								0000 0000	T2L
D6	T2 的高 8 位								0000 0000	T2H
89H	GATE	C/$\overline{T}$	Ml	M0	GATE	C/$\overline{T}$	M1	M0	0000 0000	TMOD
88H	TF1	TR1	TF0	TR0	IE1	IT1	IE0	IT0	0000 0000	TCON
A8H	EA	ELVD	EADC	ES	ET1	EXI	ET0	EX0	0000 0000	IE
B8H	PPCA	PLVD	PADC	PS	PT1	PX1	PT0	PX0	0000 0000	IP
A2H	S1_S1	S1_S0	CCP_S1	CCP_S0	SPI_S1	SPI_S0	0	DPS	0000 0000	P_SW1（AUXR1）

（1）串行口 1 控制寄存器 SCON

串行口 1 控制寄存器 SCON 用于设定串行口 1 的工作方式、允许接收控制以及设置状态标志。字节地址为 98H，可进行位寻址。单片机复位时，所有位全为 "0"。其格式如下：

寄存器	地址	B7	B6	B5	B4	B3	B2	B1	B0	复位值
SCON	98H	SM0/FE	SM1	SM2	REN	TB8	RB8	TI	RI	0000 0000

SM0/FE、SM1：

PCON 寄存器中的 SMOD0 位为 "1" 时，SM0/FE 用于帧错误检测。当检测到一个无效停止位时，通过 UART 接收器设置该位，它由软件清零。

PCON 寄存器中的 SMOD0 为 "0" 时，SM0/FE 和 SM1 一起指定串行通信的工作方式，见表 5.2。

表 5.2　串行口 1 方式选择位

SM0/FE	SM1	工作方式	功　能	波　特　率
0	0	方式 0	8 位同步移位寄存器	$f_{sys}/12$ 或 $f_{sys}/2$
0	1	方式 1	10 位 UART	可变，取决于 T1 或 T2 的溢出率
1	0	方式 2	11 位 UART	$f_{sys}/64$ 或 $f_{sys}/32$
1	1	方式 3	11 位 UART	可变，取决于 T1 或 T2 的溢出率

SM2：多机通信控制位，用于方式 2 和方式 3。在方式 2 和方式 3 处于接收状态时，若 SM2=1，且接收到的第 9 位数据 RB8 为 "0" 时，不激活 RI；若 SM2=1，且 RB8=1，置位 RI 标志。在方式 2、方式 3 处于接收状态时，若 SM2=0，不论接收到的第 9 位 RB8 为 "0" 还是为 "1"，RI 都以正常方式被激活。

注：串行接收中，不激活 RI，意味着无法接收串行接收缓冲器中的数据，即数据丢失。

REN：允许串行接收控制位。由软件置位或清零。REN=1 时，启动接收；REN=0 时，禁止接收。

TB8：在方式 2 和方式 3 中，串行发送数据的第 9 位，由软件置位或复位，可作为奇偶校验位。在多机通信中，可作为区别地址帧或数据帧的标识位。一般约定，作为地址帧时，TB8 为 "1"；作为数据帧时，TB8 为 "0"。

RB8：在方式 2 和方式 3 中，是串行接收到的第 9 位数据，作为奇偶校验位或地址帧、数据帧的标识位。

TI：发送中断标志位。在方式 0 中，发送完 8 位数据后，由硬件置位；在其他方式中，在发送停止位之初由硬件置位。TI 是发送完一帧数据的标志，既可以用查询的方法，也可以用中断的方法来响应该标志；然后，在相应的查询服务程序或中断服务程序中，由软件清除。

RI：接收中断标志位。在方式 0 中，接收完 8 位数据后，由硬件置位；在其他方式中，在接收停止位的中间由硬件置位。RI 是接收完一帧数据的标志，同 TI 一样，既可以用查询的方法，也可以用中断的方法来响应该标志；然后，在相应的查询服务程序或中断服务程序中，由软件清除。

（2）辅助寄存器 AUXR

辅助寄存器 AUXR 的格式如下：

寄存器	地址	B7	B6	B5	B4	B3	B2	B1	B0	复位值
AUXR	8EH	T0x12	T1x12	UART_.M0x6	T2R	T2_C/$\overline{\text{T}}$	T2x12	EXTRAM	S1ST2	0000 0000

UART_M0x6：串行口 1 方式 0 通信速率设置位。UART_M0x6=0，串行口方式 0 的通信速率与传统 8051 单片机一致，波特率为系统时钟频率的 12 分频，即 $f_{sys}/12$；UART_M0x6=1，串行口 1 方式 0 的通信速率是传统 8051 单片机通信速率的 6 倍，波特率为系统时钟频率的 2 分频，即 $f_{sys}/2$。

S1ST2：当串行口 1 工作在方式 1、方式 3 时，S1ST2 为串行口 1 波特率发生器选择控制位。S1ST2＝0 时，选择定时器 T1 为波特率发生器；S1ST2＝1，选择定时器 T2 为波特率发生器。

T1x12、T2R、T2_C/$\overline{\text{T}}$、T2x12：与定时器 T1、T2 有关的控制位。

2. 串行口 2

串行口 2 默认对应的发送、接收引脚是 TxD2/P1.1、RxD2/P1.0，通过 P_SW2 设置 S2_S 控制位，串行口 2 的 TxD2、RxD2 硬件引脚可切换为 P4.7、P4.6。

与单片机串行口 2 有关的特殊功能寄存器有：单片机串行口 2 控制寄存器、与波特率设置有关的定时器/计数器 T2 的相关寄存器、与中断控制相关的寄存器，见表 5.3。

表 5.3　串行口 2 相关的特殊功能寄存器

地址	B7	B6	B5	B4	B3	B2	B1	B0	复位值	寄存器
9AH	S2SM0	—	S2SM2	S2REN	S2TB8	S2RB8	S2TI	S2RI	0x00 0000	S2CON
9BH	串行口 2 数据缓冲器								xxxx xxxx	S2BUF
D7H	T2 的低 8 位								0000 0000	T2L
D6H	T2 的高 8 位								0000 0000	T2H
8EH	T0x12	T1x12	UART_M0x6	T2R	T2_C/$\overline{\text{T}}$	T2x12	EXTRAM	S1ST2	0000 0000	AUXR
AFH	—	ET4	ET3	ES4	ES3	ET2	ESPI	ES2	x000 0000	IE2
B5H	—	—	—	—	PPWMFD	PPWM	PSPI	PS2	xxxx 0000	IP2
BAH	—	—	—	—		S4_S	S3_S	S2_S	xxxx x000	P_SW2

（1）串行口 2 控制寄存器 S2CON

串行控制寄存器 S2CON 用于设定串行口 2 的工作方式、串行接收控制以及设置状态标志。字节地址为 9AH，其格式如下：

寄存器	地址	B7	B6	B5	B4	B3	B2	B1	B0	复位值
S2CON	9AH	S2SM0	—	S2SM2	S2REN	S2TB8	S2RB8	S2TT	S2RI	0x00 0000

S2SM0：用于指定串行口 2 的工作方式，见表 5.4，串行口 2 的波特率为 T2 定时器溢出率的 1/4。

表 5.4　S2SM0 说明

S2SM0	工 作 方 式	功　　能	波　特　率
0	方式 0	8 位 UART	T2 溢出率的 1/4
1	方式 1	9 位 UART	

S2SM2：串行口 2 多机通信控制位，用于方式 1。在方式 1 处于接收时，若 S2SM2＝1，且接收到的第 9 位数据 S2RB8 为 "0"，不激活 S2RI；若 S2SM2＝1，且 S2RB8＝1，置位 S2RI 标志。在方式 1 处于接收方式，若 S2SM2＝0，不论接收到的第 9 位 S2RB8 为 "0" 还是为 "1"，S2RI 都以正常方式被激活。

S2REN：允许串行口 2 接收控制位。由软件置位或清零。S2REN＝1 时，启动接收；S2REN＝0 时，禁止接收。

S2TB8：串行口 2 发送数据的第 9 位。在方式 1 中，由软件置位或复位，可作奇偶校验位。在多机通信中，可作为区别地址帧或数据帧的标识位。一般约定，作为地址帧时，S2TB8 为"1"；作为数据帧时，S2TB8 为"0"。

S2RB8：在方式 1 中，是串行口 2 接收到的第 9 位数据，作为奇偶校验位或地址帧、数据帧的标识位。

S2TI：串行口 2 发送中断标志位。在发送停止位之初，由硬件置位。S2TI 是发送完一帧数据的标志，既可以用查询的方法，也可以用中断的方法来响应该标志。然后，在相应的查询服务程序或中断服务程序中，由软件清除。

S2RI：串行口 2 接收中断标志位。在接收停止位的中间，由硬件置位。S2RI 是接收完一帧数据的标志，同 S2TI 一样，既可以用查询的方法，也可以用中断的方法来响应该标志。然后，在相应的查询服务程序或中断服务程序中，由软件清除。

（2）串行口 2 数据缓冲器 S2BUF

S2BUF 是串行口 2 的数据缓冲器，同 SBUF 一样，S2BUF 一个地址对应两个物理上的缓冲器。当对 S2BUF 写操作时，对应的是串行口 2 的发送缓冲器，同时写缓冲器操作是串行口 2 的启动发送命令；当对 S2BUF 读操作时，对应的是串行口 2 的接收缓冲器，用于读取串行口 2 串行接收进来的数据。

（3）串行口 2 的中断控制 IE2、IP2

IE2 的 ES2 位是串行口 2 的中断允许位，"1"表示允许，"0"表示禁止。

IP2 的 PS2 位是串行口 2 的中断优先级的设置位，"1"表示高级，"0"表示低级。串行口 2 的中断向量地址是 0043H，其中断号是 8。

3. 串行口 3

串行口 3 默认对应的发送、接收引脚是 TxD3/P0.1、RxD3/P0.0，通过设置 P_SW2 的 S3_S 控制位，串行口 3 的 TxD3、RxD3 硬件引脚可切换为 P5.1、P5.0。

与单片机串行口 3 有关的特殊功能寄存器有：单片机串行口 3 控制寄存器，与波特率设置有关的定时器/计数器 T2、T3 的相关寄存器，与中断控制相关的寄存器，见表 5.5。

表 5.5　串行口 3 相关的特殊功能寄存器

地址	B7	B6	B5	B4	B3	B2	B1	B0	复位值	寄存器
ACH	S3SM0	S3ST3	S3SM2	S3REN	S3TB8	S3RB8	S3TI	S3RI	0000 0000	S3CON
ADH	串行口 3 数据缓冲器								xxxx xxxx	S3BUF
D7H	T2 的低 8 位								0000 0000	T2L
D6H	T2 的高 8 位								0000 0000	T2H
8EH	T0x12	T1x12	UART M0x6	T2R	T2_C/$\overline{\text{T}}$	T2x12	EXTRAM	S1ST2	0000 0000	AUXR
D4H	T3 的低 8 位								0000 0000	T3L
D5H	T3 的高 8 位								0000 0000	T3H
D1H	T4R	T4_C/$\overline{\text{T}}$	T4x12	T4CLK	T3R	T3_C/$\overline{\text{T}}$	T3x12	T3CLK	0000 0000	T4T3M
AFH	—	ET4	ET3	ES4	ES3	ET2	ESPI	ES2	x000 0000	IE2
BAH	—	—	—	—	—	S4_S	S3_S	S2_S	xxxx x000	P_SW2

（1）串行口 3 控制寄存器 S3CON

串行口 3 控制寄存器 S3CON 用于设定串行口 3 的工作方式、串行接收控制以及设置状态标志。字节地址为 ACH，单片机复位时，所有位全为 0，其格式如下：

寄存器	地址	B7	B6	B5	B4	B3	B2	B1	B0	复位值
S3CON	ACH	S3SM0	S3ST3	S3SM2	S3REN	S3TB8	S3RB8	S3TI	S3RI	0000 0000

S3SM0：用于指定串行口 3 的工作方式，见表 5.6。

表 5.6 S3SM0 说明

S3SM0	工 作 方 式	功　能	波　特　率
0	方式 0	8 位 UART	T2 溢出率的 1/4 或 T3 溢出率的 1/4
1	方式 1	9 位 UART	

S3ST3：串行口 3 选择波特率发生器控制位。

0：选择定时器 T2 为波特率发生器，其波特率为 T2 溢出率的 1/4。

1：选择定时器 T3 为波特率发生器，其波特率为 T3 溢出率的 1/4。

S3SM2：串行口 3 多机通信控制位，用于方式 1。在方式 1 处于接收状态时，若 S3SM2 = 1，且接收到的第 9 位数据 S3RB8 为 "0" 时，不激活 S3RI；若 S3SM2 = 1，且 S3RB8 = 1，置位 S3RI 标志。在方式 1 处于接收方式时，若 S3SM2 = 0，不论接收到第 9 位数据 S3RB8 为 "0" 还是为 "1"，S3RI 都以正常方式被激活。

S3REN：允许串行口 3 串行接收控制位。由软件置位或清零。S3REN = 1 时，启动接收；S3REN = 0 时，禁止接收。

S3TB8：串行口 3 发送数据的第 9 位。在方式 1 中，由软件置位或复位，可作奇偶校验位；在多机通信中，可作为区别地址帧或数据帧的标识位，一般约定地址帧时 S3TB8 为 1，数据帧时 S3TB8 为 0。

S3RB8：在方式 1 中，是串行口 3 接收到的第 9 位数据，作为奇偶校验位或地址帧、数据帧的标识位。

S3TI：串行口 3 发送中断标志位。在发送停止位之初由硬件置位。S3TI 是发送完一帧数据的标志，既可以用查询的方法，也可以用中断的方法来响应该标志。然后，在相应的查询服务程序或中断服务程序中，由软件清除。

S3RI：串行口 3 接收中断标志位。在接收停止位的中间由硬件置位。S3RI 是接收完一帧数据的标志，同 S3TI 一样，既可以用查询的方法，也可以用中断的方法来响应该标志，然后，在相应的查询服务程序或中断服务程序中，由软件清除。

（2）串行口 3 数据缓冲器 S3BUF

S3BUF 是串行口 3 的数据缓冲器，同 SBUF 一样，S3BUF 一个地址对应两个物理上的缓冲器。当对 S3BUF 写操作时，对应的是串行口 3 的发送缓冲器，同时写缓冲器操作是串行口 3 的启动发送命令；当对 S3BUF 读操作时，对应的是串行口 3 的接收缓冲器，用于读取串行口 3 串行接收的数据。

（3）串行口 3 的中断控制 IE2

IE2 的 ES3 位是串行口 3 的中断允许位，"1" 表示允许，"0" 表示禁止。

串行口 3 的中断向量地址是 008BH，其中断号是 17；串行口 3 的中断优先级固定为低级。

4. 串行口 4

串行口 4 默认对应的发送、接收引脚是 TxD4/P0.3、RxD4/P0.2，通过设置 P_SW2 的 S4_S 控制位，串行口 4 的 TxD4、RxD4 硬件引脚可切换为 P5.3、P5.2。

与单片机串行口 4 有关的特殊功能寄存器有：单片机串行口 4 控制寄存器，与波特率设置有关的定时器/计数器 T2、T4 的相关寄存器，以及与中断控制相关的寄存器，见表 5.7。

表 5.7   串行口 4 相关的特殊功能寄存器

地址	B7	B6	B5	B4	B3	B2	B1	B0	复位值	寄存器
84H	S4SM0	S4ST4	S4SM2	S4REN	S4TB8	S4RB8	S4TI	S4RI	0000 0000	S4CON
85H	串行口 3 数据缓冲器								xxxx xxxx	S4BUF
D7H	T2 的低 8 位								0000 0000	T2L
D6H	T2 的高 8 位								0000 0000	T2H
8EH	T0x12	T1x12	UART M0x6	T2R	T2_C/$\overline{\text{T}}$	T2x12	EXTRAM	S1ST2	0000 0000	AUXR
D2H	T4 的低 8 位								0000 0000	T4L
D3H	T4 的高 8 位								0000 0000	T4H
D1H	T4R	T4_C/$\overline{\text{T}}$	T4x12	T4CLK	T3R	T3_C/$\overline{\text{T}}$	T3x12	T3CLK	0000 0000	T4T3M
AFH	—	ET4	ET3	ES4	ES3	ET2	ESPI	ES2	x000 0000	IE2
BAH	—	—	—	—	—	S4_S	S3_S	S2_S	xxxx x000	P_SW2

（1）串行口 4 控制寄存器 S4CON

串行口 4 控制寄存器 S4CON 用于设定串行口 4 的工作方式、串行接收控制以及设置状态标志。字节地址为 84H。单片机复位时，所有位全为 "0"，其格式如下：

寄存器	地址	B7	B6	B5	B4	B3	B2	B1	B0	复位值
S4CON	84 H	S4SM0	S4ST3	S4SM2	S4REN	S4TB8	S4RB8	S4TI	S4RI	0000 0000

S4SM0：用于指定串行口 4 的工作方式，见表 5.8。

表 5.8   S4SM0 说明

S4SM0	工 作 方 式	功　　能	波　特　率
0	方式 0	8 位 UART	T2 溢出率的 1/4 或 T4 溢出率的 1/4
1	方式 1	9 位 UART	

S4ST4：串行口 4 选择波特率发生器控制位。

0：选择定时器 T2 为波特率发生器，其波特率为 T2 溢出率的 1/4。

1：选择定时器 T4 为波特率发生器，其波特率为 T4 溢出率的 1/4。

S4SM2：串行口 4 多机通信控制位，用于方式 1。在方式 1 处于接收时，若 S4SM2＝1，且接收到的第 9 位数据 S4RB8 为 "0"，不激活 S4RI；若 S4SM2＝1，且 S4RB8＝1，置位 S4RI 标志。在方式 1 处于接收状态下，若 S4SM2＝0，不论接收到第 9 位数据 S4RB8 为 "0" 还是为 "1"，S4RI 都以正常方式被激活。

S4REN：允许串行口 4 接收控制位。由软件置位或清零。S4REN＝1 时，启动接收；S4REN＝0 时，禁止接收。

S4TB8：串行口 4 发送数据的第 9 位。在方式 1 中，由软件置位或复位，可作奇偶校验位；在多机通信中，可作为区别地址帧或数据帧的标识位。一般约定，作为地址帧时，S4TB8 为 "1"；作为数据帧时，S4TB8 为 "0"。

S4RB8：在方式 1 中，是串行口 4 接收到的第 9 位数据，作为奇偶校验位或地址帧、数据帧的标识位。

S4TI：串行口 4 发送中断标志位。在发送停止位之初由硬件置位。S4TI 是发送完一帧数据的标志，既可以用查询的方法，也可以用中断的方法来响应该标志。然后，在相应的查询服务程序或中断服务程序中，由软件清除。

S4RI：串行口 4 接收中断标志位。在接收停止位的中间由硬件置位。S4RI 是接收完一帧数据的标志，同 S4TI 一样，既可以用查询的方法，也可以用中断的方法来响应该标志。然后，在相应的查询服务程序或中断服务程序中，由软件清除。

（2）串行口 4 数据缓冲器 S4BUF

S4BUF 是串行口 4 的数据缓冲器，同 SBUF 一样，S4BUF 一个地址对应两个物理上的缓冲器。当对 S4BUF 写操作时，对应的是串行口 4 的发送缓冲器，同时写缓冲器操作是串行口 4 的启动发送命令；当对 S4BUF 读操作时，对应的是串行口 4 的接收缓冲器，用于读取串行口 4 串行接收的数据。

（3）串行口 4 的中断控制 IE2

IE2 的 ES4 位是串行口 4 的中断允许位，"1" 表示允许，"0" 表示禁止。串行口 4 的中断向量地址是 0093H，其中断号是 18；串行口 4 的中断优先级固定为低级。

5.1.2   特殊功能寄存器 PCON

PCON 主要是为单片机的电源控制而设置的专用寄存器，不可以位寻址，字节地址为 87H，复位值为 30H。其中，SMOD、SMOD0 与串行口控制有关，其格式与说明如下：

	地址	B7	B6	B5	B4	B3	B2	B1	B0	复位值
PCON	87H	SMOD	SMOD0	LVDF	POF	GF1	GF0	PD	IDL	0011 0000

SMOD：SMOD 为波特率倍增系数选择位。在方式 1、方式 2 和方式 3 时，串行通信的波特率与 SMOD 有关。当 SMOD＝0 时，通信速度为基本波特率；当 SMOD＝1 时，通信速度为基本波特率的 2 倍。

SMOD0：帧错误检测有效控制位。SMOD0＝1，SCON 寄存器中的 SM0/FE 用于帧错误检测；SMOD0＝0，SCON 寄存器中的 SM0/FE 用于 SM0 功能，与 SM1 一起指定串行口 1 的工作方式。

5.2 串行口工作方式

1. 串行口1的工作方式

STC15W4K32S4 单片机串行通信有 4 种工作方式。当 SMOD0＝0 时，通过设置 SCON 中的 SM0、SM1 位来选择。

（1）方式 0

在方式 0 下，串行口用作同步移位寄存器，其波特率为 $f_{sys}/12$（UART_M0x6 为"0"时）或 $f_{sys}/2$（UART_M0x6 为"1"时）。串行数据从 RxD（P3.0）端输入或输出，同步移位脉冲由 TxD（P3.1）送出。这种方式常用于扩展 I/O 口。

发送：当 TI＝0，一个数据写入串行口 1 发送缓冲器 SBUF 时，串行口 1 将 8 位数据以 $f_{sys}/12$ 或 $f_{sys}/2$ 的波特率从 RxD 引脚输出（低位在前）；发送完毕，置位中断请求标志 TI，并向 CPU 请求中断。再次发送数据之前，必须由软件清零 TI 标志。以方式 0 发送时，串行口可以外接串行输入/并行输出的移位寄存器，如 74LS164、CD4094、74HC595 等芯片，用来扩展并行输出口。

接收：当 RI＝0 时，置位 REN，串行口即开始从 RxD 端以 $f_{sys}/12$ 或 $f_{sys}/2$ 的波特率输入数据（低位在前）。接收完 8 位数据后，置位中断请求标志 RI，并向 CPU 请求中断。再次接收数据之前，必须由软件清零 RI 标志。

以方式 0 接收时，串行口可以外接并行输入/串行输出的移位寄存器，如 74LS165 芯片，用来扩展并行输入口。每当发送或接收完 8 位数据后，硬件自动置位 TI 或 RI；CPU 响应 TI 或 RI 中断后，必须由用户用软件清零。方式 0 时，SM2 必须为"0"。串行控制寄存器 SCON 中的 TB8 和 RB8 在方式 0 中未用。

（2）方式 1

串行口工作在方式 1 下时，串行口为波特率可调的 10 位通用异步 UART，一帧信息包括 1 位起始位（0）、8 位数据位和 1 位停止位（1）。

发送：当 TI＝0 时，数据写入发送缓冲器 SBUF 后，启动串行口发送过程。在发送移位时钟的同步下，从 TxD 引脚先送出起始位，然后是 8 位数据位，最后是停止位。一帧 10 位数据发送完毕，中断请求标志 TI 置"1"。方式 1 数据传输的波特率取决于定时器 T1 的溢出率或 T2 的溢出率。

接收：当 RI＝0 时，置位 REN，启动串行口接收过程。当检测到 RxD 引脚输入电平发生负跳变时，接收器以所选择波特率的 16 倍速率采样 RxD 引脚电平，以 16 个脉冲中的 7、8、9 三个脉冲为采样点，取两个或两个以上相同值为采样电平。若检测电平为低电平，说明起始位有效，并以同样的检测方法接收这一帧信息的其余位。接收过程中，8 位数据装入接收 SBUF。接收到停止位时，置位 RI，向 CPU 请求中断。

（3）方式 2

串行口工作在方式 2，串行口为 11 位 UART。一帧数据包括 1 位起始位（0）、8 位数据位、1 位可编程位（TB8）和 1 位停止位（1）。

发送：发送前，先根据通信协议，由软件设置好可编程位（TB8）。当 TI＝0 时，用指令将要发送的数据写入 SBUF，启动发送器的发送过程。在发送移位时钟的同步下，从 TxD

引脚先送出起始位，依次是 8 位数据位和 TB8，最后是停止位。一帧 11 位数据发送完毕后，置位发送中断标志 TI，并向 CPU 发出中断请求。在发送下一帧信息之前，TI 必须由中断服务程序或查询程序清零。

接收：当 RI＝0 时，置位 REN，启动串行口接收过程。当检测到 RxD 引脚输入电平发生负跳变时，接收器以所选择波特率的 16 倍速率采样 RxD 引脚电平，以 16 个脉冲中的 7、8、9 三个脉冲为采样点，取两个或两个以上相同值为采样电平。若检测电平为低电平，说明起始位有效，并以同样的检测方法接收这一帧信息的其余位。接收过程中，8 位数据装入接收 SBUF，第 9 位数据装入 RB8。接收到停止位时，若 SM2＝0 或 SM2＝1，且接收到的 RB8＝1，则置位 RI，向 CPU 请求中断；否则，不置位 RI 标志，接收数据丢失。

（4）方式 3

串行口工作在方式 3，串行口同方式 2 一样为 11 位 UART。方式 2 与方式 3 的区别在于波特率的设置方法不同，方式 2 的波特率为 $f_{sys}/64$（SMOD 为"0"）或 $f_{sys}/32$（SMOD 为"1"）；方式 3 数据传输的波特率同方式 1 一样，取决于定时器 T1 的溢出率或 T2 的溢出率。

对于以方式 3 发送的过程与接收过程，除发送、接收速率不同以外，其他过程和方式 2 完全一致。因方式 2 和方式 3 在接收过程中，只有当 SM2＝0 或 SM2＝1 且接收到的 RB8 为"1"时，才会置位 RI，向 CPU 申请中断请求接收数据；否则，不会置位 RI 标志，接收数据丢失，因此，方式 2 和方式 3 常用于多机通信中。

2. 串行口的波特率

在串行通信中，收、发双方对传送数据的速率（即波特率）要有一定的约定，才能正常通信。单片机的串行口 1 有 4 种工作方式。其中，方式 0 和方式 2 的波特率是固定的；方式 1 和方式 3 的波特率可变。串行口 1 由定时器 T1 的溢出率决定，串行口 2 由定时器 2 的溢出率决定。

（1）方式 0 和方式 2

在方式 0 中，波特率为 $f_{sys}/12$（UART_M0x6 为"0"时）或 $f_{sys}/2$（UART_M0x6 为"1"时）。

在方式 2 中，波特率取决于 PCON 中的 SMOD 值。当 SMOD＝0 时，波特率为 $f_{sys}/64$；当 SMOD＝1 时，波特率为 $f_{sys}/32$，即波特率 $=\dfrac{2^{SMOD}}{64}\cdot f_{sys}$。

（2）方式 1 和方式 3

在方式 1 和方式 3 下，波特率由定时器 T1 或定时器 T2 的溢出率决定。

1）当 S1ST2＝0 时，定时器 T1 为波特率发生器。波特率由定时器 T1 的溢出率（T1 定时时间的倒数）和 SMOD 共同决定，即方式 1 和方式 3 的波特率 $=\dfrac{2^{SMOD}}{32}\cdot$ T1 的溢出率。

其中，T1 的溢出率为 T1 定时时间的倒数，取决于单片机定时器 T1 的计数速率和定时器的预置值。计数速率与 TMOD 寄存器中的 $C/\overline{T}$ 位有关。当 $(C/\overline{T})＝0$ 时，计数速率为 $f_{sys}/12$（T1x12＝0 时）或 f_{sys}（T1x12＝1 时）；当 $C/\overline{T}＝1$ 时，计数速率为 T1 外部输入时钟频率。

当定时器 T1 作为波特率发生器使用时，通常工作在方式 0 或方式 2，即自动重装初始值的 16 位或 8 位定时器。为了避免溢出而产生不必要的中断，此时应禁止 T1 中断。

2）当 S1ST2＝1 时，定时器 T2 为波特率发生器。波特率为定时器 T2 溢出率（定时时间的倒数）的 1/4。

5.3 串行口通信技术应用

5.3.1 应用串行口控制流水灯

串行口工作方式 0 主要用于扩展并行 I/O 接口。扩展成并行输出口时，需要外接一片 8 位串行输入/并行输出的同步移位寄存器 74LS164 或 CD4094。扩展成并行输入口时，需要外接一片并行输入/串行输出的同步移位寄存器 74LS165 或 CD4014。

例 5.1 流水灯

【例 5.1】利用串行口工作在方式 0，外扩 74LS164 点亮 8 位 LED，完成流水灯功能。电路连接图如图 5.10 所示。

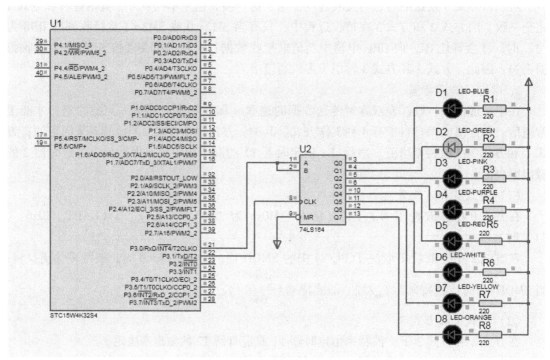

图 5.10 流水灯电路连接图

程序如下：

```c
#include <system. h>
#include <intrins. h>
sbit    LED=P1^0;
unsigned char i=0;
void delay_ms(unsigned int z)
{
unsigned int x,y,mid;
```

```
    mid = (unsigned int) ((float) fosc * z/Fre_Div);
    for(x = mid;x>0;x--)
      for(y = 123;y>0;y--);
  }
  main()
  {
  unsigned char i = 0,j = 0x7f;
      CLK_DIV& = ~ 0x07;
      SCON = 0x00;
      P1M1 = 0x00;
  P1M0 = 0x00;
      while(1)
          {
              SBUF = j;
              while(!TI);
              TI = 0;
              LED = ~ LED;
              j = _cror_(j,1);
              delay_ms(500);
          }
  }
```

延时程序:

```
#include "system. h"
void delay_ms(unsigned int z)
{
unsigned int x,y,mid;
    mid = (unsigned int) ((float) fosc * z/Fre_Div);
    for(x = mid;x>0;x--)
      for(y = 123;y>0;y--);
}
```

5.3.2　开关量指示电路的设计

【例 5.2】 有 U1 和 U2 两个 STC15W4K32S4 单片机,U2 单片机读入其 P1 口的开关状态后通过串行口发送到 U1 单片机,U1 单片机将接收到的数据送其 P1 口,通过发光二极管显示。

例 5.2　双机通信

1. 方式 1 发送

串行口以方式 1 发送时,数据由 TxD 引脚输出。在发送中断标志 TI = 0 时,任何一次"写入 SBUF"的操作,都可启动一次发送,串行口自动在数据前插入一个起始位 (0) 向 TxD 引脚输出,然后在移位脉冲作用下,数据依次由 TxD 引脚发出,在数据全部发送完毕后,置 TxD = 1 (作为停止位)、TI = 1 (用以通知 CPU 数据已发送完毕)。

2. 方式 1 接收

串行口以方式 1 接收时,数据从 RxD 引脚输入。在允许接收的条件下 (REN = 1),当检测到 RxD 端出现由"1"到"0"的跳变时,即启动一次接收。当 8 位数据接收完,并检查下列条件:

1) RI=0。

2) SM2=0 或接收到的停止位为1。

如满足上述条件，则将接收到的8位数据装入 SBUF、停止位装入 RB8，并置位 RI。如果不满足上述两个条件，就会丢失已接收到的一帧信息。

3. 串行口中断初始化设置

在串行口工作在方式1时，需要进行一些设置，主要是设置产生波特率的定时器 T1、串行口控制和中断控制。具体操作的步骤如下：

1) 确定 T2 的工作方式（设置 TMOD 寄存器）。

2) 计算 T2 的初值，送入 TH2、TL2。

3) 启动 T2 计时（置 TR2=1）。

4) 设置串行口为工作方式1（设置 SCON 寄存器）。

5) 串行口工作采用中断方式时，要进行中断设置（IE、IP 寄存器）。

4. 电路设计

单片机 U1、U2 的串行口引脚 RxD（P3.0）和 TxD（P3.1）相互交叉相连。单片机 U2 的 P1 口接 8 个开关、单片机 U1 的 P1 口接 8 个发光二极管。

电路连接图如图 5.11 所示。

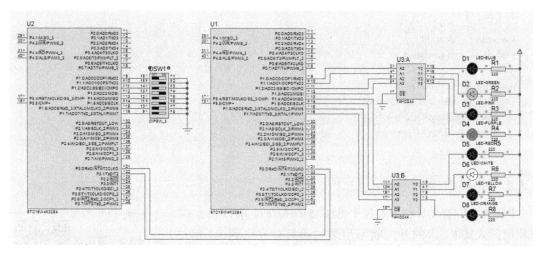

图 5.11   开关量指示电路连接图

U1 单片机通信接收程序如下：

```c
#include <system. h>
#include <intrins. h>
sbit   LED=P1^0;
unsigned char i=0;
main( )
{
unsigned char i=0;
    CLK_DIV& =~0x07;
    SCON = 0x50;
    AUXR | = 0x01;
```

```
       AUXR & = 0xFB;
       T2L = 0xE8;
       T2H = 0xFF;
       AUXR | = 0x10;
      ES=1;
      EA=1;
       while(1)
       {
       }
  }
void ser(void) interrupt 4
{
     if(RI)
     {
RI=0;
        P1=SBUF;
     }
     if(TI)
     TI=0;
}
```

U2 单片机通信发送程序如下：

```
#include <system. h>
#include <intrins. h>
sbit   LED=P1^0;
unsigned char i=0;
 main( )
 {
unsigned char i=0;
     CLK_DIV& = ~0x07;
     SCON = 0x50;
     AUXR | = 0x01;
     AUXR & = 0xFB;
T2L = 0xE8;
     T2H = 0xFF;
     AUXR | = 0x10;
      while(1)
      {
         SBUF=P1;
         while( !TI);
         TI=0;
         delay_ms(50);
      }
  }
```

延时程序：

```
#include "system. h"
void delay_ms(unsigned int z)
{
unsigned int x,y,mid;
     mid=(unsigned int)((float)fosc * z/Fre_Div);
```

```
        for(x=mid;x>0;x--)
          for(y=123;y>0;y--);
  }
```

5.3.3　主从多级通信系统的构建

1. 多机通信原理

单片机串行口的工作方式 2 或方式 3，提供了单片机多机通信的功能。其原理是利用了方式 2 或方式 3 中的第 9 个数据位，关键在于利用 SM2 和接收到的第 9 个附加数据位的配合。当串行口以方式 2 或方式 3 工作时，若 SM2=1，此时仅当串行口接收到的第 9 位数据 RB8 为 "1" 时，才对中断标志 RI 置 "1"，若收到的 RB8 为 "0"，则不产生中断标志，收到的信息被丢失，即用接收到的第 9 位数据作为多机通信中的地址/数据标志位。应用这个特点，就可实现多机通信。

2. 单片机多机通信协议

单片机构成的多机系统常采用总线型主从式结构。所谓主从式，即由多个单片机组成的系统，只有一个是主机，其余的都是从机，从机要服从主机的调动、支配。

多机通信时，通信协议要遵守以下原则：

1）主机向从机发送地址信息，其第 9 个数据位必须为 1；主机向从机发送数据信息（包括从机下达的命令），其第 9 位规定为 0。

2）从机在建立与主机通信之前，随时处于对通信线路监听的状态。在监听状态下，必须令 SM2=1，因此只能收到主机发布的地址信息（第 9 位为 1），非地址信息被丢弃。

3）从机收到地址后应进行识别，是否主机呼叫本机，如果地址符合，确认呼叫本机，从机应解除监听状态，令 SM2=0，同时把本机地址发回主机作为应答，只有这样才能收到主机发送的有效数据。其他从机由于地址不符，仍处于监听状态，继续保持 SM2=1，所以无法接收主机的数据。

4）主机收到从机的应答信号，比较收与发的地址是否相符，如果地址相符，则清除 TB8，正式开始发布数据和命令；如果不符，则发出复位信号（发任一数据，但 TB8=1）。

5）从机收到复位命令后再次回到监听状态，再置 SM2=1，否则正式开始接收数据和命令。

【例 5.3】 主从式多机通信系统有一个主机和两个从机，主机根据控制开关的状态，向要访问的从机发送地址，地址相符的从机和主机进行通信，然后主机根据开关状态向从机发送数据，从机将接收到的数据通过点亮发光二极管的方式显示。

例 5.3　多机通信

（1）制订方案

主机和从机的串行口都设置为方式 3，波特率为 9600 bit/s。主机发送地址时，TB8 为 1，主机发送数据时，TB8 为 0。从机在监听状态时 SM2 设置为 1，接收到的地址若和本机地址相符，从机和主机联络成功，并置 SM2 为 0，准备接收数据，否则 SM2 仍然维持为 1 不变，不接收数据。从机接收完数据后，将接收到的数据送显示，然后从机将 SM2 设置为 1，返回到监听状态。主机根据按钮开关的状态，和相应的从机进行通信。

（2）电路设计

主机的 RxD 和从机的 TxD 相连、TxD 和从机的 RxD 相连，主机的 P1 口接 8 个开关，主机根据 8 个控制开关的状态向从机发送数据，主机的 P3.7 口接 1 个按钮开关，开关闭合选择 1#从机，开关打开选择 2#从机；从机 P1 口接 8 个二极管，用来显示和主机的通信状态。

电路连接图如图 5.12 所示。

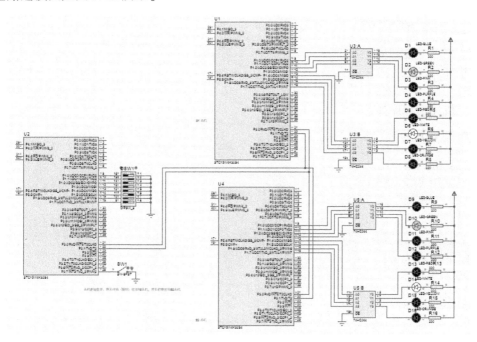

图 5.12　主从式多机通信系统电路连接图

主机通信程序如下：

```c
#include <system. h>
#include <intrins. h>
sbit    LED = P1^0;
sbit    AW = P3^7;
unsigned char i = 0;
main( )
{
unsigned char i = 0;
    CLK_DIV& = ~0x07;
    SCON = 0xF0;
    AUXR |= 0x01;
    AUXR &= 0xFB;
    T2L = 0xE8;
    T2H = 0xFF;
    AUXR |= 0x10;
    while(1)
    {
TB8 = 1;
            if( !AW)
```

```
        SBUF = 0x01;
        else
        SBUF = 0x02;
        while( !TI);
        TI = 0;
        TB8 = 0;
        SBUF = P1;
        while( !TI);
        TI = 0;
        delay_ms(50);
    }
}
```

1#从机通信程序如下：

```
#include <system. h>
#include <intrins. h>
#define Addr 0x01
sbit   LED = P1^0;
unsigned char i = 0;
main( )
{
unsigned char i = 0;
CLK_DIV& = ~0x07;
SCON = 0xF0;
AUXR | = 0x01;
AUXR & = 0xFB;
T2L = 0xE8;
T2H = 0xFF;
AUXR | = 0x10;
ES = 1;
EA = 1;
while(1)
{ }
}
void ser( void) interrupt 4
{
if( RI)
{
RI = 0;
if( SM2&&( SBUF = = Addr))
{
SM2 = 0;
goto end;
}
if( !SM2)
{
    P1 = SBUF;
    SM2 = 1;
}
}
end：
```

```
if(TI)
TI = 0;
}
```

2#从机通信程序如下:

```
#include <system. h>
#include <intrins. h>
#define Addr 0x02
sbit   LED = P1^0;
unsigned char i = 0;
main( )
{
unsigned char i = 0;
CLK_DIV& = ~0x07;
SCON = 0xF0;
AUXR | = 0x01;
AUXR & = 0xFB;
T2L = 0xE8;
T2H = 0xFF;
AUXR | = 0x10;
ES = 1;
EA = 1;
while(1)
          {}
}
void ser(void) interrupt 4
 {
 if(RI)
{
RI = 0;
if(SM2&&(SBUF = = Addr))
{
SM2 = 0;
goto end;
}
if(!SM2)
{
P1 = SBUF;
SM2 = 1;
                }
          }
end:
          if(TI)
          TI = 0;
}
```

延时程序如下:

```
#include "system. h"
void delay_ms(unsigned int z)
{
unsigned int x,y,mid;
```

```
    mid = (unsigned int)((float)fosc * z/Fre_Div);
    for(x = mid;x>0;x--)
     for(y = 123;y>0;y--);
}
```

走进科学

嫦娥五号月球探测器

2020 年 11 月 24 日 4 时 30 分，我国在文昌航天发射场，用长征五号运载火箭成功发射探月工程嫦娥五号探测器（图 5.13），顺利将探测器送入预定轨道，开启我国首次地外天体采样返回之旅。

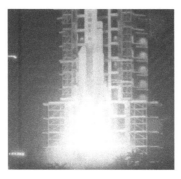

图 5.13　长征五号运载火箭成功发射嫦娥五号探测器

（1）嫦娥五号将实现的目标

1）突破月球采样返回的相关关键技术。

2）实现月面采样。

3）完善月球探测体系，为后续任务奠定基础。

（2）两大科学目标

1）开展着陆点区的形貌探测和地质背景勘查，建立现场探测数据和实验室分析数据之间的联系。

2）对月球样品进行长期系统的研究，深化月球的成因和演变的研究。

（3）技术创新

嫦娥五号主要面对取样、上升、对接和高速再入四个主要技术难题。同时，嫦娥五号的系统设计面临五大挑战。

一是分离面多。相较于神舟飞船和"嫦娥三号"均只有两个部分需要分离，即两个分离面，"嫦娥五号"有 5 个分离面，分别是轨道器和着陆器组合体、着陆器和上升器组合体、轨道器和返回器组合体、轨道器和支撑舱及轨道器与对接支架。这些分离面都必须"一次性成功"。

二是模式复杂。探测器需要经历多个飞行阶段，还需要完成月面采样、月面起飞上升、月球轨道交会对接和样品转移、地球大气高速再入返回着陆等关键环节，并且设计约束多。其中，上升器与轨道器需要在距离地球 38 万 km 的月球轨道上完成对接，在这里无法借助卫星导航的帮助，需要依靠探测器自身实现交会对接。

三是细节要求高。为获取月壤样品，"嫦娥五号"无人采样器将通过采样钻头深入月球内部和使用采样机械臂月球表面采样两种方法，再把样品转移到上升器，由上升器与轨道器对接，最终把样品转移到返回器，整个环节必须分毫不差。

四是温度控制。月球表面白天温度约零上 180℃，夜间零下 150℃，昼夜温差约 330℃。另外上升器发动机点火瞬间达到上千摄氏度，如何避免烧毁上升器和着陆器，对研制团队提出了挑战。

五是"瘦身"压力。运载火箭的运载能力对嫦娥五号探测器的质量有严格的约束，一方面要尽可能对分系统进行"瘦身"，另一方面，因为备份产品较少，必须确保质量可靠。

习题与思考

1. 串行通信有几种基本通信方式？它们有什么区别？

2. 简述异步串行通信的工作原理。

3. 什么是波特率？若异步串行通信接口每分钟传送 1800 个字符，每个字符由 11 位组成，请计算出传送波特率。

4. 若异步通信接口按方式 3 传送，已知每分钟传送 3600 个字节，其波特率是多少？

5. 串行通信有哪几种制式？各有什么特点？

6. 如何实现多机通信？

7. 简述 STC15W4K32S4 串行口控制寄存器 SCON 各位的定义。

8. 简述 STC15W4K32S4 单片机串行口在四种工作方式下波特率的产生方法。

9. 设计一个发送程序，将芯片内 RAM 中的 30H~3FH 单元数据从串行口输出，要求将串行口定义为方式 3，TB8 作奇偶校验位。

10. 利用单片机串行口 1 扩展 I/O 口控制 24 个发光二极管，要求画出电路图并编写程序，使 24 个发光二极管按照不同的顺序发光。

11. 试编程实现单片机主从式多机通信程序，要求系统有一个主机和两个从机，其中 1# 从机的地址设为 01H，2# 从机的地址设为 02H。主机根据控制开关的状态，发送要访问的从机发送地址，地址相符的从机则点亮发光二极管以示和主机进行通信，然后主机向从机发送数据，从机将接收到的数据进行显示。

项目6 电子广告屏的设计

1. LED 显示器及其接口
2. LCD 显示器及其接口
3. LED 点阵与 LCD 显示器在 STC15W4K32S4 单片机中的应用

学习要求

1. 掌握 LED 点阵显示的原理
2. 掌握 LCD 液晶显示的原理
3. 掌握 LED 点阵显示程序的设计方法
4. 掌握 LCD 液晶显示程序的设计方法

学习内容

6.1 LED 点阵显示

目前，LED 点阵显示器的应用非常广泛，车站、码头、机场、大型晚会、商场、银行、医院、街道随处可见。LED 点阵显示不仅能显示汉字、图形，还能播放动画、图像等视频信息，是广告宣传、新闻传播的有力工具。LED 点阵显示器分为图文显示器和视频显示器，LED 点阵显示器不仅有单色显示还有彩色显示。

6.1.1 LED 点阵显示原理

LED 点阵显示器由若干个发光二极管按矩阵的方式排列组成的。LED 显示器按阵列点数可分为 5×7，5×8，6×8，8×8；按发光颜色可分为单色、双色、三色；按极性排列又可分为共阳极和共阴极。

一个 8×8 LED 点阵显示原理图如图 6.1 所示，图 6.1 给出的是共阴极 LED 点阵，由 64 个发光二极管组成，每个二极管处于行线（H0~H7）和列线（L0~L7）之间的交叉点上。

用 LED 点阵显示字符、数字或图案，通常采用行扫描方式。所谓行扫描方式就是先使 LED 点阵的第一行有效，列送显示数据，延时几毫秒（使该行上点亮的 LED 发光二极管能够充分被点亮）；然后使第二行有效，列送显示数据，延时几毫秒，……最后使 LED 点阵的最后一行有效，列送显示数据，延时几毫秒，然后循环上述操作，一个稳定的字符、数字或图案就在 LED 点阵上显示出来了。在行扫描方式中，每显示一行信息所需的时间称为行周期，所有行扫描完成后所需的时间称为场周期。行与行之间延时 1~2 ms，由于延时时间受 50 Hz 闪烁频率的限制，应保证扫描所有行（即一帧数据）所用的时间在 20 ms 以内。

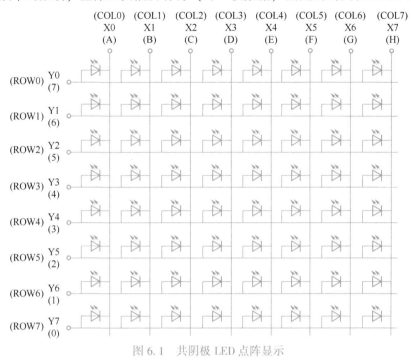

图 6.1　共阴极 LED 点阵显示

6.1.2　点阵显示举例

要使 8×8 LED 点阵显示一个"心形"图案，那么，先给 8×8 LED 点阵第 1 行送高电平（行高电平有效），同时给所有列线送 11111111（列线低电平有效），延时一段时间；然后给第 2 行送高电平，同时给所有列线送 10011001，延时一段时间，……最后给第 8 行送高电平，同时给所有列线送 11111111，然后循环上述操作，利于人眼的视觉驻留效应，一个稳定的心形图案就显示出来了，如图 6.2 所示。

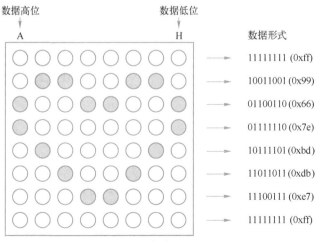

图 6.2　LED 点阵显示"心形"

6.2 汉字图像循环闪烁的设计

汉字在计算机中处理时是采用图形的方法，即每个汉字是一个图形，显示一个汉字就是显示一个图形符号，描述这个图形符号的数据称为汉字字模。每个汉字在计算机中都有对应的字模，按类型汉字字模可以分为两种，一种是点阵字模，另一种是矢量字模。

点阵字模是汉字字形描述最基本的表示法。它的原理是把汉字的方形区域细分为若干小方格，每个小方格便是一个基本点。在方形范围内，凡是笔画经过的小方格便形成墨点，不经过的形成白点，若墨点代表 1，白点代表 0，那么小方格可以用一个二进制位表示。这样制作出来的汉字称为点阵汉字。

将汉字按汉字编码顺序编辑汇总称为汉字点阵字库。常用的汉字点阵字库有 12×12 点阵、16×16 点阵、24×24 点阵和 32×32 点阵。以 16×16 点阵为例，每个汉字需要 256 个点来描述。汉字存储时，每行 16 个点，占 2 个字节，一共存储 16 行，所以每个汉字需要 32 个字节来存储。

6.2.1 项目功能描述

【例 6.1】使用 4 个 8×8 LED 点阵显示模块组成一个 16×16 LED 点阵显示"单片机仿真"。单片机的 P0 和 P1 口控制单片机的列线，输出显示汉字的点阵数据，单片机的 P2 口和 P3 口用 74HC244 控制行线，输出扫描信号。显示汉字点阵数据可由字模提取软件得到，如图 6.3 和图 6.4 所示。

例 6.1　单片机仿真

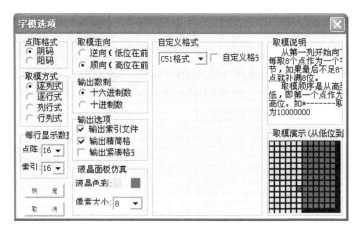

图 6.3　字模选项

6.2.2 项目硬件电路图

16×16 LED 点阵显示"单片机仿真"硬件电路图如图 6.5 所示。其中使用 4 个 8×8 LED 点阵显示模块组成一个 16×16 LED 点阵显示。使用 74HC244 驱动信号芯片放大电流，74HC244 是一种具有 3 态输出的 8 位缓冲器/线路驱动器。

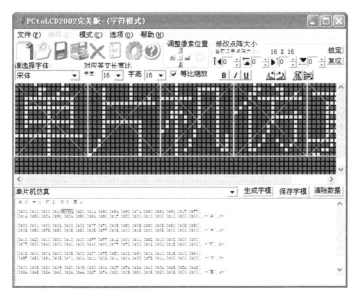

图 6.4　字模数组

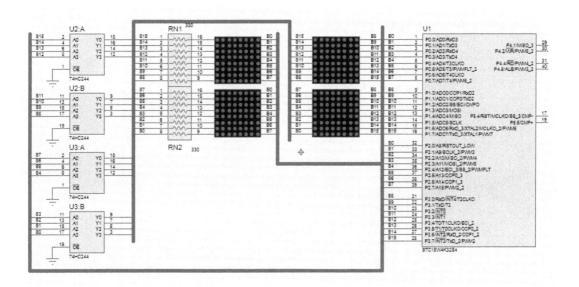

图 6.5　点阵显示电路图

6.2.3　项目源程序

点阵显示程序如下：

```
#include <system. h>
unsigned char i = 0,j = 0,jj;
unsigned char code ch[10][16] = {
{0x00,0x10,0x00,0x10,0x1F,0xD0,0x14,0x90,0x94,0x90,0x74,0x90,0x54,0x90,0x1F,0xFF},
{0x14,0x90,0x34,0x90,0xD4,0x90,0x54,0x90,0x1F,0xD0,0x00,0x10,0x00,0x10,0x00,0x00},/*"单",0*/
```

```
{0x00,0x01,0x00,0x02,0x00,0x0C,0x7F,0xF0,0x08,0x80,0x08,0x80,0x08,0x80,0x08,0x80},
{0x08,0x80,0xF8,0x80,0x08,0x80,0x08,0xFF,0x08,0x00,0x18,0x00,0x08,0x00,0x00,0x00},
/*"片",1*/
{0x10,0x20,0x10,0xC0,0x13,0x00,0xFF,0xFF,0x12,0x00,0x11,0x82,0x10,0x0C,0x00,0x30},
{0x7F,0xC0,0x40,0x00,0x40,0x00,0x40,0x00,0x7F,0xFC,0x00,0x02,0x00,0x1E,0x00,0x00},
/*"机",2*/
{0x02,0x00,0x04,0x00,0x08,0x00,0x37,0xFE,0xE0,0x02,0x50,0x04,0x10,0x18,0x10,0x60},
{0x9F,0x80,0x51,0x08,0x71,0x04,0x11,0x02,0x11,0x04,0x33,0xF8,0x11,0x00,0x00,0x00},
/*"仿",3*/
{0x00,0x08,0x20,0x09,0x20,0x09,0x20,0x0A,0x2F,0xFA,0x2A,0xAC,0x3A,0xA8,0xEA,0xA8},
{0x2A,0xA8,0x2A,0xAC,0x2A,0xAA,0x2F,0xFA,0x20,0x09,0x60,0x09,0x20,0x08,0x00,0x00}
/*"真",4*/};
 main()
 {
     P0M1=0x00;P0M0=0x00;
     CLK_DIV&=B0100_0000;
     while(1)
 {
 for(j=0;j<5;j++)
         for(jj=0;jj<50;jj++)
             {
                 for(i=0;i<8;i++)
                 {
                     P0=~(0x01<<i);
                     P1=0xff;
                     P2=ch[2*j][2*i+1];
                     P3=ch[2*j][2*i];
                     delay_ms(1);
                 }
                 for(i=8;i<16;i++)
                 {
                     P0=0xff;
                     P1=~(0x01<<(i-8));
                     P2=ch[2*j+1][2*(i-8)+1];
                     P3=ch[2*j+1][2*(i-8)];
                     delay_ms(1);
                 }
             }
     }
 }
```

延时程序如下:

```
#include "system.h"
void delay_ms(unsigned int z)
{
    unsigned int x,y,mid;
    mid=(unsigned int)((float)fosc*z/Fre_Div);
    for(x=mid;x>0;x--)
    for(y=123;y>0;y--);
}
```

6.2.4　调试结果

1）用 USB 线将 PC 与实验箱相连。

2）用 Keil C 编辑、编译项目 .c 程序，生成机器代码文件 .hex。

3）运行 STC-ISP 编程软件，将文件 .hex 下载到实验箱单片机，下载完毕，自动进入运行模式。

4）仿真调试结果如图 6.6~图 6.10 所示。

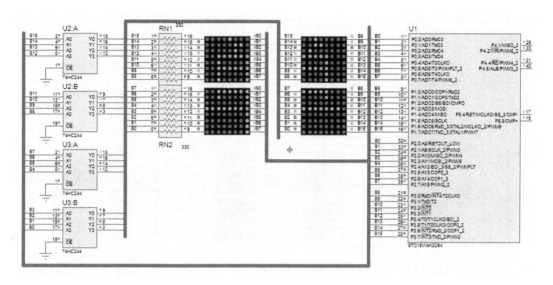

图 6.6　仿真结果图 1

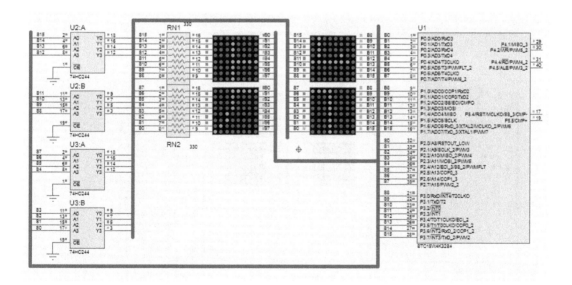

图 6.7　仿真结果图 2

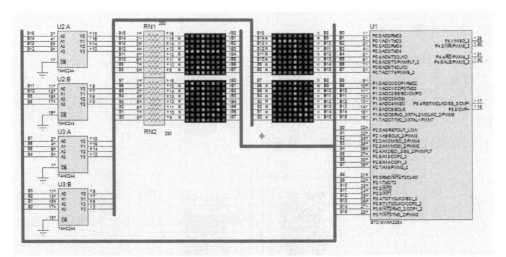

图 6.8　仿真结果图 3

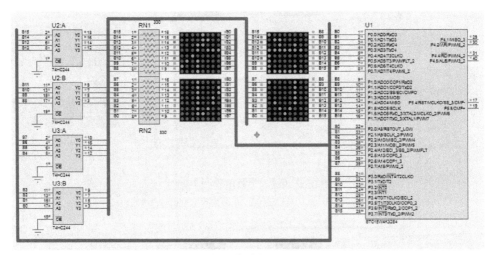

图 6.9　仿真结果图 4

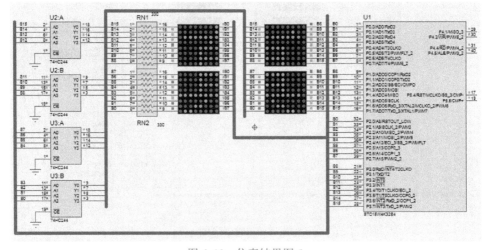

图 6.10　仿真结果图 5

6.3 LCD1602 简介

在日常生活中，人们对液晶显示器并不陌生。液晶显示模块已作为很多电子产品的通用器件，如在计算器、万用表、电子表及很多家用电子产品中都可以看到，显示的主要是数字、专用符号和图形。

1. LCD 显示器的特点

在单片机系统中应用液晶显示器作为输出器件有以下几个优点：

1）显示质量高。由于液晶显示器每一个点在收到信号后就一直保持那种色彩和亮度，恒定发光，而不像阴极射线管显示器（CRT）那样需要不断刷新亮点。因此，液晶显示器画质高且不会闪烁。

2）数字式接口。液晶显示器都是数字式的，和单片机系统的连接更加简单可靠，操作更加方便。

3）体积小、重量轻。液晶显示器通过显示屏上的电极控制液晶分子状态来达到显示的目的，在重量上比相同显示面积的传统显示器要轻得多。

4）功耗低。相对而言，液晶显示器的功耗主要消耗在其内部的电极和驱动 IC 上，因而耗电量比其他显示器要少得多。

2. 液晶显示原理

液晶显示的原理是利用液晶的物理特性，通过电压对其显示区域进行控制，有电就有显示，这样即可以显示出图形。液晶显示器具有厚度薄、适用于大规模集成电路直接驱动、易于实现全彩色显示的特点，目前已经被广泛应用在便携式电脑、数字摄像机、PDA 移动通信工具等众多领域。

线段显示原理：点阵图形式液晶由 $M×N$ 个显示单元组成，假设 LCD 显示屏有 64 行，每行有 128 列，每 8 列对应 1 字节的 8 位，即每行有 16 字节，共 16×8 = 128 个点组成，屏上 64×16 个显示单元与显示 RAM 区 1024 字节相对应，每一字节的内容和显示屏上相应位置的亮暗对应。例如屏的第一行的亮暗由 RAM 区的 000H～00FH 的 16 字节的内容决定，当（000H）= FFH 时，则屏幕的左上角显示一条短亮线，长度为 8 个点；当（3FFH）= FFH 时，则屏幕的右下角显示一条短亮线；当（000H）= FFH，（001H）= 00H，（002H）= 00H，…（00EH）= 00H，（00FH）= 00H 时，则在屏幕的顶部显示一条由 8 段亮线和 8 条暗线组成的虚线。这就是 LCD 显示的基本原理。

字符显示原理：用 LCD 显示一个字符时比较复杂，因为一个字符由 6×8 或 8×8 点阵组成，既要找到和显示屏幕上某几个位置对应的显示 RAM 区的 8 字节，还要使每字节的不同位为"1"，其他为"0"，为"1"的点亮，为"0"的不亮。这样才能组成某个字符。但对于内带字符发生器的控制器来说，显示字符就比较简单了，可以让控制器工作在文本方式，根据在 LCD 上开始显示的行列号及每行的列数找出显示 RAM 对应的地址，设立光标，在此送上该字符对应的代码即可。

汉字显示原理：汉字的显示一般采用图形的方式，事先从微机中提取要显示的汉字的点阵码（一般用字模提取软件），每个汉字占 32B，分左右两半，各占 16B，左边为 1、3、5…右边为 2、4、6…根据在 LCD 上开始显示的行列号及每行的列数可找出显示 RAM 对应的地址，设立光标，送上要显示的汉字的第一字节，光标位置加 1，送第二个字节，换行按列对齐，送第三个字节……直到 32B 显示完，就可以在 LCD 上得到一个完整汉字。

液晶显示的分类方法有很多种，通常可按其显示方式分为段式、字符式、点阵式等。除了黑白显示外，液晶显示器还有多灰度有彩色显示等。如果根据驱动方式来分，可以分为静态驱动（Static）、单纯矩阵驱动（Simple Matrix）和主动矩阵驱动（Active Matrix）三种。

3. LCD1602 的基本参数及引脚功能

字符型液晶显示模块是一种专门用于显示字母、数字、符号等点阵式 LCD，目前常用 16×1、16×2、20×2 和 40×2 行等模块。下面以长沙太阳人电子有限公司的 1602 字符型液晶显示器为例介绍其用法。一般 1602 字符型液晶显示器实物如图 6.11 所示。

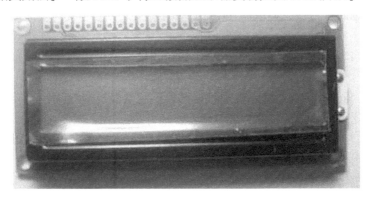

图 6.11　1602 字符型液晶显示器实物图

LCD1602 分为带背光和不带背光两种，其控制器大部分为 HD44780，带背光的比不带背光的厚，是否带背光在应用中并无差别，两者尺寸差别如图 6.12 所示。

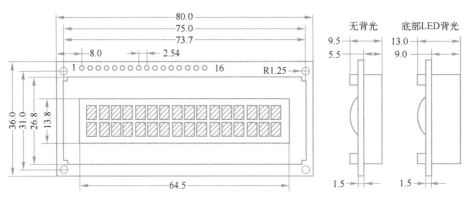

图 6.12　LCD1602 尺寸图

（1）1602LCD 主要技术参数

显示容量：16×2 个字符

芯片工作电压：4.5~5.5 V

工作电流：2.0 mA（5.0 V）

模块最佳工作电压：5.0 V

字符尺寸：2.95 mm×4.35 mm（W×H）

（2）引脚功能说明

LCD1602 采用标准的 14 引脚（无背光）或 16 引脚（带背光）接口，各引脚接口说明见表 6.1。

表 6.1　引脚接口说明表

编　号	符　号	引脚说明	编　号	符　号	引脚说明
1	VSS	电源地	9	D2	数据
2	VDD	电源正极	10	D3	数据
3	VL	液晶显示偏压	11	D4	数据
4	RS	数据/命令选择	12	D5	数据
5	R/W	读/写选择	13	D6	数据
6	E	使能信号	14	D7	数据
7	D0	数据	15	BLA	背光源正极
8	D1	数据	16	BLK	背光源负极

第 1 引脚：VSS 为电源地。

第 2 引脚：VDD 接 +5 V 电源。

第 3 引脚：VL 为液晶显示器对比度调整端，接正电源时对比度最弱，接地时对比度最高，对比度过高时会产生"鬼影"，使用时可以通过一个 $10\,\mathrm{k\Omega}$ 的电位器调整对比度。

第 4 引脚：RS 为寄存器选择，高电平时选择数据寄存器、低电平时选择指令寄存器。

第 5 引脚：R/W 为读写信号线，高电平时进行读操作，低电平时进行写操作。当 RS 和 R/W 共同为低电平时可以写入指令或者显示地址，当 RS 为低电平、R/W 为高电平时可以读忙信号，当 RS 为高电平、R/W 为低电平时可以写入数据。

第 6 引脚：E 端为使能端，当 E 端由高电平跳变成低电平时，液晶模块执行命令。

第 7~14 引脚：D0~D7 为 8 位双向数据线。

第 15 引脚：背光源正极。

第 16 引脚：背光源负极。

（3）LCD1602 的指令说明及时序

1602 液晶模块内部的控制器共有 11 条控制指令，见表 6.2。

表 6.2　控制命令表

序号	指　令	RS	R/W	D7	D6	D5	D4	D3	D2	D1	D0
1	清显示	0	0	0	0	0	0	0	0	0	1
2	光标复位	0	0	0	0	0	0	0	0	1	*
3	设置光标和显示模式	0	0	0	0	0	0	0	1	I/D	S
4	显示开/关控制	0	0	0	0	0	0	1	D	C	B
5	光标或显示移位	0	0	0	0	0	1	S/C	R/L	*	*
6	设置功能	0	0	0	0	1	DL	N	F	*	*
7	设置字符发生存储器地址	0	0	0	1	字符发生存储器地址					
8	设置数据存储器地址	0	0	1	显示数据存储器地址						

（续）

序号	指　令	RS	R/W	D7	D6	D5	D4	D3	D2	D1	D0
9	读忙标志或地址	0	1	BF	计数器地址						
10	写数据到 CGRAM 或 DDRAM	1	0	要写的数据内容							
11	从 CGRAM 或 DDRAM 读数	1	1	读出的数据内容							

　　LCD1602 液晶模块的读写操作、屏幕和光标的操作都是通过指令编程来实现的（说明：1 为高电平、0 为低电平）。

　　指令 1：清显示，指令码 01H，光标复位到地址 00H 位置。

　　指令 2：光标复位，光标返回到地址 00H。

　　指令 3：光标和显示模式设置。I/D：光标移动方向，高电平右移，低电平左移。S：屏幕上所有文字是否左移或者右移，高电平表示有效，低电平则无效。

　　指令 4：显示开/关控制。D：控制整体显示的开与关，高电平表示开显示，低电平表示关显示。C：控制光标的开与关，高电平表示有光标，低电平表示无光标。B：控制光标是否闪烁，高电平闪烁，低电平不闪烁。

　　指令 5：光标或显示移位。S/C：高电平时移动显示的文字，低电平时移动光标。

　　指令 6：功能设置命令。DL：高电平时为 4 位总线，低电平时为 8 位总线。N：低电平时为单行显示，高电平时双行显示。F：低电平时显示 5×7 的点阵字符，高电平时显示 5×10 的点阵字符。

　　指令 7：字符发生器 RAM 地址设置。

　　指令 8：DDRAM 地址设置。

　　指令 9：读忙信号和光标地址。BF：忙标志位，高电平表示忙，此时模块不能接收命令或者数据，如果为低电平表示不忙。

　　指令 10：写数据。

　　指令 11：读数据。

　　读写操作时序如图 6.13 和图 6.14 所示。

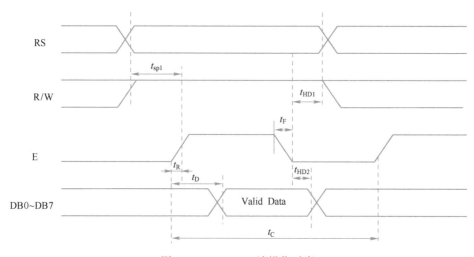

图 6.13　LCD1602 读操作时序

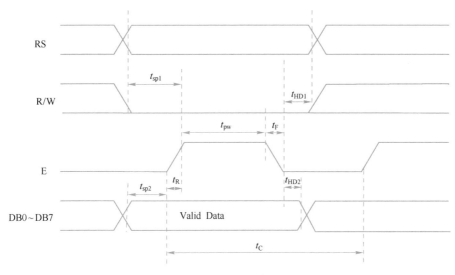

图 6.14　LCD1602 写操作时序

（4）LCD1602 的 RAM 地址映射及标准字库表

由于液晶显示模块是一个慢显示器件，所以在执行每条指令之前一定要确认模块的忙标志为低电平，表示不忙，否则此指令失效。要显示字符时要先输入显示字符地址，也就是告诉模块在哪里显示字符，表 6.3 是 LCD1602 的内部显示地址。

表 6.3　LCD1602 内部显示地址

00	01	02	03	04	05	06	07	08	09	0A	0B	0C	0D	0E	0F	10	…	27
40	41	42	43	44	45	46	47	48	49	4A	4B	4C	4D	4E	4F	50	…	67

例如第二行第一个字符的地址是 40H，那么是否直接写入 40H 就可以将光标定位在第二行第一个字符的位置呢？这样不行，因为写入显示地址时要求最高位 D7 恒定为高电平 1，所以实际写入的数据应该是 01000000B（40H）+10000000B（80H）= 11000000B（C0H）。

在对液晶模块的初始化中要先设置其显示模式，在液晶模块显示字符时光标是自动右移的，无须人工干预。每次输入指令前都要判断液晶模块是否处于忙的状态。

1602 液晶模块内部的字符发生存储器（CGROM）已经存储了 160 种不同的点阵字符图形，这些字符有：阿拉伯数字、英文字母的大小写、常用的符号和日文假名等，每一个字符都有一个固定的代码，比如大写的英文字母 "A" 的代码是 01000001B（41H），显示时模块把地址 41H 中的点阵字符图形显示出来，就能看到字母 "A"。

6.4　LCD1602 的一般初始化过程

LCD 一般初始化设置如下：

写指令 0x38：显示模式设置（16×2 显示，5×7 点阵，8 位数据接口）；

写指令 0x08：显示关闭；

写指令 0x01：显示清屏，数据指针清 0；

写指令 0x06：写一个字符后地址指针加 1；

写指令 0x0C：设置开显示，不显示光标。

LCD1602 编程方法如下：

1）定义 LCD1602 引脚，包括 RS、R/W、E（定义 LCD 引脚分别接在单片机哪个 I/O 口）。

2）显示初始化（进行初始化及设置显示模式等操作）。

写指令 38H：显示模式设置；

写指令 08H：关闭显示；

写指令 01H：显示清屏；

写指令 06H：光标移动设置；

写指令 0cH：显示开及光标设置；

3）设置显示地址（写显示字符的位置）。

4）初始化子程序。

写指令：

```
LCDwritecmd(unsigned char cmd)
Lcdwaitready();
Lcdrs = 0;
Lcdrw = 0;
lcdDB = cmd;
lcdE = 1;
lcdE = 0;
```

写数据：

```
LCDwritedat(unsigned char dat)
Lcdwaitready();
Lcdrs = 0;
Lcdrw = 0;
lcdDB = dat;
lcdE = 1;
lcdE = 0;
```

6.5 电子广告牌的设计

电子广告牌的设计

在信息化时代，人们获得的信息有 70% 来自于视觉，这些信息会通过某种方式显示出来，在当代显示技术中，主要包括 LED 显示屏和 LCD 液晶显示屏，尤其以 LCD 为代表的平板显示器发展最快、应用最广。

6.5.1 项目功能描述

【例 6.2】用单片机控制 LCD1602 双排移动显示"Hello everyone"和"Welcome to LKY"。

LCD1602 的数据线 D0~D7 与单片机的 P0 口连接，LCD1602 的 3 条控制线 RS、R/W、E 分别与 P2.5、P2.6、P2.7 引脚连接。建立 2 个字符数组存放字符信息。

6.5.2　项目硬件电路图

LCD1602 显示电路如图 6.15 所示。由于电路设计在 Proteus ISIS 中没有 LCD1602，可使用 LM016L 元件替代。

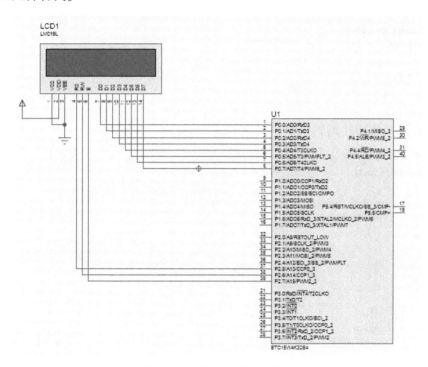

图 6.15　LCD1602 显示电路图

6.5.3　项目源程序

主程序代码如下：

```
#include <system. h>
#include <LCD1602. h>
unsigned char a[16] = "Hello everyone" ,i = 1;
unsigned char b[16] = "Welcome to LKY";
 main( )
{
    CLK_DIV& = ( ~0x07);
    P0M1 = 0x00;P0M0 = 0x00;
    P2M1 = 0x00;P2M0 = 0x00;
    LCDInit( );
    LCDHideCursor( );
    SetCurPos(1,1);
    LCDPrint(&a[0]);
    SetCurPos(2,1);
    LCDPrint(&b[0]);
    while(1)
    {
```

```
        writecmd(0x01);
        SetCurPos(1,i);
        LCDPrint(&a[0]);
        SetCurPos(2,i);
        LCDPrint(&b[0]);
        delay_ms(250);
        delay_ms(250);
        i++;
        if(i==6)
        i=1;
    }
}
```

LCD1602 显示程序代码如下：

```
#include "LCD1602.h"
void waitforready(void)
{
    unsigned char idata   status;
    DATABusINPUTMODE();
    ENL;
    RSL;
    RWH;
delay100ns;
    do{
            ENH;
            delay1us;
            DATABusINPUTMODE();
            DATABus=0xff;
            status=DATABus;
            ENL;
            delay1us;
        }
while(status&0x80);
}
void writecmd(unsigned char cmd)
{
    waitforready();
    DATABus=cmd;
    ENL;
    RSL;
    RWL;
    delay100ns;
    ENH;
    delay1us;
    ENL;
    delay1us;
}
void writedata(unsigned char cmd)
{
    waitforready();
    DATABus=cmd;
```

```
        ENL;
        RSH;
        RWL;
        delay100ns;
        ENH;
        delay1us;
        ENL;
        delay1us;
}
void SetCurPos(unsigned char row,unsigned char col)
{
writecmd(((row-1)<<6)+col-16+0x90);
writecmd(0x18);
}
void LCDInit()
{
        writecmd(0x01);
        writecmd(0x38);
        writecmd(0x0f);
        writecmd(0x06);
}
void LCDPrint(unsigned char * p)
{
        while( * p! ='\0')
        {
                writedata( * p);
                p++;
        }
}
void LCDHideCursor(void)
{
        writecmd(0x0c);
}
void LCDShowCursor(void)
{
writecmd(0x0e);
}
```

延时程序代码如下:

```
#include " system. h"
void delay_ms(unsigned int z)
{
        unsigned int x,y,mid;
        mid=(unsigned int)((float)fosc * z/Fre_Div);
        for(x=mid;x>0;x--)
        for(y=123;y>0;y--);
}
```

6.5.4   调试结果

1) 用 USB 线将 PC 与实验箱相连。

2）用 Keil C 编辑、编译项目 . c 程序，生成机器代码文件 . hex。

3）运行 STC-ISP 编程软件，将文件 . hex 下载到实验箱单片机，下载完毕，自动进入运行模式。

4）仿真调试结果如图 6.16~图 6.18 所示。

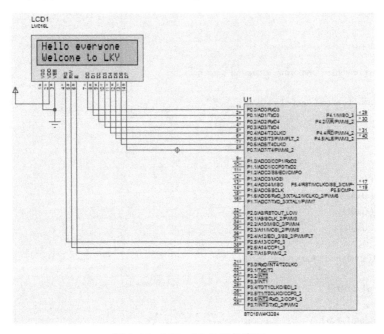

图 6.16　LCD1602 显示仿真图 1

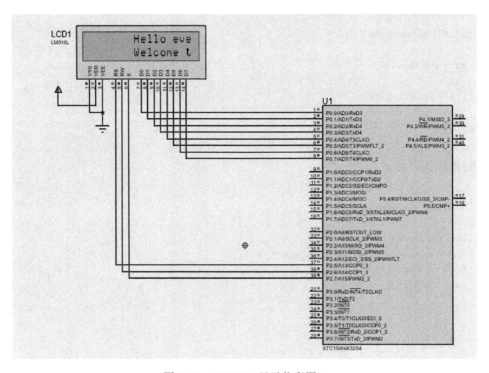

图 6.17　LCD1602 显示仿真图 2

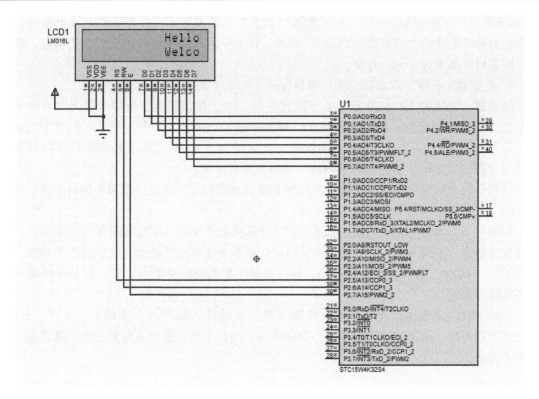

图 6.18　LCD1602 显示仿真图 3

走进科学

1. 邓中翰——中国工程院院士、微电子学、集成电路专家

邓中翰，1968 年 9 月 5 日出生于江苏南京，微电子学、大规模集成电路及系统专家，中国工程院院士，星光中国芯工程总指挥。于 1987 年 9 月，考入中国科学技术大学地球和空间科学系；1992 年 6 月，在加利福尼亚大学伯克利分校学习；1997 年 12 月，结合硅谷的风险投资基金，创建了美国硅谷半导体公司 Pixim Inc（至 2001 年 6 月），领导研制高端数码成像半导体传感器，市值达到了 1.5 亿美元。

2005 年 11 月 15 日，邓中翰率领中星微电子首次成功将"星光中国芯"全面打入国际市场，在美国纳斯达克成功上市，这是中国电子信息产业中首家拥有核心技术和自主知识产权的 IT 企业。

邓中翰带领"星光中国芯工程"团队制定了具有中国自主知识产权、技术达到国际领先水平的"天网"安防监控基础信源 SVAC 国家标准。同时他还带领团队承担国家物联网领域的攻关任务，多款产品量产过亿枚，并为国家电网大范围解决南方冰雪灾害发挥了关键作用。

"星光中国芯工程"引入硅谷创新机制，探索新型举国体制，实现了国家公共安全技术产业的自主可控，并联合牵头研究制定了公共安全 SVAC 国家标准，在国家天网工程、雪亮工程、智慧城市以及其他重大战略项目中发挥了关键作用；在此期间，突破芯片设计 15 大核心技术，申请 3000 多件国内外技术专利，形成了完整的"数字多媒体""应用处理器"

"智能安防""传感网物联网""人工智能"五大芯片技术体系；并创造性地提出推动信息处理能力持续提升的"智能摩尔之路"，完成了数十项国家重大科技研发产业化项目，两次荣获国家科学技术进步奖一等奖。

2. 吴德馨——中国科学院院士、半导体器件和集成电路专家

吴德馨，1936 年 12 月 20 日，生于河北乐亭。1961 年，毕业于清华大学无线电电子工程系；1991 年，当选为中国科学院院士（学部委员）；1961 年，毕业于清华大学无线电电子工程系；于 1991 年当选为中国科学院院士（学部委员）；1992 年，被国家科学技术委员会聘为"深亚微米结构器件和介观物理"项目首席科学家。

吴德馨院士从事砷化镓微波集成电路和光电模块的研究，曾获国家和中国科学院一等奖 3 项。

2020 年 6 月 9 日 10 点，国产天玥 TR117 计算机量产成功，从此我国在该领域不会再被世界发达国家"卡脖子"。天玥 TR117 采用独立显卡及更高配置显卡，显存不低于 1 GB，可提供 VGA、HDMI、DVI 多种显示接口，具有高速图形图像处理能力，支持高分辨率输出和双屏双通道显示。

天玥 TR117 适配国产操作系统，实现了产品从硬件到软件的自主研发、生产、升级、维护的全程可控，确保基础计算平台不受制于人，满足了核心领域高信息安全、高自主可控的服务需求。

习题与思考

1. 液晶显示的原理是什么？
2. 简述 LED 显示器的结构及工作原理。
3. 使用 8×8LED 点阵显示心形和圣诞树。
4. 使用 8×8LED 点阵显示 0~9 和 a~z。
5. 用单片机控制 LCD1602 液晶模块，在第一行显示"xuehao"字符，在第二行中显示自己具体学号如"*******"，第一行、第二行显示的字符要滚动显示。

项目 7　简易密码锁的设计

 知识要点

1. 独立式键盘原理
2. 行列式键盘原理
3. 简易密码锁的设计

学习要求

1. 能够用 C 语言实现按键去抖
2. 能够实现独立式按键扫描编程
3. 能够实现行列式按键扫描编程
4. 能够应用状态机编程
5. 实现简易密码锁的设计

学习内容

在单片机应用系统中，除了复位键有专门的复位电路以及专一的复位功能以外，其他的按键都是以开关状态来控制功能或输入数据。按键是人机交互的一个重要工具。单片机中的按键一般分为独立式键盘和矩阵式键盘。

7.1　独立式键盘原理

如果应用系统仅需要几个键，则选用独立键盘，一般采用查询方式识别按键的状态。此外，由于按键的机械特性会产生抖动现象，在按键的处理中还要考虑去抖动的问题。独立式键盘可采用如图 7.1 所示的按键输入电路。按键直接用 I/O 接口线构成单个按键电路。每个独立式按键单独占有一根 I/O 接口线，每根 I/O 接口线的工作状态不影响其他 I/O 接口线的工作状态，属于最简单的一种按键结构。

当某一个按键 Sn(n=0~7)闭合时，P1. n 输入为低电平，释放时 P1. n 输入为高电平。按键为输入开关量，所以 P1 口事先写入"1"，当无键按下时，P1. n 端由内部上拉电阻上拉为高电平，而有键按下时，P1. n 端与地相连，输入电压值为低电平。若为 P0 口，内部无上拉电阻，需外加上拉电阻。

实际上，在按下一次 Sn 时，机械按键的簧片存在着轻微的弹跳现象，P1. n 的输入波形在键闭合和释放过程中存在抖动现象，呈现一串抖动脉冲波（如图 7.2 所示），其时间长短与按键的机械特性有关,一般为 5~20 ms。为了确保 CPU 对按键的一次闭合仅做一次处理,必须去除抖动。按键去抖主要有软件去抖和硬件去抖两种方法,目前在单片机应用系统中,主要采用软件去抖方法,本书也只介绍软件去抖方法。

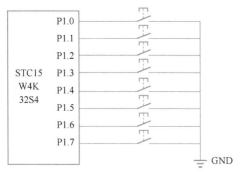

图 7.1 独立式按键接口电路

图 7.2 按键触点的机械抖动

软件去抖方法:在检测到有按键按下后,延时 10 ms 左右(具体时间应视所使用的按键进行调整),再次检测按键是否为闭合状态。若仍保持闭合状态,确认该键处于闭合状态,否则重新检测。

按键扫描编程有两种情况,一种是支持连续按下,即如果一直按下按键,则认为多次按下;另一种不支持连续按键,即按下按键后,只有松开按键,再按下按键才认为下一次按下。

1. 按键扫描(不支持连续按下)**编程**

不支持连续按下按键扫描编程的算法如下:

```
unsigned char KEY_Scan(void)
{
    static unsigned char key_up=1;
    if(key_up &&   KEY 按下)
    {
        delay_ms(10);              //延时,防抖
        key_up=0;                  //标记这次 key 已经按下
        if(KEY 确实按下)
        {
            return KEY_VALUE;
        }
    } else if(KEY 没有按下)    key_up=1;
    return 无效值;
}
```

算法说明:

1)定义静态局部变量 key_up,表示按键的状态,1 时表示弹起状态,这里不能用动态的局部变量,可以使用全局变量。

2)在按键弹起状态检测按键是否按下。

3)如果按下,延时 10 ms。

4)设置为按下状态,检测是否按下。

5）如果按下，返回键值（对于独立按键，键值可以自定义），如果没按下，设置为弹起状态。

2. 按键扫描（支持连续按下）**编程**

支持连续按下按键扫描编程的算法如下：

```
unsigned char   KEY_Scan(void)
{
    if(KEY 按下)
    {
        delay_ms(10);//延时 10~20ms，防抖
        if(KEY 确实按下)
        {
            return KEY_Value;
        }
        return 无效值;
    }
}
```

算法说明：

1）检测按键是否按下。

2）如果按下，延时 10 ms。

3）检测是否按下。

4）如果按下，返回键值（对于独立按键，键值可以自定义），如果没按下，返回无效值。

对于这两种情况可以混合为一个程序。

3. 按键扫描（两种模式合二为一）**编程**

按键扫描（两种模式合二为一）编程的算法如下：

```
unsigned char   KEY_Scan(unsigned char mode)
{
    static unsigned char key_up=1;
    if(mode==1) key_up=1;                //支持连续按下
     if(key_up &&   KEY 按下)
     {
       delay_ms(10);                     //延时，防抖
       key_up=0;                         //标记这次 key 已经按下
       if(KEY 确实按下)
        {
          return KEY_VALUE;
        }
     } else if(KEY 没有按下)   key_up=1;
    return 没有按下
}
```

mode=1 时为支持连续按下，mode=0 时为不支持连续按下。

4. 应用案例

（1）设计要求

设计加 1、减 1 功能键各 1 个。当按加 1、减 1 功能键时，

7.1　独立式按键

计数器做加 1 或减 1 操作,计数器值送 4 位 LED 数码管显示。

(2)仿真原理图

仿真原理图如图 7.3 所示,P0 口接数码管 a~g 段,P2.0~P2.3 接数码管公共端,数码管为共阳极数码管,P3.0 接"+"键,P3.1 接"-"键。

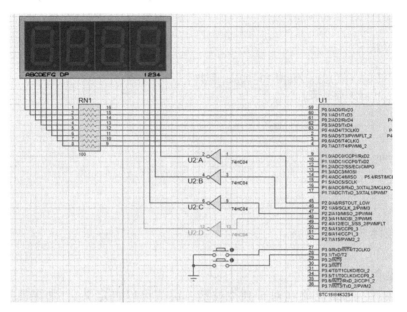

图 7.3　独立式按键仿真原理图

(3)软件代码

实现代码如下:

```c
#include <reg52.h>

unsigned char code ledbit[] = {0xfe,0xfd,0xfb,0xf7};            //位码
unsigned char code ledseg[] = {0xc0,0xf9,0xa4,0xb0,0x99,0x92,0x82,0xf8,0x80,0x90};  //段码
unsigned char cntbit = 0;                        //数码管位计数器
unsigned char ledbuf[4];                         //显示缓冲区
unsigned int cnt = 0;                            //0~9999 计数器
sbit key1 = P3^0;                                //按键
sbit key2 = P3^1;                                //按键
unsigned char Keyvalue = 0;                      //键值 =1 表示加键,=2 表示减键
void Delayms(unsigned int n)                     //1ms 延时函数
{
    unsigned int i,j;
    for(j=n;j>0;j--)
        for(i=112;i>0;i--);
}

unsigned char scankey(void)                      //按键扫描函数
{
    static unsigned char keyup = 1;
    if((keyup==1)&&((key1==0)||(key2==0)))
    {
```

```
            keyup = 0;
            Delayms(10);
            if(key1 = = 0)
                return 1;
            if(key2 = = 0)
                return 2;
        }
        else if((key1 = = 1)&&(key2 = = 1))
                keyup = 1;

        return 0;
}

void TIM0_Init(void)                    //定时器 0 初始化
{
        TMOD = 1;
        TH0 = (65536-1000)>>256;
        TL0 = 65536-1000;
        TR0 = 1;
        ET0 = 1;
        EA = 1;
}

void TIM0_IRQHandler(void) interrupt 1   //定时器 0 中断服务程序
{
        TH0 = (65536-1000)>>8;
        TL0 = 65536-1000;
        P2 = ledbit[cntbit];
        P0 = ledbuf[cntbit];
        cntbit++;
        cntbit = cntbit%4;
}

void main(void)
{
        TIM0_Init();
        ledbuf[0] = ledseg[0]        ;
        ledbuf[1] = ledseg[0]        ;
        ledbuf[2] = ledseg[0]        ;
        ledbuf[3] = ledseg[0]        ;

        while(1){
            Keyvalue = scankey();
            if(Keyvalue = = 1){
                if(cnt = = 9999)
                    cnt = 0;
                else
                    cnt++;
                ledbuf[3] = ledseg[cnt/1000];
                ledbuf[2] = ledseg[cnt%1000/100];
                ledbuf[1] = ledseg[cnt%1000%100/10];
```

```
            ledbuf[0]=ledseg[cnt%10];
        }
    else if(Keyvalue==2) {
        if(cnt==0)
            cnt=9999;
        else
            cnt--;
        ledbuf[3]=ledseg[cnt/1000];
        ledbuf[2]=ledseg[cnt%1000/100];
        ledbuf[1]=ledseg[cnt%1000%100/10];
        ledbuf[0]=ledseg[cnt%10];
        }
    }
}
```

7.2　行列式键盘原理

7.2.1　设计原理

当按键数较多时，独立式按键电路占用较多的 I/O 接口线，因此通常多采用行列式（也称矩阵式）键盘电路。

图 7.4 表示一个 5×5 的行列式键盘阵列。键盘中共有 25 个键，对每个键都进行编号，键号按从上到下、从左到右的规律，分别为 0，1，2，…，24。在应用系统中，键盘上的按键可按需要定义其功能。

X0、X1、X2、X3、X4 分别代表第 0 行、第 1 行、第 2 行、第 3 行、第 4 行。Y0、Y1、Y2、Y3、Y4 分别代表第 0 列、第 1 列、第 2 列、第 3 列、第 4 列。在不需要外接并行扩展芯片的情况下，代表各个行的 5 根引出线分别和 CPU 的通用 I/O 接口 P1 的 5 个引脚连接（这 5 个引脚是单向输入，芯片内无上拉电阻，需外加上拉电阻），代表各个列的 5 根线分别和 P2 的 5 个引脚连接。矩阵键盘工作时首先要确定有无按键按下，其次确定键值、键码，分述如下。

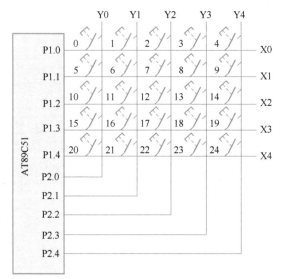

图 7.4　行列式键盘阵列

1. 有无按键的确认

由行线或列线输出低电平，然后读取列线或行线电平，如果读取值不全是高电平则代表有键按下，否则没有。其中要有键盘消抖措施。

2. 按键的识别

扫描算法：逐行置低电平，其余各行为高电平，检查各列电平的变化，如果某列线电平为低电平，即可确定此行列线交叉点处的按键被按下。交换行列线的输出读取关系也可以实现。

线反转法：首先将行线编程为输入线，列线编程为输出线，然后使列线全输出低电平，读取行线电平，行线从高电平转为低电平的行线为按下按键所在行；然后将列线编程为输入线，行线编程为输出线，然后使行线全输出低电平，读取列线电平，列线从高电平转为低电平的列线为按下按键所在列。

3. 扫描算法的键号确定

矩阵式键盘中按键的物理位置唯一，按键由行号和列号唯一确定，所以可以由行列号对按键编码，如 0 行 0 列的按键编码为 00H，2 行 3 列为 13，编码时以处理问题方便为准。根据识别的行列号可以确定键号：

$$键号 = 所在行号 \times 键盘列数 + 所在列号$$

编制程序时可以把键号制成表，查表实现按键功能的处理或直接用 case 语句处理。

7.2.2 编程实例

1. 设计要求

4×4 键盘对应十六进制数码 0~9、A~F。当按下按键时，对应的数码在数码管上显示。行列式键盘仿真原理图如图 7.5 所示，P0 口接单个数码管，P2 口接行列式键盘，P2.0~P2.3 接列线，P2.4~P2.7 接行线。

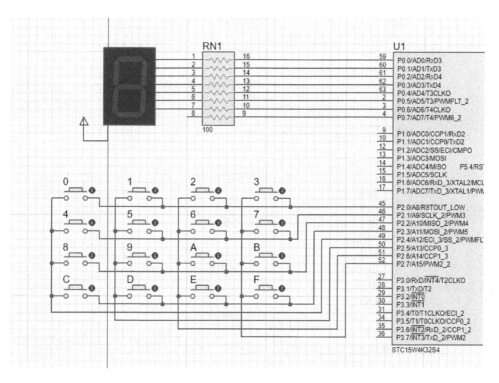

图 7.5　行列式键盘仿真电路图

2. 程序设计

（1）按键扫描程序

按键扫描程序按照上面所讲内容编程，分为有无按键的确认、按键的识别和扫描算法的键号确定三部分，其中按键的识别采用线反转法，行列式按键扫描程序也可分为支持连续按下和不支持连续按下两种情况，为了更好地支持应用，本书程序为混合编程方式。

（2）程序代码及说明

程序代码如下：

```
#include <reg52. h>

#define KEY P2
unsigned char code ledseg[ ] = {0Xc0,0Xf9,0Xa4,0Xb0,0X99 ,0X92,0X82,0Xf8,0X80,0X90,0x88,0x83,
0xc6,0xa1,0x86,0x8e} ; //段码

unsigned char Keyvalue = 0;              //键值
unsigned char Col = 0, Row = 0;          //Col 表示列号, Row 表示行号
void Delayms( unsigned int n);

unsigned char scankey( unsigned char mode)
{
    static unsigned char keyup = 1;
    unsigned char tp;
    if( mode == 1) keyup = 1;
    KEY = 0x0f;
    if( ( KEY ! = 0x0f) && ( keyup == 1))    //判断在按键弹起状态下是否有键按下
    {
        keyup = 0;
        Delayms(10);
        if( KEY ! = 0x0f)                    //再次判断是否有键按下
        {
            tp = KEY;
            switch( tp)
            {
                case 0x0e:
                    Row = 0;                 //0 行按键按下
                    break;
                case 0x0d:
                    Row = 1;                 //1 行按键按下
                    break;
                case 0x0b:
                    Row = 2;                 //2 行按键按下
                    break;
                case 0x07:
                    Row = 3;                 //3 行按键按下
                    break;
                default :
                    break;
            }
            KEY = 0xf0;
```

```
                tp = KEY;
                switch(tp)
                {
                    case 0xe0:
                        Col = 0;              //0 列按键按下
                        break;
                    case 0xd0:
                        Col = 1;              //1 列按键按下
                        break;
                    case 0xb0:
                        Col = 2;              //2 列按键按下
                        break;
                    case 0x70:
                        Col = 3;              //3 列按键按下
                        break;
                    default :
                        break;

                }
                KEY = 0xff;
                return( Row * 4+Col);        //返回键值
            }
        else
            keyup = 1;                       //弹起状态
    }
    else if( KEY = = 0x0f)
        keyup = 1;                           //弹起状态
    KEY = 0xff;
    return 255;                              //返回无效键值
}

void Delayms( unsigned int n)               //ms 延时
{
    unsigned int i,j;
    for( j = n;j>0;j-- )
        for( i = 112;i>0;i-- );
}

void main( void)
{

    P0 = 0xff;
    while( 1) {
        Keyvalue = scankey(0);
        if( Keyvalue ! = 255) {
            P0 = ledseg[ Keyvalue];
        }
    }
}
```

7.3   简易数码锁设计

7.3.1   任务要求

3×4 行列式键盘，分别代表数字 0~9、*、#，密码在程序中事先设定，为 0~9 之间的 6 位数字，用 1602 字符液晶显示屏显示密码输入过程，用发光二极管表示密码锁的开关状态。密码锁操作过程如下：

7.3   数码锁运行

1）上电复位后，数码锁初始状态为关闭（发光二极管灭），液晶显示屏显示 "welcome！"。

2）按下 "*" 号键，液晶显示屏第一行显示 "Please Input Code"，第二行显示 6 个 "-"。

3）输入 6 位密码，并以 "#" 号键结束，输入过程中，液晶屏不显示输入的字符，只显示 "*" 号，如果输入数字超过 6 位，重新显示。

4）输入的密码与原先设定的密码相同，则液晶显示屏第二行显示字符 "Suc"，打开锁（发光二极管亮），3 s 后恢复锁定状态，等待下一次密码输入（返回 1），否则显示字符 "ERR" 持续 3 s，保持锁定状态并等待下次密码输入（返回 1）。

7.3.2   仿真电路

简易数码锁的 LCD 液晶和行列式键盘的仿真电路图分别如图 7.6 和图 7.7 所示，其中 1602 的数据线接 P3 口，控制端 RS、RW 和 E 分别接 P2.0、P2.1 和 P2.2。发光二极管接 P2.3。行列式键盘行线接 P1.4~P1.7，列线接 P1.0~P1.2。

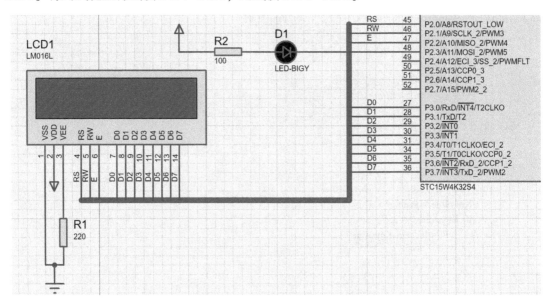

图 7.6   简易数码锁 LCD1602 仿真原理图

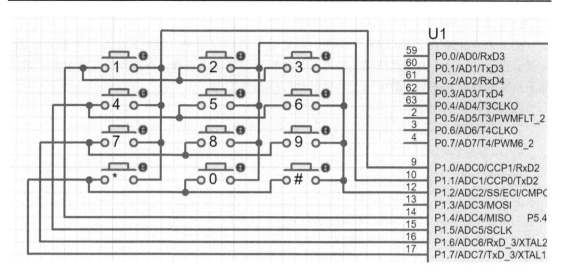

图 7.7 简易数码锁行列式键盘仿真原理图

7.3.3 程序设计

简易数码锁程序可以采用分步编程设计,首先编写 LCD1602 程序并验证,之后编写键盘程序并验证,再编写整体程序,简易数码锁程序采用状态机编程实现。

1. LCD1602 程序

LCD1602 驱动程序的编写见 6.3 和 6.4 节,本章程序需要修改引脚,同时在液晶屏上显示简易数码锁需要显示的字符 "Welcome,Input the Code,Err,Suc"。实现结果可参考图 7.8。

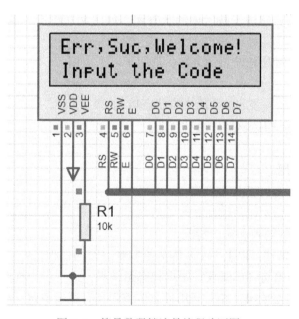

图 7.8 简易数码锁液晶编程验证图

2. 按键测试编程

在 7.3 节讲解了行列式键盘的应用，在简易数码锁应用中，行列式键盘用于输入密码，按键编程测试部分主要测试按键的硬件及软件驱动程序是否正确，按键测试程序主要通过液晶显示按键的数值证明按键电路及软件驱动程序是否正确。

程序代码如下：

1）按键扫描代码基本和 7.3 节相同，需要有相应改动，书中不再给出。

2）主程序代码如下：

```
#include <reg52. h>
#include "key. h"
#include "lcd1602. h"
uchar Lcdbuf[ ] = {'1','2','3','4','5','6','7','8','9',' * ','0','#'};
uchar Keyvalue = 255;          //键值
void main(void)
{
    Delay_ms(400);          //启动等待，等 LCD 进入工作状态
    LCD_Init();             //显示初始化
    Delay_ms(50);           //延时片刻
    DisplayListChar(0, 0, "Please Input Key");
    while(1){
        Keyvalue = scankey(0);
        if(Keyvalue != 255){
            DisplayOneChar(6, 1, Lcdbuf[Keyvalue]);
        }
    }
}
```

3. 状态机编程

状态机（可以参考数字电子技术中的状态图，如图 7.9 所示）编程是嵌入式设备 C 语言编程。

状态机编程属于一种比较流行的方法，适用于以下应用：

1）菜单设置。

2）芯片接口程序（一些芯片手册中有状态机）。

3）协议栈编程（某些协议栈中有状态图）。

4）通信程序。

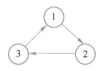

图 7.9　状态图

5）其他适合的应用。

状态机编程主要分为以下几个步骤：

1）确定状态。

2）确定每个状态的输入和输出情况。

3）确定状态转移条件，以上 3 个步骤为绘制状态图的过程。

4）用 switch-case 语句（C 语言）根据状态图编程，这一步为软件实现过程。

状态机编程由于状态明确，相对于用标志位编程具有逻辑清楚、编程容易的优势。

4. 简易密码锁软件编程

简易密码锁软件主要由液晶初始化、显示"welcome"、按键扫描及主状态机组成，其

框图如图 7.10 所示。液晶初始化见 6.3 节内容，通过按键扫描程序扫描按键，得到按键的键码，主状态机实现密码锁的功能。

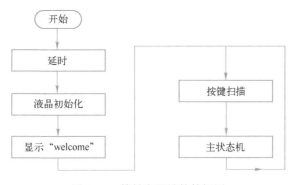

图 7.10　简易密码锁软件框图

（1）主状态机

软件的主状态机由 4 个状态组成，分别为空闲状态、输入密码状态、密码正确状态和密码错误状态。下面说明各个状态的功能及状态转移条件。

1）空闲状态。

在该状态液晶显示"welcome!!"，并且密码锁闭合（用 LED 灭表示），当检测到'*'号键按下时，液晶屏第一行显示"Input the Code"，第二行显示"_____"，并且状态转到输入密码状态。

2）输入密码状态。

输入密码状态是状态机中最复杂的状态，其软件框图如图 7.11 所示。其具体实现如下：

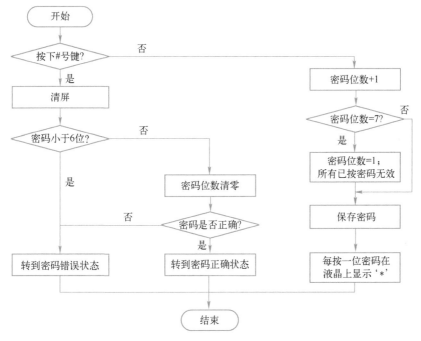

图 7.11　输入密码状态软件框图

① 判断按下的按键。

② 如果按下的按键是#号键,当按下密码小于 6 位,则转到密码错误状态,否则,判断密码是否正确,正确则转到密码正确状态,否则转到密码错误状态。

③ 按下其他按键,当按键次数为 7 次时,重置为 1 次,并且已按下的按键无效,保存密码,并在液晶屏上顺序显示'*'号。

3)密码正确状态。

清屏,显示"SUC",密码锁打开(LED 亮),延时 3 s,密码锁关闭(LED 灭),液晶屏显示"welcome!!",状态转换到空闲状态。

4)密码错误状态。

清屏,显示"ERR",密码锁关闭(LED 灭),延时 3 s,液晶屏显示"welcome!!",状态转换到空闲状态。

(2)简易密码锁程序代码

程序代码没有包括按键和液晶子程序,具体如下:

```c
#include <reg52. h>
#include "key. h"
#include "lcd1602. h"
#include "Lock. h"
sbit LED = P2^3;                              //LED 引脚定义
uchar Keyvalue = 255;                        //键值
uchar MainState = 0;                         //状态机变量
uchar code CODE[6] = {1,2,3,4,5,6};          //密码
uchar cnt = 0;                               //按下密码位数
uchar codebuf[6];                            //输入密码保存, 6 位
uchar codeerr = 0;                           //密码是否正确, 1 密码错误
void main(void)
{
    uchar i;
    Delay_ms(400);                           //启动等待, 等 LCD 进入工作状态
    LCD_Init();                              //显示初始化
    Delay_ms(50);                            //延时
    DisplayListChar(3, 1, "Welcome!!");
    while(1){
        Keyvalue = scankey(0);               //调按键扫描函数
        switch(MainState)
        {
            case IDLE:                       //空闲状态
                cnt = 0;
                codeerr = 0;
                if(Keyvalue == 9){           //判断是否按下 * 号键
                    LCD_WriteCommand(0x01,1);    //显示清屏
                    Delay_ms(20);            //延时片刻
                    DisplayListChar(2, 0, "Input Code");
                    DisplayListChar(4, 1, "_____");
                    MainState = INCODE;      //转到密码输入状态
                }
                break;
```

```
        case INCODE:                              //密码输入状态
            if( Keyvalue = = 11 ) {               //判断是否按下#号键
                LCD_WriteCommand(0x01,1);         //显示清屏
                Delay_ms(20);                     //延时片刻
                if( cnt<6 ) {
                    MainState = ERR;              //位数小于6位,转到密码错误状态
                }
                else {
                    cnt = 0;
                    for( i = 0;i<6;i++)            //判断密码是否正确
                    {
                        if( codebuf[i]  ! = CODE[i])
                        {
                            codeerr = 1;
                            break;
                        }
                    }
                    if( codeerr)
                        MainState = ERR;
                    else
                        MainState = SUC;
                }
            }
            else if( Keyvalue< = 10) {
                cnt++;
                if( cnt = = 7) {                  //是否按下7次密码
                    cnt = 1;
                    DisplayListChar(4, 1, "_____");
                    for( i = 0;i<6;i++)           //保存密码无效
                        codebuf[i] = 255;
                }
/ * ------------保存按下的密码--------------- * /
                if( Keyvalue = = 10)
                    codebuf[cnt-1] = 0;
                else if( Keyvalue = = 9)
                    codebuf[cnt-1] = 13;
                else
                    codebuf[cnt-1] = Keyvalue+1;
                DisplayOneChar(cnt+3, 1, '*');
            }
            break;
        case ERR:                                 //密码错误状态
            LCD_WriteCommand(0x01,1);             //显示清屏
            Delay_ms(20);                         //延时片刻
            DisplayListChar(4, 1, "ERR");
            Delay_ms(3000);                       //延时3S
            LCD_WriteCommand(0x01,1);             //显示清屏
            Delay_ms(20);                         //延时片刻
            DisplayListChar(3, 1, "Welcom!!");
            MainState = IDLE;
            break;
        case SUC:                                 //密码正确状态
```

```
                LCD_WriteCommand(0x01,1);              //显示清屏
                Delay_ms(20);                          //延时片刻
                DisplayListChar(4, 1, "SUC");
                LED=0;
                Delay_ms(3000);                        //延时 3s
                LCD_WriteCommand(0x01,1);              //显示清屏
                Delay_ms(20);                          //延时片刻
                DisplayListChar(3, 1, "Welcom!!");
                MainState=IDLE;
                LED=1;
                break;
            default :
                break;
        }
        Delay_ms(50);
    }
}
```

☁ **走进科学**

1. 无按键键盘

　　这个造型奇怪的产品就是 ORBI TOUCH 无按键键盘
(图 7.12)。这款键盘在外观上十分特立独行，两个巨大的圆
球装在一块塑料板上，圆球上面还有类似鼠标形状的手托。

图 7.12　无按键键盘

这款键盘使用起来需要左手选择字母，右手选择颜色。不同字母对应的颜色也不一样，双手
配合起来才能打字。

　　ORBI TOUCH 的说明书看上去很难，但研发者表示，从买回家到入门只需要 30 分钟。
上面的键位也不是完全随机设计的，而是参考了人们最常用的字母，并且把这些字母放在最
合适的位置，方便记忆。

2. 激光投影键盘

　　像投影虚拟操作这种场景，以前只在科幻电影中才会见
到。有了这个激光投影键盘 (图 7.13)，平时放在桌面上并不
起眼，但在你操作键盘的时候，相信你会成为万众瞩目的焦
点，足够炫酷，充满未来科技感。

图 7.13　激光投影键盘

3. 玻璃键盘

　　这些最新款的玻璃键盘 (图 7.14)，不仅可以用作键盘和全屏显示器，甚至可以成为游
戏控制器。它的全身就是一块可触控的透明 OLED 显示屏，所以用户可以通过触碰来任意调
整键盘布局、背景和配色。

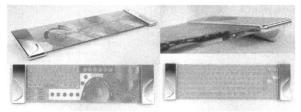

图 7.14　玻璃键盘

习题与思考

1. 为何要消除键抖动？怎样用软件实现按键去抖？

2. 叙述矩阵式键盘按键扫描过程。

3. 硬件布局见图 7.15，用 3 个按键（定义为设置（P3.0）、"+"键（P3.1）、移位键（P3.2））控制 2 位共阴数码管（段接到 P0 口，位选接 P2.0 和 P2.3），晶振频率为 12 MHz（使用 C 语言编程）

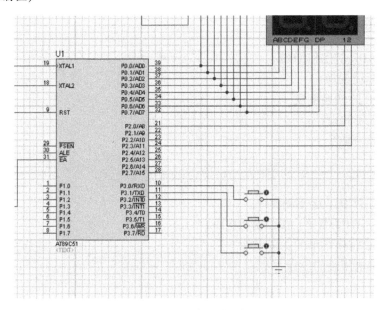

图 7.15　习题与思考题 3 图

要求：

1）实现计数器，从 00~99，延时时间 0.5 s，延时需要用定时器中断实现。

2）用状态机编写设置程序，按设置键十位闪烁，按移位键在十位和各位间移位并闪烁，按加键设置位加 1，再按设置键，保留设置值，并从设置值开始计数。

4. STC15 系列单片机分别接四位共阳极数码管和 4×4 队列式按键（表示 0~15），要求实现以下功能：

1）绘制 Proteus 仿真原理图。

2）单片机上电后数码管显示 0000，当按下按键时，在数码管显示数值上加按键值（如按 5 则加 5，并在数码管上显示），用 C 语言编程，要考虑按键去抖。

项目 8 数字电压表的设计

 知识要点

1. SAR 型 ADC 的工作原理
2. ADC 的标度变换
3. 提高 ADC 的转换精度
4. 数字电压表的设计
5. PGA 和差分放大

学习要求

1. 学会编写 LCD1602 驱动程序
2. 学会编写 STC15W 的 ADC 驱动程序
3. 掌握 ADC 转换结果的标度变换方法
4. 实现数字电压表的设计

学习内容

将模拟信号转换成数字信号的电路，称为模数转换器（简称 A/D 转换器或 ADC，Analog to Digital Converter）。ADC 转换的作用是将时间连续、幅值也连续的模拟量转换为时间离散、幅值也离散的数字信号，因此，ADC 转换一般要经过取样、保持、量化及编码 4 个过程。这 4 个过程在有的 ADC 芯片中是合并进行的，例如，取样和保持、量化和编码往往都是在转换过程中同时实现的。ADC 转换广泛应用于现在的工业控制和生活中。

STC15W 系列单片机片上集成了一个 10 位逐次逼近寄存器型 SAR 的 ADC，转换速率上限为 300kSPS（kilo Samples per Second），即每秒上限为 30 万次。

8.1 ADC 的工作原理

8.1.1 ADC 的硬件组成

STC15W4K 单片机的逐次逼近型 ADC 由比较器、D/A 转换器、缓冲寄存器和若干控制逻辑电路构成，如图 8.1 所示。它有 8 路模拟信号输入端，由寄存器选择某一个通路。其原理是从高位到低位逐位比较，首先将缓冲寄存器各位清零；转换开始后，先将寄存器最高位置 1，把值送入 D/A 转换器，经 D/A 转换后的模拟量送入比较器，称为 V_o，与比较器的待

转换的模拟量 V_i 比较，若 $V_o < V_i$，该位被保留，否则被清 0。然后，置寄存器次高位为 1，将寄存器中新的数字量送 D/A 转换器，输出的 V_o 再与 V_i 比较，若 $V_o < V_i$，该位被保留，否则被清 0。循环此过程，直到获得寄存器最低位，得到数字量的输出到 ADC_RES 和 ADC_RESL 两个寄存器中。

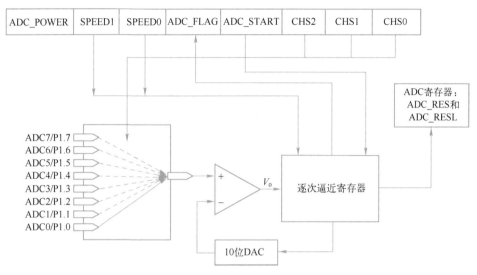

图 8.1　STC15W4K 单片机内部 ADC 原理图

8.1.2　寄存器说明

1. ADC 控制寄存器

ADC 控制寄存器功能见表 8.1，写入完成后，必须延迟 4 个机器周期方可读出。

表 8.1　ADC 控制寄存器功能表

位	B7	B6	B5	B4	B3	B2	B1	B0
名称	ADC_POWER	SPEED1	SPEED0	ADC_FLAG	ADC_START	CH2	CH1	CH0

ADC_POWER：为 1 时使能 ADC 的转换时钟，为 0 禁止 ADC 转换时钟，减少 ADC 的能量消耗。

ADC 转换速度见表 8.2。

表 8.2　ADC 转换速度的选择

SPEED1	SPEED0	每次 ADC 所需周期/个
0	0	540
0	1	360
1	0	180
1	1	90

注意：ADC 使用的时钟为片上 R/C 时钟，不是系统时钟，不经过 CLK_DIV 寄存器的分频。当选择 27 MHz 的 R/C 时钟，在表 8.2 的 SPEED1 = 1，SPEED0 = 1 状态下，可以达到

300kSPS 的最大速率。当设置为 SPEED1＝0，SPEED0＝0 时，ADC 转换设置为 540 个时钟完成一次 ADC 转换。

ADC_START：启动 ADC 转换。

ADC_FLAG：ADC 转换完成标志，同时也是申请中断标志。当转换完成后，该位置 1，必须由用户清除。

CH2、CH1、CH0：用于模拟输入通道的选择，见表 8.3。

表 8.3　模拟输入通道的选择

CH2	CH1	CH0	选 择 通 道
0	0	0	P1.0（复位后默认通道）
0	0	1	P1.1
0	1	0	P1.2
0	1	1	P1.3
1	0	0	P1.4
1	0	1	P1.5
1	1	0	P1.6
1	1	1	P1.7

当选择某个端口为模拟输入口时，必须将 P1ASF 中的对应通道设置为模拟输入。

2. P1ASF 模拟功能配置寄存器

模拟功能配置寄存器每位功能见表 8.4（非位寻址，复位值为 0000_0000B）。

表 8.4　模拟功能配置寄存器

位	B7	B6	B5	B4	B3	B2	B1	B0
名称	P17ASF	P16ASF	P15ASF	P14ASF	P13ASF	P12ASF	P11ASF	P10ASF

P1XASF：当对应为 1 时，将对应的引脚配置为模拟输入状态；当对应为 0 时，将对应的引脚配置为一般 I/O 口。

当转换完成后，ADC 的转换结果存放于 ADC_RES 和 ADC_RESL 两个 8 位的寄存器中，前者存放高位，后者存放低位。如何将两个字节组合呢？由 CLK_DIV 寄存器的 ADRJ 决定。

3. CLK_DIV 时钟分频寄存器

CLK_DIV 时钟分频寄存器（非位寻址，复位值为 0000_0000B）每位功能见表 8.5。

表 8.5　时钟分频寄存器

位	B7	B6	B5	B4	B3	B2	B1	B0
名称	MCKO_S1	MCKO_S0	ADRJ	Tx_Rx	MCLKO_2	CLKS2	CLKS1	CLKS0

ADRJ（ADC Result Adjust Bit）：ADC 结果调整位。

0：类似于右对齐，转换结果由 ADC_RES[7:0] 和 ADC_RESL[1:0] 组成。

1：左对齐，转换结果由 ADC_RES[1:0] 和 ADC_RESL[7:0] 组成。

上述两种方法可以获得 10 位数据，方法如下：

左对齐方式：

```
unsigned int mid;
mid=ADC_RES;
mid<<=2;
mid+=(ADC_RESL&0x03);
```

在左对齐方式下，为计算方便，还可以只取 ADC_RES 寄存器数值，将 10 位 ADC 用作 8 位 ADC。

右对齐方式：

```
mid=ADC_RES;
mid<<=8;
mid+=ADC_RESL;
```

4. ADC 中断使能寄存器

ADC 中断使能寄存器 IE 可位寻址，复位值 0X00，具体格式见表 8.6。

表 8.6 中断使能寄存器 IE

位	B7	B6	B5	B4	B3	B2	B1	B0
名称	EA	ELVD	EADC	ES	ET1	EX1	ET0	EX0

EA：1：由各个中断源使能位决定其是否允许向 CPU 申请中断。

　　　0：禁止所有中断源申请中断。

EDAC：1：使能 ADC 中断；当 EA=1 时，即可向 CPU 申请中断。

　　　　0：禁止 ADC 中断。

5. ADC 中断优先级寄存器

ADC 中断优先级寄存器 IP（非位寻址，复位值 0000_0000B）格式见表 8.7。

表 8.7 中断优先级寄存器

位	B7	B6	B5	B4	B3	B2	B1	B0
名称	PPCA	PLVD	PADC	PS	PT1	PX1	PT0	PX0

PADC：1：ADC 中断具有最高优先级（其他位为 0）。

　　　　0：ADC 中断具有最低优先级。

8.1.3 ADC 数据的获取和标度变换

AD 转换后的电压值与转换精度和参考电压相关，具体如式（8.1）所示：

$$\frac{V_{in}}{V_{ref}}=\frac{D}{2^n} \tag{8.1}$$

式中，V_{in} 为输入的模拟电压；V_{ref} 为参考电压，要求低噪声，高初始化精度；D 为 ADC 获取的数字量；n 为 ADC 的位数。式（8.1）可以转变如下：

$$V_{in}=\frac{D}{2^n}V_{ref} \tag{8.2}$$

在 STC15W4K 系列单片机中，n 为 10，V_{ref} 为单片机的电压。必须注意的是，一旦单片机的电压不稳定，会对 ADC 的转换结果造成较大的影响。

8.2　数字电压表的设计

数字电压表设计要求如下：

1）对 5 V 输入具有 5 mV 的分辨率。

2）具有人机显示界面。

3）转换速率>10 kSPS。

8.2.1　项目硬件电路图

电路设计采用 STC15W4K32S4 单片机，模拟量输入到 P1.0 引脚，使用 LCD1602 进行液晶显示，RS、RW、E 三个控制引脚分别接 P2.5、P2.6、P2.7 引脚，电路如图 8.2 所示。

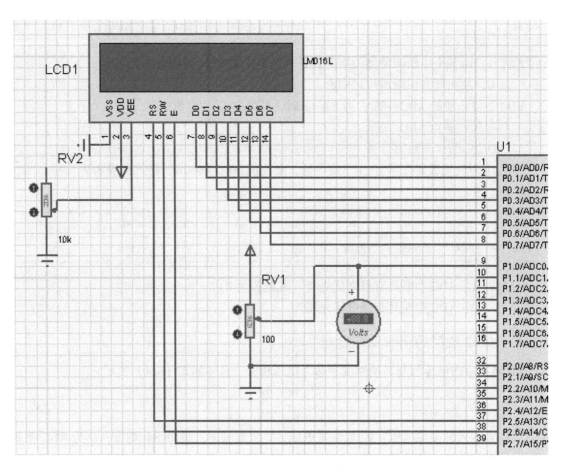

图 8.2　数字电压表的硬件组成

8.2.2　项目源程序

（1）基于查询方式

代码实现如下：

```
#include <system. h>
#include <LCD1602. h>
#include <stdio. h>
#define vref 5. 00
sbit LED1 = P3^4;
sbit LED2 = P3^5;
sbit LED3 = P3^6;
sbit LED4 = P3^7;
#define ADCPOWERON    0x80
#define ADCCycle540   (0x00<<5)
#define ADCCycle360   (0x01<<5)
#define ADCCycle180   (0x02<<5)
#define ADCCycle90    (0x03<<5)
#define ADCSTART      (0x01<<3)
unsigned char a[16] = "              " ,i;
unsigned int mid;
float fmid;
  main( )
    {
        CLK_DIV& = ( ~0x07);                //system clock = fosc/1;
        P0M1 = 0x00;P0M0 = 0x00;            //P0 口配置为 51 标准端口, 仿真时可以不写
        P1M1 = 0x01;P1M0 = 0x00;
        P2M1 = 0x00;P2M0 = 0x00;

        LCDInit( );                         //LCD 初始化
        LCDHideCursor( );                   //隐藏光标
        //P1ASF& = ~0x01;//
        P1ASF| = 0x01;                      //配置 P1.0 作为模拟输入端
        ADC_CONTR = (ADCPOWERON|ADCCycle90|(0x01-1));
    //使能转换时钟, ADC 时钟为片上 R/C 时钟的 90 分频, 选择 P1.0 端口为输入
        CLK_DIV| = (1<<5);                  //ADC 左对齐
        while(1)
        {
                delay_ms(250);
                LED3 = ~LED3;
                LED4 = ~LED4;
                ADC_CONTR = (ADCPOWERON|ADCCycle90|ADCSTART|(0x01-1));
    //使能转换时钟, ADC 时钟为片上 R/C 时钟的 90 分频, 启动 ADC 转换, 选择 P1.0 端口为输入

                while( !(ADC_CONTR&0x10));   //等待 ADC 转换完成
                ADC_CONTR& = ( ~0x10);       //清除 ADC 转换完成标志位
                mid = (ADC_RES<<8)+ADC_RESL; //获取 ADC 转换的 10 位数据
                fmid = (float)mid * vref/1024; //标度变换
                sprintf(&a[0],"volt:%6. 3fV" ,fmid); //格式化输出到字符串中
                SetCurPos(1,1);              //设置光标位置
                LCDPrint(&a[0]);             //LCD 显示输出
```

```
        }
   }
```

（2）基于中断方式

中断方式可以有效提升软件的效率，它需要使能 ADC 中断（EADC=1），并且使能全局中断（EA=1），代码实现如下：

```
#include <system. h>
#include <LCD1602. h>
#include <stdio. h>
#define vref 5. 00
sbit LED1 = P3^4;
sbit LED2 = P3^5;
sbit LED3 = P3^6;
sbit LED4 = P3^7;
#define ADCPOWERON    0x80
#define ADCCycle540    (0x00<<5)
#define ADCCycle360    (0x01<<5)
#define ADCCycle180    (0x02<<5)
#define ADCCycle90     (0x03<<5)
#define ADCSTART       (0x01<<3)

unsigned char a[16] = "               ",i;
unsigned int mid;
float fmid;
void ADC_int() interrupt 5                 //ADC interrupt routine
{       EADC=0;//关闭 ADC 中断
        ADC_CONTR& = (~0x10);              //清除 ADC 中断标志位
        mid = (ADC_RES<<8)+ADC_RESL;       //获取 ADC 结果
        fmid = (float)mid * vref/1024;     //标度变换
        sprintf(&a[0],"volt:%6. 3fV",fmid);   //格式化输出字符串
        SetCurPos(1,1);
        LCDPrint(&a[0]);                   //LCD 显示
        EADC=1;                            //使能 ADC 中断
        ADC_CONTR = (ADCPOWERON|ADCCycle90|ADCSTART|(0x01-1));
//使能转换时钟，ADC 时钟为片上 R/C 时钟的 90 分频，启动 ADC 转换，选择 P1. 0
//端口为输入
}
  main()
    {
        CLK_DIV& = (~0x07);                //系统时钟使用振荡频率 1 分频
        P0M1=0x00;P0M0=0x00;
        P1M1=0x01;P1M0=0x00;
        P2M1=0x00;P2M0=0x00;

        LCDInit();
        LCDHideCursor();

        P1ASF& = ~0x01;//
        P1ASF| = 0x01;                     //配置 P1. 0 端口为模拟输入模式
        ADC_CONTR = (ADCPOWERON|ADCCycle90|(0x01-1));
```

```
//启动转换时钟,180 个时钟转换周期,ADC 转换通道选择 P1.0
    //AUXR1|=0x04; //migrate the SPI from P1 to P2
    CLK_DIV|=(1<<5);  //ADC 转换结果左对齐
    EADC=EA=1; //开启 ADC 中断和总中断
    ADC_CONTR=(ADCPOWERON|ADCCycle90|ADCSTART|(0x01-1));

    while(1)
    {
    }
}
```

8.2.3　调试结果

功能编译后下载到单片机后运行结果如图 8.3 所示。

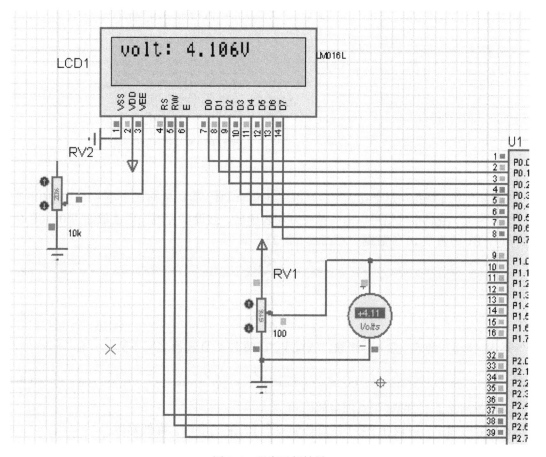

图 8.3　程序运行结果

8.3　提高 STC15W4K 单片机的 ADC 的转换精度

如前所述,由于 STC15W 的 ADC 的电压基准为单片机的电源电压,而供给单片机的电源电压可能在一定范围内浮动,比如从 4.8 V 到 5.1 V,因此转换精度可能大打折扣。在实践中，可以采用如下方法来提高精度，如图 8.4 所示。

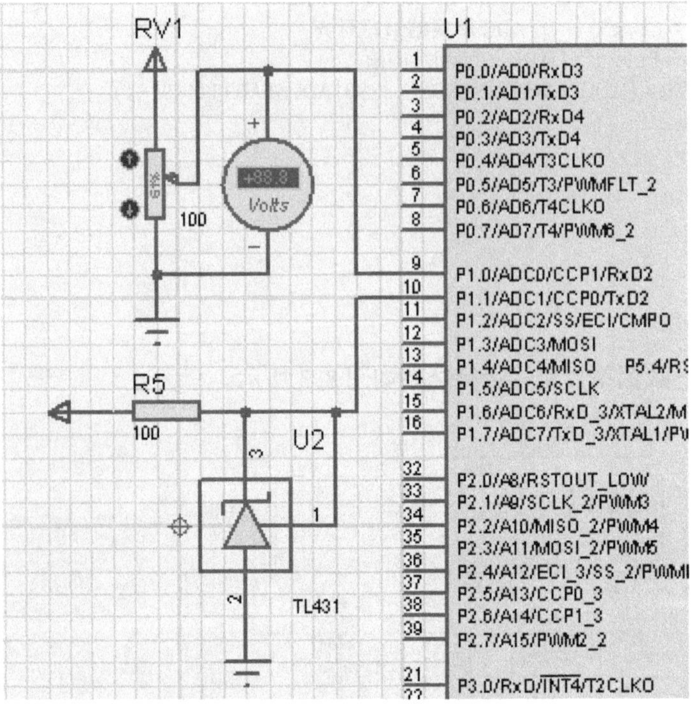

图 8.4　基于 TL431 的 ADC 精度提升方案

单片机的第 1 模拟通道上接入了一个电压基准 TL431，可以输出 2.4~2.6 V 之间的电源基准，假设为 V_r，它的准确值可以由高精度万用表读出。假设单片机先后读取通道 0 和通道 1，获得 D0、D1 的两个 10 位数据，根据式（8.2），有

$$V_{in0} = \frac{D_0}{2^n} V_{DD} \qquad (8.3)$$

$$V_r = \frac{D_1}{2^n} V_{DD} \qquad (8.4)$$

将式（8.3）和式（8.4）相除，假设 V_{DD} 在两次 A/D 转换之间不变化，有

$$V_{in0} = \frac{D_0}{D_1} V_r \qquad (8.5)$$

这样就消除了 V_{DD} 的变化对测量的影响。

在实际应用中，建议在 P1.1 端口处加一个 10 μF 的电容，降低噪声。

8.4　基于 HX711 的微小电压测量

HX711 是我国海芯科技公司的一款专为高精度电子秤而设计的 24 位 delta-sigma A/D 转换芯片，具有较好的性价比。

Delta-sigma ADC（也称为 Sigma-delta ADC）转换原理如图 8.5 所示，包含积分器、比较器和 1 位数/模转换器（DAC），按序排列在一个负反馈循环中。将输入信号和取反的 DAC 输出相加馈入积分器电路。积分器的输出是一个斜坡信号，该信号的斜率与积分器的输入信号幅度成正比。积分器输出与比较器参考信号进行比较，产生 0 或 1。比较器的二进制输出基于 ADC 过采样时钟送入数字滤波器。每个位代表积分的斜坡输出相对于比较器参考的方向，多次循环之后，位流代表输入信号的量化数值。实际上，反馈循环让 DAC 的平均输出匹配输入信号。数字滤波器将位流进行平均，输出期望采样速率 f_s（Fsample）下的 N 位采样。

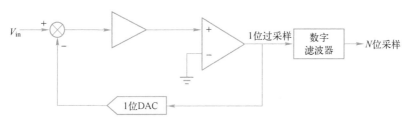

图 8.5 Delta-sigma ADC 转换原理图

8.4.1 芯片简介

HX711 芯片集成了稳压电源、片内时钟振荡器、PGA（Programmable Gain Amplifier，可编程增益放大器）、带隙基准等其他同类型芯片所需要的外围电路，具有集成度高、抗干扰性强等优点，降低了电子秤的整机成本。PGA 是一种通用性很强的放大器，其放大倍数可以根据需要用程序进行控制。最经典的带隙基准（Bandgap Voltage Reference）是利用一个具有正温度系数的电压与具有负温度系数的电压之和，二者温度系数相互抵消，实现与温度无关的电压基准，约为 1.25 V。因为其基准电压与硅的带隙电压差不多，因而被称为带隙基准。在 PGA = 128，10SPS 时，无噪声位可达 17.3 位。

HX711 是 16 引脚芯片，SOIC（Small Outline Integrated Circuit Package）封装，引脚排列如图 8.6 所示，各引脚功能见表 8.8。

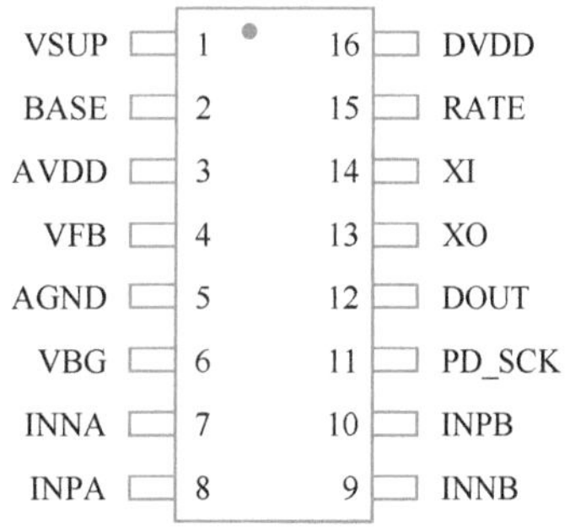

图 8.6 HX711 的引脚

表 8.8 HX711 引脚功能介绍

引脚号	名称	功能描述
1	VSUP	稳压电路电源输入端：2.6~5.5 V
2	BASE	稳压电路输出调整端
3	AVDD	模拟电源：2.6~5.5 V
4	VFB	稳压电路的反馈端
5	AGND	模拟地
6	VBG	带隙基准的输出端
7	INNA(INA-)	A 通道反向端　A 通道的 PGA 放大倍数为 128 或者 64
8	INPA(INA+)	A 通道同相端
9	INNB(INB-)	B 通道反向端　B 通道的 PGA 放大倍数为 32
10	INPB(INB+)	B 通道同相端

（续）

引脚号	名称	功能描述
11	PD_SCK	串行时钟输入端
12	DOUT	串行数据输出端
13	XO	外部晶振输出端
14	XI	外部晶振输入端； 当 XI 接地，可以不用外部晶振，使用内部振荡器
15	RATE	输出速率控制端：接地：10SPS；接 DVDD：80SPS
16	DVDD	数字电源：2.6~5.5 V

表 8.8 中，INA+和 INA−，INB+和 INB−是差分输入，共模电压范围介于 AGND+1.2~
AVDD−1.3 之间，可以连接常见的电桥差分输入，具有较好的抗干扰作用。其输入的差分范
围为 $\pm\dfrac{AVDD}{PGA}$。

8.4.2　HX711 典型应用

对比表 8.8 可知，图 8.7 中将 XI 接地，使用了内部振荡器；将 RATE 端接地，输出速
率为 10SPS，可以有效滤除 50 Hz 和 60 Hz 的工频干扰。拱桥电压为 AVDD，其输出为

$$AVDD = \frac{R11+R12}{R11} \times VFB \tag{8.6}$$

VFB 端大约输出 1.25 V 的电压，AVDD 大约为 28.2×1.25/8.2 V＝4.3 V，用于 A/D 转换的
电压基准，即是式（8.2）中的 V_{ref}。AVDD 比稳压电源的输入电压（VSUP）低至少 100 mV。
图 8.7 中的晶体管 2N3906 为拱桥电压提供了扩流作用，避免从电压基准 AVDD 获取较大的
电流值，从而影响了电压基准的稳定性。

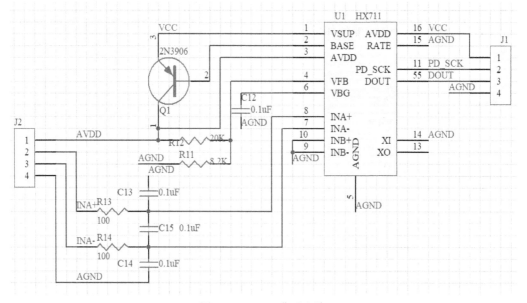

图 8.7　HX711 典型电路

VBG 大约输出 1.25 V 的带隙电压基准，其输出端需要加一个 0.1 μF 的滤波电容。

HX711 有 A 和 B 两路差分输入，本设计中使用了其中的一路，其中差分输入可以用于微小电压的测量。R13、C13、R14 和 C14 滤除串模干扰，C15 滤除共模干扰。

HX711 芯片与单片机的通信只需要两个引脚，时钟引脚 PD_SCK 及数据引脚 DOUT，用来输出数据、选择输入通道和增益。当数据输出引脚 DOUT 为高电平时，表明 A/D 转换器还未准备好输出数据，此时串口时钟输入信号 PD_SCK 应为低电平，其时序图如图 8.8 所示。当 DOUT 从高电平变低电平后，PD_SCK 应输入 25~27 个不等的时钟脉冲，见表 8.9。

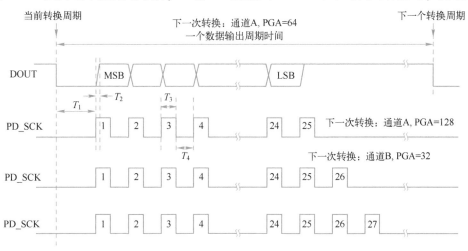

图 8.8　HX711 和 MCU 的通信时序

表 8.9　脉冲数、通道和增益关系

PD_SCK 脉冲数	输 入 通 道	增　　益
25	A	128
26	B	32
27	A	64

当 HX711 的 A/D 转换器的输入通道或增益改变时，A/D 转换器需要 4 个数据输出周期才能稳定。DOUT 在 4 个数据输出周期后才会从高电平变低电平，输出有效数据。

HX711 的数据输出数据见表 8.10，其输出的数据采用补码形式，在实践中注意负电压的读取。

表 8.10　HX711 输入电压和输出数据的关系

（AIN+−AIN−）* PGA	输 出 数 据
VREF−1 LSB	0x7FFFFF
VREF/2	0x400000
+1 LSB	0x000001
0	0x000000
−1 LSB	0xFFFFFF
−VREF/2	0xC00000
−VREF+1 LSB	0x800001
−VREF	0x800000

该数据可以按照如下方法获取长整型的数据补码。

```
unsigned long Count;
if( Count&0x800000)
Count | = 0xff000000;
```

8.4.3　微弱信号的电压测量设计

1. 设计要求

1) 能检测 0~20 mV 的微弱直流信号。

2) 能够通过 LCD1602 进行显示。

3) 具有不低于 10000 的分辨率。

8.4.3　微弱信号电压测量

2. 设计步骤

通过改变图 8.9 中的 RV1 滑动变阻器的位置，获得其对应的零点和斜率。

1) 读取零点，本例程中为零。

2) 获取对应的斜率，1 mV 时，HX711 输出为 419305，确定其斜率为 419305/mV。

本设计中设定 PGA 为 128。

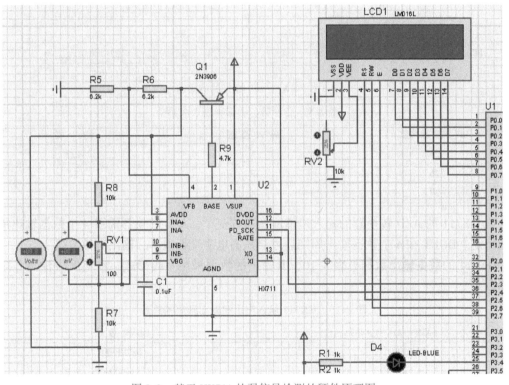

图 8.9　基于 HX711 的弱信号检测的硬件原理图

3. 程序设计

代码实现如下：

```
#include <system. h>
#include <LCD1602. h>
#include <stdio. h>
```

```
#define vref 1. 25          //电压基准
#define zp    0L            //零点
#define slope 419305L       //斜率
sbit LED1 = P3^4;
sbit LED2 = P3^5;
sbit LED3 = P3^6;
sbit LED4 = P3^7;
sbit   ADDO = P2^4;
sbit   ADSK = P2^3;

unsigned long ReadCount(void)
{
  unsigned long Count;
  unsigned char i;
  ADSK = 0;
  Count = 0;
  while(ADDO);            //等待转换完成
  for (i = 0;i<24;i++)
   {
     ADSK = 1;
     Count = Count<<1;
         delay1us;
     ADSK = 0;
         delay1us;
     if(ADDO)
       Count++;
   }
  ADSK = 1;
  //Count = Count^0x800000;
  delay1us;
  ADSK = 0;
  return(Count);
}

unsigned char a[16] = "                ",i;
unsigned long mid;
float fmid;
 main()
    {
        CLK_DIV& = ( ~0x07); //system clock = fosc/1;
        P0M1 = 0x00;P0M0 = 0x00;
        P1M1 = 0x01;P1M0 = 0x00;
        P2M1 = 0x00;P2M0 = 0x00;

        LCDInit();      //液晶初始化
        LCDHideCursor();//隐藏光标

        while(1)
        {
            delay_ms(50);
              LED3 = ~ LED3;
              LED4 = ~ LED4;

              mid = ReadCount()-zp;
```

```
                        fmid = ( float ) mid／slope ;

                        sprintf( &a[ 0 ] ,"volt:%6.3fmV" ,fmid ) ;
                        SetCurPos( 1,1 ) ;
                    LCDPrint( &a[ 0 ] ) ;
                        }
                }
```

4. 仿真结果

仿真运行结果如下：

从图 8.10 可以看出，分辨率高于 0.0002 mV，满足了前述的设计要求。

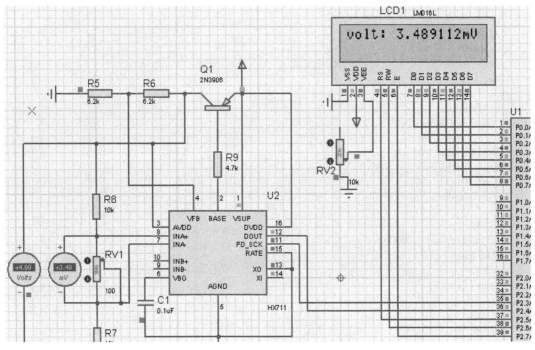

图 8.10　微弱信号的检测

8.4.4　智能电子秤的设计

电子秤的本质也是一种微弱电压的高精度测量装置，能够检测传感器的受力变化。

1. 设计要求

1）电子秤的传感器选用 Proteus 中的 loadcell 传感器，输入是满量程的百分数，在实际应用中注意传感器的量程选取。

2）能够通过 LCD1602 进行显示。

3）具有不低于 10000 的分辨率。

2. 设计的硬件原理图

如图 8.10 所示。基本硬件原理图与前述的微弱电压信号测量类似。拱桥电压如式（8.4）所示，大约为 4.1 V。

3. 设计步骤

通过改变图 8.11 中的 loadcell 传感器的输入，获得其对应的零点和斜率。

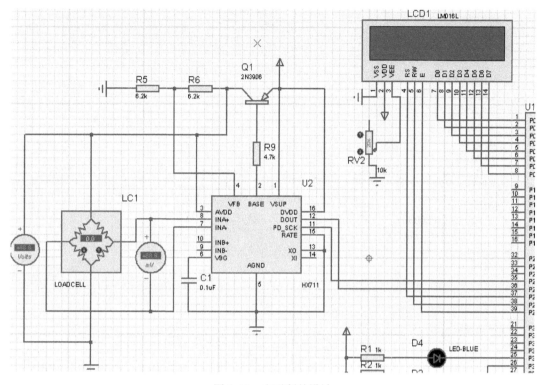

图 8.11　电子秤的设计

1）零点输入（0%），读取零点，本例程中为零。

2）满量程（100%）输入时，可以获取本设计的斜率为 41223.73/1%。
本设计中设定 PGA 为 128。

4. 程序设计

代码实现如下：

```
#include <system. h>
#include <LCD1602. h>
#include <stdio. h>
#define vref 1. 25
#define zp    0L
#define slope 41223. 73
sbit LED1 = P3^4;
sbit LED2 = P3^5;
sbit LED3 = P3^6;
sbit LED4 = P3^7;
sbit    ADDO = P2^4;
sbit    ADSK = P2^3;

 long ReadCount( void)
{
```

```
unsigned long Count;
unsigned char i;
ADSK=0;
Count=0;
while(ADDO);
for (i=0;i<24;i++)
  {
  ADSK=1;
  Count=Count<<1;
  delay1us;
  ADSK=0;
  delay1us;
  if(ADDO)
    Count++;
  }
  ADSK=1;
  if(Count&0x800000)
      Count|=0xff000000;
  delay1us;
  ADSK=0;
  return((long)Count);
}

unsigned char a[16]="              ",i;
long mid;
float fmid;
 main()
    {
        CLK_DIV&=(~0x07);//system clock=fosc/1;
        P0M1=0x00;P0M0=0x00;
        P1M1=0x01;P1M0=0x00;
        P2M1=0x00;P2M0=0x00;
        LCDInit();
        LCDHideCursor();

    while(1)
      {
            delay_ms(50);
            LED3=~LED3;
            LED4=~LED4;

            mid=ReadCount();//-zp;
            fmid=(float)mid/slope;
            sprintf(&a[0],"volt:%5.1f%%",fmid);
            SetCurPos(1,1);
            LCDPrint(&a[0]);
        }
    }
```

5. 仿真结果

从图 8.12 可以看出，分辨率高于 0.0001%，满足了前述的设计要求。

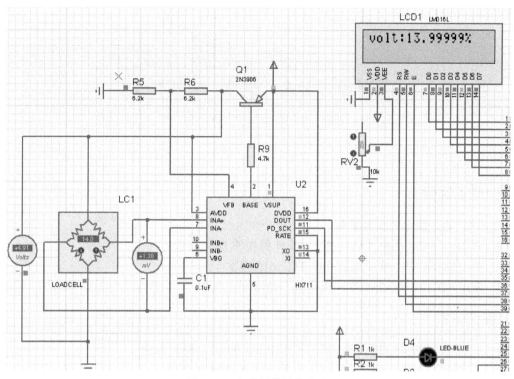

图 8.12   电子秤设计的仿真

走进科学

Σ–Δ 型模/数转换器

近年来，随着超大规模集成电路制造水平的提高，Σ-Δ 型模/数转换器正以其分辨率高、线性度好、成本低等特点得到越来越广泛的应用，如图 8.13 所示，主要用于高分辨率的中、低频（低至直流）测量和数字音频电路中，电子秤就是其典型的代表应用。Σ-Δ 型模/数转换器方案早在 20 世纪 60 年代就已经有人提出，然而受当时工艺限制，无法实施。今天，随着微米技术的成熟及更小的 CMOS 几何尺寸，Σ-Δ 结构的模/数转换器日趋成熟，并走向了实际应用，特别是广泛应用在混合信号集成电路中。

图 8.13   Σ-Δ 型模/数转换器

习题与思考

1. 对 STC15W4K 单片机，当系统时钟为 24 MHz，SPEED1 = 1，SPEED0 = 0 时，转换速率为多少？

2. 将 8.4.3 节中的 ADC 驱动改写为 .h 和 .c 形式。

3. 添加按键，可以设置报警上下限；当电压值在报警限外时，能通过 LED 灯报警输出。

项目 9　DAC 转换及其应用

 知识要点

1. DAC 的工作原理及其参数
2. STC15W4K32S4 单片机的基于 PWM 模块的 D/A 转换
3. STC15W4K32S4 单片机的外扩 TLC5615 方案
4. 应用 STC15W4K32S4 单片机生成三角波和正弦波

学习要求

1. 掌握 STC15W4K32S4 单片机的基于 PWM 的 D/A 设计方法
2. 掌握 STC15W4K32S4 单片机的 TLC5615 的驱动方法
3. 掌握应用 STC15W4K32S4 单片机和 TLC5615 生成常见波形的方法

学习内容

数/模转换器（DAC）是将数字量转换成模拟量，完成这个转换的器件称为数/模转换器（Digital to Analog Converter）。常见的 DAC 有 8 位、10 位、12 位、16 位等，从结构上说，有权重电阻型、R-2R、Delta-Sigma 等结构。

集成 DAC 的主要技术指标可以分为静态指标和动态指标。

1. 静态指标

静态指标均基于实际 DAC 与相同位数的理想 DAC 之间的输出曲线的比较。

（1）最小输出电压 ULSB/电流 ILSB（LSB＝Least Significant Bit）

该指标指输入数字量只有最低位 1 时，DAC 所输出的模拟电压/电流幅度。

（2）满量程输出电压 UFSR/电流 IFSR（FSR＝Full-Scale Range）

该指标指输入数字量的所有位均为 1 时，DAC 输出的模拟电压/电流的幅度。

（3）分辨率（Resolution）

分辨率指 DAC 能够分辨最小电压的能力，它是 DAC 转换器在理论上所能达到的精度。常用 DAC 的位数表示，比如 8 位、10 位等，一个输出满量程为 5 V 的 8 位 DAC 转换器，其最小分辨电压为 5/255 V。

（4）转换精度（Accuracy）

D/A 转换精度用来表示 D/A 转换器实际输出电压与理论输出电压的偏差，通常以满输出电压 UFSR 的百分数或者 LSB 给出。造成偏差的原因有多种，如参考电压的波动、运算放大器的零点漂移、模拟开关的导通内阻和导通压降、电阻解码信号中电阻阻值的偏差等因素。严格来讲，转换精度与分辨率并不完全一致。只要位数相同，分辨率则相同，但相同位数的不同转换器，转换精度会有所不同。

转换精度以非线性误差为表征。

（5）增益误差（Gain Error）

如图 9.1 所示，增益误差指由于 DAC 实际的增益系数与理想的增益系数之间存在偏差，而引起的输出模拟信号的误差，也称为斜率误差。这种误差使得 DAC 的每一个模拟输出值都与相应的理论值相差同一个百分比，即输入的数字量越大，输出模拟信号的误差也就越大。参考电压的波动和运算放大器的闭环增益偏离理论值是引起这种误差的主要原因，单位是 LSB 或者 Percent of FSR。

（6）失调误差（Offset Error）

失调误差如图 9.2 所示。失调误差描述的是整个 DAC 实际转换曲线相对于理论曲线的上移或者下移的程度，将满量程的 10% 和 90% 的线性区域内的两点连线，形成一条 $y=kx+b$ 的曲线，b 即是失调误差。

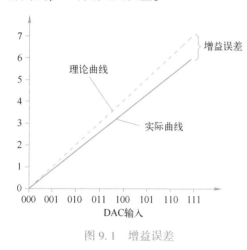

图 9.1   增益误差   图 9.2   零点误差和失调误差

（7）零点误差（Zero-Scale Error）

零点误差如图 9.2 所示，它是指当输入数字量的所有位都为 0 时，DAC 的输出电压与理想情况下的输出电压（应为 0）之差。这种误差使得 DAC 实际的转换特性曲线相对于理想的转换特性曲线发生了平移。造成这种误差的原因是运算放大器的零点漂移，多用 LSB 或者 Percent of FSR 来表示。

通过对增益误差和零点误差的校正，即可获得计算非线性误差的实际曲线。

（8）积分非线性误差（Integral Non-Linearity，INL）

数模器件的积分非线性误差用积分非线性误差来表示，有的器件手册用 Linearity Error 来表示。它表示了在所有输入点对应的理论值和真实值之间最大的误差值，单位是 LSB（即最低位所表示的量）。

比如 DAC7512，INL 值为 8LSB，那么，如果基准 4.095 V，给定数字量 1000，那么输出电压可能是 0.992~1.008 V。

（9）微分线性度（Differential Nonlinearity，DNL）

微分线性度指相邻两个输出电平的差相对于理想值（1LSB）的偏差。数据手册中的

DNL 代表所有曲线中最大的偏差值。如果出现 DNL<-1LSB 的现象，则 DAC 的输出肯定是非单调的，即是当数字编码增加 1，输出不增加反而会下降。如果 DAC 出现非单调的情况，则控制环路无法收敛。这时一般会选择 DNL<±1LSB 的器件。

DNL 是 INL 的单位度量上的微观体现，对每个输入点上之前的 DNL 求和就是该点的 INL，在所有的 INL 求出最大值，就是手册中的 INL，这也是 INL 为什么被称为积分非线性的原因。

（10）D/A 温度灵敏度

它是指数字量输入不变的情况下，输出模拟量信号随温度变化产生的变化量。一般 D/A 转换器的温度灵敏度为 $\pm 50 \times 10^{-6}/℃$。

2. 动态指标

（1）D/A 转换时间（Conversion Time）

D/A 转换时间也称为建立时间（Settling time），是描述 D/A 转换器转换快慢的一个参数，用于表明转换时间或转换速度。D/A 转换时间是指输入数字量变化时，输出电压/电流量变化达到终值误差≤1/2LSB 时所需的时间（一般是满量程输入的变化）。

电流输出 DAC 的转换时间较短，而电压输出的 DAC 转换器，由于要加上完成 I/V 转换的运算放大器的延迟时间，因此转换时间要长一些。快速 D/A 转换器的转换时间可控制在 1 μs 以下。

（2）转换速率

建立时间的倒数即为转换速率，也就是每秒钟 DAC 至少可进行转换的次数。

9.1　基于 PWM 的 DAC 转换

当 MCU 需要产生模拟信号时，通常采用集成或独立的 D/A 转换器实现。但是在要求低成本的场合，可以通过 PWM 信号产生系统需要的直流和交流信号。

9.1.1　PWM 原理

PWM（Pulse Width Modulation），脉冲宽度调制，它是通过调节脉冲占空比的变化来调节直流幅值、能量等的变化。占空比就是指在一个周期内，信号处于高电平的时间占据整个信号周期的百分比，例如方波的占空比就是 50%。

如果使 PWM 信号的占空比随时间改变，那么其直流分量随之改变，滤除信号中的交流分量后可输出幅度变化的模拟信号。因此通过改变 PWM 信号的占空比，可以产生不同的模拟信号。这种技术称为 PWM DAC，其原理可以形象地用图 9.3 表示出来。

图 9.3　PWM 原理

根据傅里叶级数理论，图 9.3 中的 PWM 波可以表示为

$$f(t) = A_0 + \sum_{n=1}^{\infty} \left(A_n \cos \frac{2n\pi t}{T} + B_n \sin \frac{2n\pi t}{T} \right) \tag{9.1}$$

根据傅里叶级数理论，式（9.1）中

$$A_0 = A\eta \tag{9.2}$$

式中，A 代表幅值；η 代表占空比。当滤波器将所有的交流分量滤除时，即可获得这个直流分量。

9.1.2　PWM 设计原理图

为了提高精度和反应速度，设计 STC15W4K 的输出 PWM 波频率为 100 kHz，使用其内部的 RC 振荡器，程序下载时候频率设定为 12 MHz。

模拟滤波部分采用了 RC 滤波器，其截止频率可以用如下公式计算：

$$f = \frac{1}{2\pi RC} \tag{9.3}$$

该滤波器的低通（LP）截止频率为 482.5 Hz。

低通截止频率越低，其直流精度越好，但是跟踪输入的动态特性越差。该 DAC 转换的静态和动态特性是一对矛盾，在实际应用中，必须折中考虑。

9.1.3　PWM DAC 设计原理图

选用 PWM3 作为输出，输出引脚为 P2.1，如图 9.4 所示，它对应的定时器 1 的初值为 0，当系统时钟为 12 MHz，输出 100 kHz 的 PWM 波，定时器 2 的初值为 120。

9.1.3   PWM 生成三角波

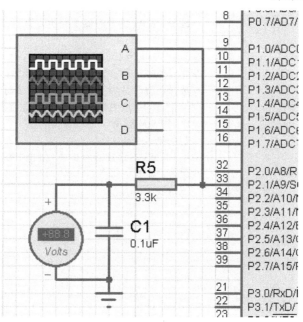

图 9.4　基于 STC15W4K 单片机的 PWM DAC 的设计

程序代码如下：

```c
#include <system. h>
#define SYSTEMCLOCK 12000000L        //系统时钟为 12 MHz
#define PWMCLOCK   100000L           //PWM 频率为 100 kHz
#define  FreValue  SYSTEMCLOCK/PWMCLOCK  //PWM 定时器 2 的初值
void FlashDuty( unsigned char Duty)     //调整占空比
{
    P_SW2|= 0x80;                    //使能访问位于扩展 RAM 中的特殊功能寄存器
    PWM3T2H=( ( unsigned int)( FreValue * 1. 0 * Duty/100) )>>8;
// PWM3 的 T2 定时器高字节
    PWM3T2L=( unsigned int)( FreValue * 1. 0 * Duty/100);
// PWM3 的 T2 定时器低字节
    P_SW2&= ~0x80;                   //禁止访问位于扩展 RAM 中的特殊寄存器
}
void FlashFreq( unsigned int FreVal)     //调整频率
{
    P_SW2|= 0x80;
    PWMCH =FreVal>>8;                //获取频率的高 8 位
    PWMCL =FreVal;                   //获取频率的低 8 位
    P_SW2&= ~0x80;
}
void main( void)
{
unsigned char duty=0;

P2M1= 0x00;
    P2M0= 0x00;                      //设置 P2.1 为上拉模式（标准 51 模式）
    P_SW2|= 0x80;                    //使能访问扩展 RAM 中的特殊功能寄存器
    PWM3T1H=0;
    PWM3T1L=0;                       //设置 PWM3 的定时器 1 的初值为零
    PWM3CR= 0;
    PWMCR |= 0x02;                   //设置 P2.1 为 PWM3 的输出
    //PWMCFG |= 0x02;                //注释掉本语句,是将 P2.1 的初始输出为低电平
    PWMCKS= 0;                       //选择系统时钟为 PWM 时钟,PWM 时钟为系统时钟 1 分频
    P_SW2&= ~0x80;                   //禁止访问扩展 RAM 中的特殊功能寄存器
    FlashFreq( FreValue);            //设定 PWM 频率
    FlashDuty(10);                   //初始化占空比
    PWMCR &= ~0x40;                  //当 PWM3 的计数器为 0 时,禁止中断
    PWMCR |= 0x80;                   //运行 PWM
    while (1)                        //三角波输出
{
    FlashDuty( duty);
    //delay_ms(10);
    duty++;
    if( duty= = 101)
        duty=0;
}
}
```

9.1.4　PWM DAC 仿真图

从图 9.5 中可以看出，锯齿波的下降沿处出现放电现象，不够垂直。其占空比与直流电压的关系见表 9.1。

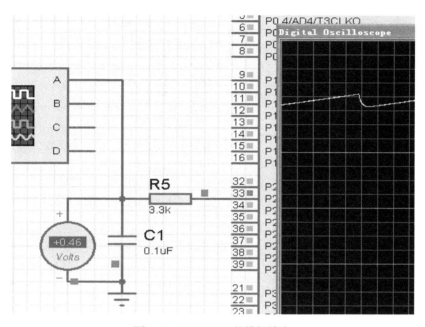

图 9.5　PWM DAC 的模拟输出

表 9.1　占空比与直流电压的关系（$V_{CC} = 5\,V$，$R = 3.3\,k\Omega$，$C = 0.1\,\mu F$）

占空比（%）	电压值/V
100	4.99
75	3.73~3.77
50	2.48~2.52
25	1.23~1.27
0	0.02

9.2　基于 TLC5615 的锯齿波和正弦波设计

TLC5615 是德州仪器公司生产的一款 10 位 D/A 转换器，单路电压输出，输出电压可达到基准电压的两倍，可带最小 2 kΩ 的负载。芯片带有上电复位功能，采用四线制串行总线接口，兼容 SPI 通信，最大转换时间为 12.5 μs（输入从 0x000 变为 0x3FF 或者从 0x3FF 变为 0x000），还能多片级联使用。其原理图如图 9.6 所示，时序图如图 9.7 所示。

TLC5615 时序图中各时间参数的定义见表 9.2。

表 9.2　TLC5615 参数说明

参　数	含　义	最 小 值	标 准 值	最 大 值	单　位
$t_{\text{su(DS)}}$	建立时间，DIN 准备好到 SCLK 为高	45			ns
$t_{\text{h(DH)}}$	SCLK 为高后 DIN 保持时间	0			ns
$t_{\text{su(CSS)}}$	建立时间，CS 为低到 SCLK 为高	1			ns
$t_{\text{su(CS1)}}$	建立时间，CS 为高到 SCLK 为高	50			ns
$t_{\text{h(CSH0)}}$	保持时间，SCLK 为低到 CS 为低	1			ns
$t_{\text{h(CSH1)}}$	保持时间，SCLK 为低到 CS 为高	0			ns
$t_{\text{w(CS)}}$	片选为 1（不使能）最小时间	20			ns
$t_{\text{w(CL)}}$	脉冲为低最小时间	25			ns
$t_{\text{w(CH)}}$	脉冲为高最小时间	25			ns

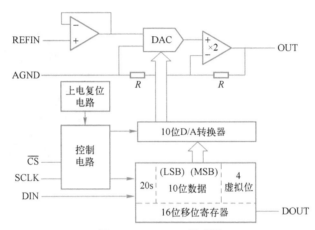

图 9.6　TLC5615 原理图

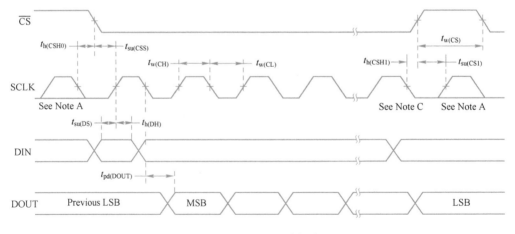

图 9.7　TLC5615 时序图

9.2.1　TLC5615 的编程要点

TLC5615 数据输出为 12 位，后两位的数据为 0，其数字量和模拟量输入和输出关系见表 9.3。

表 9.3　输入和输出的关系

输入量（二进制）	输出/V
1111_1111_11(00)	2 * Vrefin * 1023/1024
1000_0000_01(00)	2 * Vrefin * 513/1024
1000_0000_00(00)	2 * Vrefin * 512/1024
0111_1111_11(00)	2 * Vrefin * 511/1024
0000_0000_01(00)	2 * Vrefin * 1/1024
0000_0000_00(00)	2 * Vrefin * 0/1024

注意：MCU 对 TLC5615 的输出数据为 12 位，后两位的数据为零，用括号表示。
程序设计要点如下：

1. SCLK 最高频率

$$f_{sclk(max)} = \frac{1}{t_{w(CH)} + t_{w(CL)}} \tag{9.4}$$

考虑到 $t_{su(DS)}$，上述频率为实际为

$$f_{sclk(max)} = \frac{1}{t_{w(CH)} + t_{su(DS)}} \tag{9.5}$$

大约为 14 MHz，时钟的低电平时间不低于 45 ns。

2. 最大更新速率

从理论上说，DAC 的更新速度可以由如下公式决定：

$$t_{p(CS)} = 12 \times (t_{w(CH)} + t_{w(CL)}) + t_{w(CS)} \tag{9.6}$$

如果是 16 位数据格式，将 16 替换为上述公式中的 12。在 16 位数据格式下，$t_{p(CS)}$ 为 820 ns，更新频率大约为 1.21 MHz。但是由于转换时间为 12.5 μs，因此更新速率上限为 80 kHz。

9.2.2　锯齿波发生器的设计

1. 硬件设计

如图 9.8 所示，TLC5615 电源电压为 5 V，电压基准为 LM385，它产生 1.25 V 的带隙基准电压，输出的电压上限为 1.25×2 V = 2.5 V。

9.2.2　TLC5615 锯齿波

2. 软件设计

软件设计代码如下：

```
#include <system. h>
#include <intrins. h>
sbit sclk = P0^0;          //定义串行时钟
sbit cs = P0^1;            //定义片选端
sbit din = P0^2;           //定义数据输入端
sbit dout = P0^3;          //定义数据输出端
#define csh    cs = 1       //宏定义，为了方便移植
#define csl    cs = 0
```

```
#define sclkh    sclk = 1
#define sclkl    sclk = 0
#define dinh     din = 1
#define dinl     din = 0
#define GE1ns   _nop_( ); //th( CSH0)
#define GE45ns _nop_( ); //tsu( DH)
#define GE25ns _nop_( ); //tw( CH) ,tw( CL)
#define GE33ns _nop_( ); // tw( CS)>20ns;实践中建议大于 tw( CS)+ts>= 20 ns+12. 5 μs
unsigned int dacdata = 0 , mid;
unsigned char i;
 main( )
{
CLK_DIV& = ~0x07; //system clock = fosc/1 @ 12 MHz    P0M1 = 0x00;P0M0 = 0x00;//端口为上拉模式
    P1M1 = 0x00;P1M0 = 0x00;
  while( 1)
    {
            csh;
            dinh;
            GE33ns;
            dinl;
            GE1ns;
            csl;


    mid = dacdata<<6;
    for( i = 1;i< = 10;i++) //send 10 bits DA
     { if( mid&0x8000)
            dinh;
        else
            dinl;
                GE45ns; //tsu( DH)
        sclk = 1;
        GE25ns;//tw( CH)>= 25ns
        mid<< = 1;
        sclk = 0;
        GE25ns;//tw( CL)>= 25ns
        }
    for( i = 1;i< = 2;i++) //send two 0
        {
        dinl;
        GE45ns; //tsu( DH)
        sclkh;
        GE25ns;//tw( CH)>= 25ns
        sclk = 0;
        GE25ns;//tw( CL)>= 25ns
        }
        dacdata++;
    if( dacdata = = 0x400)
        dacdata = 0;
    }
    }
```

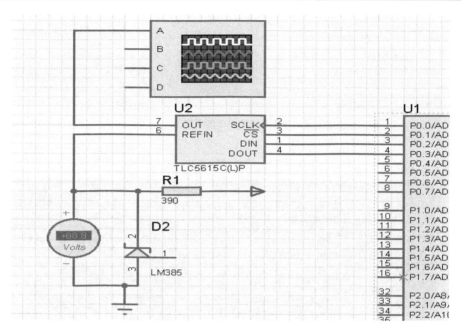

图 9.8　硬件设计原理图

3. 仿真结果

仿真结果如图 9.9 所示。

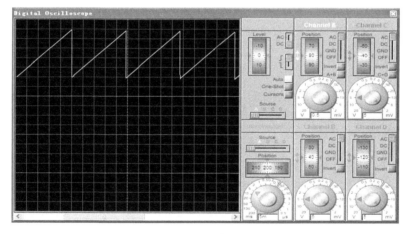

图 9.9　仿真波形

9.2.3　正弦波发生器的设计

1. 硬件设计

硬件设计与锯齿波相同, 如图 9.10 所示。

2. 生成正弦波对应的数组

使用 SPWM 表格生成工具, 设定幅值和周期内点数, 生成数据, 如图 9.10 所示。

9.2.3　正弦波

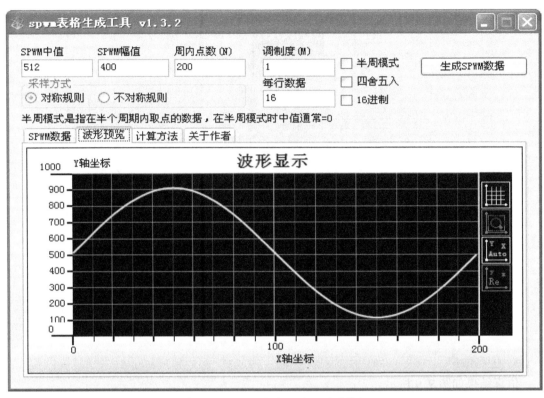

图 9.10　SPWM 软件生成正弦波数组

3. 程序设计

程序代码如下:

```
#include <system. h>
#include <intrins. h>
sbit sclk = P0^0;//定义对应的端口
sbit cs  = P0^1;//
sbit din = P0^2;//
sbit dout = P0^3;//
#define csh    cs = 1
#define csl    cs = 0
#define sclkh    sclk = 1
#define sclkl    sclk = 0
#define dinh    din = 1
#define dinl    din = 0
#define GE1ns    _nop_( ); //th( CSH0)
#define GE45ns    _nop_( ); //tsu( DH)
#define GE25ns    _nop_( ); //tw( CH) ,tw( CL)
#define GE33ns    _nop_( ); //tw( CS) +ts ts>12. 5us
unsigned int dacdata = 0, mid;
unsigned char i;
//在 ROM 区生成对应的正弦波数组
code SinVal[ 200] = {512,524,537,549,562,574,586,599,611,623,635,647,659,670,682,693,
704,715,726,736,747,757,766,776,785,794,803,812,820,828,835,842,
849,856,862,868,873,879,883,888,892,896,899,902,904,907,908,910,
```

```
911,911,912,911,911,910,908,907,904,902,899,896,892,888,883,879,
873,868,862,856,849,842,835,828,820,812,803,794,785,776,766,757,
747,736,726,715,704,693,682,670,659,647,635,623,611,599,586,574,
562,549,537,524,512,499,486,474,461,449,437,424,412,400,388,376,
364,353,341,330,319,308,297,287,276,266,257,247,238,229,220,211,
203,195,188,181,174,167,161,155,150,144,140,135,131,127,124,121,
119,116,115,113,112,112,112,112,112,113,115,116,119,121,124,127,
131,135,140,144,150,155,161,167,174,181,188,195,203,211,220,229,
238,247,257,266,276,287,297,308,319,330,341,353,364,376,388,400,
412,424,437,449,461,474,486,499};
void DAC_Conv(unsigned int dacdata)
{
        csh;
    dinh;
    GE33ns;
    dinl;
    GE1ns;
    csl;
      mid=dacdata<<6;
      for(i=1;i<=10;i++) //send 10 bits DA
        {if(mid&0x8000)
                dinh;
            else
                dinl;
                GE45ns; //tsu(DH)

            sclk=1;
                GE25ns;//tw(CH)>=25ns
            mid<<=1;
                sclk=0;
                GE25ns;//tw(CL)>=25ns
            }
        for(i=1;i<=2;i++) //send two 0
            {
            dinl;
                GE45ns; //tsu(DH)
            sclkh;
            GE25ns;//tw(CH)>=25ns
            sclk=0;
            GE25ns;//tw(CL)>=25ns
            }
}

 main()
{ unsigned char i=0;
    CLK_DIV&=~0x07; //system clock=fosc/1;@ 12MHz
    P0M1=0x00;P0M0=0x00;//输出为上拉结构
    P1M1=0x00;P1M0=0x00;
  while(1)
    {
            DAC_Conv(SinVal[i]);
        i++;
```

```
    if(i==200)
      i=0;
  }
}
```

4. 仿真结果

仿真结果如图 9.11 所示。

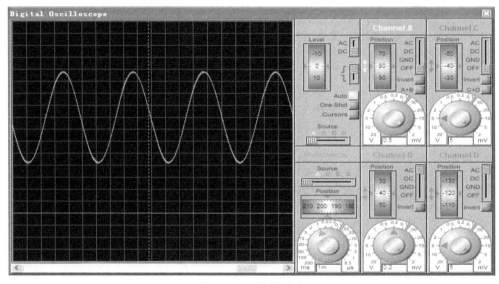

图 9.11　正弦波输出

示波器结果显示，输出约 200 Hz 的正弦波。

走进科学

DAC 和闭环控制（Closed-Loop System）

闭环系统由前馈通路、反馈通路和控制器等部分组成。反馈通路由传感器等元件组成，获取伺服电动机的位置和转速、流量阀的开度或被控对象的温度等物理参数，并将数据馈送回控制器，而控制器则利用反馈参数来进行控制。

DAC 是位于闭环系统前馈通路中的关键组件，如图 9.12 所示，它将控制器给出的数字信号转变为模拟信号，用以调节执行机构等元件，使其达到要求的控制效果。

图 9.12　DAC

习题与思考

1. DAC 的参考电压的作用是什么？可以用单片机的 VDD 端的电压吗？

2. 什么是 DAC 的分辨率和精度，精度一般用什么表示？TLC5615 的分辨率是多少？精度是多少？

3. 根据 9.2.2 节中的实例设计对应程序，产生三角波。

项目 10　基于 DS18B20 数字温度计的设计

 知识要点

1. 单片机系统设计方法
2. 1-wire 结构原理
3. DS18B20 原理及结构
4. 数字电子温度计的设计

学习要求

1. 掌握单片机进行系统设计的方法
2. 掌握 DS18B20 的初始化时序、写时序、读时序
3. 掌握利用 1-wire 进行程序设计的方法

学习内容

10.1　单片机应用系统的开发流程

不同的单片机应用系统由于应用目的不同，设计时自然要考虑其应用特点，如有些系统可能对用户的操作体验有苛刻的要求，有些系统可能对测量精度有很高的要求，有些系统可能对实时控制能力有较强的要求，也有些系统可能对数据处理能力有特别的要求，所以说设计一个符合生产要求的单片机应用系统，就必须充分了解这个系统的应用目的和其特殊性。虽然各个单片机应用系统各有各的特点，但对于一般的单片机应用系统的设计和开发过程来说，又具有一定的共性，本节将从单片机应用系统的设计原则、开发流程和工程报告的编制来论述一般通用的单片机应用系统的设计和开发过程。

10.1.1　单片机应用系统的设计原则

1）系统功能应满足生产要求。从系统功能需求作为出发点，根据实际生产要求设计各个功能模块，如显示、键盘、数据采集、检测、通信、控制、驱动、供电方式等。

2）系统运行应安全可靠。在元器件选择和使用上，应选用可靠性高的元器件，防止元器件的损坏影响系统的可靠运行；在硬件电路设计上，应选用典型应用电路，排除电路的不稳定因素；在系统工艺设计上，应采取必要的抗干扰措施，如去耦、光耦隔离和屏蔽等硬件抗干扰措施，同时程序应注意传输速率、节电方式和掉电保护等软件抗干扰措施。

3）系统具有较高的性能价格比。简化外围硬件电路，在系统性能许可的范围内尽可能用软件程序取代硬件电路，从而降低系统的制造成本，以取得最好的性价比。

4）系统易于操作和维护。操作方便表现在操作简单、直观形象和便于操作。在系统设计时，在系统性能不变的情况下，应尽可能地简化人机交互接口，可以有操作菜单，但常用参数及设置应明显，做到良好的用户体验。

5）系统功能应灵活，便于扩展。提供灵活的功能扩展，就要充分考虑和利用现有的各种资源，在系统结构、数据接口方面能够灵活扩展，为将来可能的应用拓展提供空间。

6）系统具有自诊断功能。采用必要的冗余设计或增加自诊断功能，这方面在成熟的批量化生产的电子产品上体现很明显，如空调、洗衣机、电磁炉等产品，当出现故障时，通常会显示相应的代码，提示用户或专业人员是哪一个模块出现故障了，帮助快速锁定故障点进行维修。

7）系统能与上位机通信或并用。上位机 PC 具有强大的数据处理能力以及友好的控制界面，系统的许多操作可通过上位机 PC 的软件界面上相应按钮单击鼠标来完成，从而实现远程控制等。单片机系统与上位机通信常通过串口传输数据来实现相关的操作。

在这些原则中，适用、可靠、经济最为重要。对于一个应用系统的设计要求，应根据具体任务和实际情况进行具体分析后提出。

10.1.2　单片机应用系统的开发流程

1. 系统需求调查分析

做好详细的系统需求调查是对研制新系统准确定位的关键。当建造一个新的单片机应用系统时，首先要调查市场或用户的需求，了解用户对未来新系统的希望和要求，通过对各种需求信息进行分析综合，得出市场或用户是否需要新系统的结论。其次，应对国内外同类系统的状况进行调查。调查的主要内容包括：

1）原有系统的结构、功能以及存在的问题。

2）国内外同类系统的最新发展情况以及与新系统有关的各种技术资料。

3）同行业中哪些用户已经采用了新的系统，它们的结构、功能、使用情况以及所产生的经济效益。

经过需求调查，整理出需求报告，作为系统可行性分析的主要依据。显然，需求报告的准确性将左右可行性分析的结果。

2. 可行性分析

可行性分析用于明确整个设计任务在现有的技术条件和个人能力上是可行的。首先要保证设计要求可以利用现有的技术来实现，通过查找资料和寻找类似设计找到与该任务相关的设计方案，从而分析该项目是否可行以及如何实现；如果设计的是一个全新的项目，则需要了解该项目的功能需求、体积和功耗等，同时需要对当前的技术条件和元器件性能非常熟悉，以确保选择的元器件能够完成所有的功能。其次需要了解整个项目开发所需要的知识是否都具备，如果不具备，则需要估计在现有的知识背景和时间限制下能否掌握并完成整个设计，必要的时候，可以选用成熟的开发板来加快学习和程序设计的速度。

可行性分析将对新系统开发研制的必要性及可实现性给出明确的结论，根据这一结论决定系统的开发研制工作是否继续进行下去。可行性分析通常从以下几个方面进行论证：

1）市场或用户需求。

2）经济效益和社会效益。

3）技术支持与开发环境。

4）现在的竞争力与未来的生命力。

3. 系统总体方案设计

系统总体方案设计是系统实现的基础，这项工作要十分仔细，考虑周全。方案设计的主要依据是市场或用户的需求、应用环境状况、关键技术支持、同类系统经验借鉴及开发人员设计经验等。主要内容包括系统结构设计、系统功能设计和系统实现方法。首先是单片机的选型和元器件的选择，做到性能特点要适合所要完成的任务，避免过多的功能闲置；性能价格比要高，以提高整个系统的性能价格比；结构原理要熟悉，以缩短开发周期；货源要稳定，有利于批量的增加和系统的维护。其次是硬件与软件的功能划分，在 CPU 时间不紧张的情况下，应尽量采用软件实现。如果系统回路多、实时性要求高，则要考虑用硬件完成。

4. 系统硬件电路原理设计、印制电路板设计和硬件焊接调试

1）硬件电路原理设计。硬件电路的设计主要有单片机电路设计、扩展电路设计、输入输出通道应用功能模块设计和人机交互控制面板设计 4 个方面。单片机电路设计主要是单片机的选型，如 STC 单片机、时钟电路、复位电路、供电电路等电路的设计，一个合适的单片机将会最大限度地降低其外围连接电路，从而简化整个硬件系统；扩展电路设计主要是 I/O 接口电路，根据实际情况是否需要扩展程序存储器 ROM、数据存储器 RAM 等电路的设计；输入输出通道应用功能模块设计主要是采集、测量、控制、通信等涉及的传感器电路、放大电路、多路开关、A/D 转换电路、D/A 转换电路、开关量接口电路、驱动及执行机构等电路的设计；人机交互控制面板设计主要是用户操作接触到的按键、开关、显示屏、报警和遥控等电路的设计。

2）印制电路板（PCB）设计。印制电路板的设计采用专门的电子设计软件来完成，如 Altium Designer 等，从电路原理图 SCH 转化成印制电路板（PCB）必须做到正确、可靠、合理和经济。印制电路板要结合产品外壳的内部尺寸确定 PCB 的形状和外形尺寸大小，还有电路板基材和厚度等；印制电路板要根据电路原理的复杂程度确定 PCB 是单块板结构还是多块板结构，PCB 是单面板、双面板还是多层板等；印制电路板元器件布局通常按信号的流向保持一致，做到以每个功能电路的核心元件为中心，围绕它布局，元器件应均匀、整齐、紧凑地排列在印制电路板上，尽量减少和缩短各单元之间的引线和连线；印制电路板导线的最小宽度主要由导线与绝缘基板间的黏附强度和流过它们的电流值决定，只要密度允许，还是尽可能用宽线，尤其注意加宽电源线和地线，导线越短，间距越大，绝缘电阻越大。在 PCB 布线过程中，尽量采用手工布线，同时需要一定的 PCB 设计经验，对电源、地线等进行周全考虑，避免引入不必要的干扰，提高产品的性能。

3）硬件焊接调试。硬件焊接之前需要准备所有的元器件，准确无误地焊接完成后就进入硬件的调试。硬件的调试分为静态调试和动态调试。静态调试是检查印制电路板、连接和元器件部分有无物理性故障，主要有目测、万用表测试和通电检查等手段。

目测是检查印制电路板的印制线是否有断线或毛刺、线与线和线与焊盘之间是否有粘连、焊盘是否脱落、过孔是否未金属化等现象。检查元器件是否焊接准确、焊点是否有毛刺、焊点是否有虚焊、焊锡是否使线与线或线与焊盘之间短路等。通过目测可以查出某些明确的元器件设计缺陷，并及时进行排除。有需要的情况下还可以使用放大镜进行辅助观察。

在目测过程中有些可疑的边线或接点，需要用万用表进一步排除可能存在的问题，然后检查所有电源的电源线和地线之间是否有短路现象。经过以上的检查没有明显问题后就可以尝试通电进行检查了。接通电源后，首先检查电源各组电压是否正常，然后检查各个芯片插座的电源端的电压是否在正常的范围内、某些固定引脚的电平是否准确。再次关断电源将芯片逐一准确安装到相应的插座中，再次接通电源时，不要急于用仪器观测波形和数据，而是要及时仔细观察各芯片或元器件是否出现过热、变色、冒烟、异味、打火等现象，如果有异常应立即断电，再次详细查找原因并排除。

接通电源后没有明显异常的情况下就可以进行动态调试了。动态调试是在系统工作状态下，发现和排除硬件中存在的元器件内部故障、元器件间连接的逻辑错误等的一种硬件检查方法。硬件的动态调试必须在开发系统的支持下进行，故又称为联机仿真调试。具体方法是利用开发系统友好的交互界面，对目标系统的单片机外围扩展电路进行访问、控制，使系统在运行中暴露问题，从而发现故障予以排除。

5. 系统软件程序设计与调试

单片机应用系统的软件程序通常包括数据采集和处理程序、控制算法实现程序、人机对话程序和数据处理与管理程序。在开始具体的程序设计之前需要有程序的总体设计。程序的总体设计是指从系统层面考虑程序结构、数据格式和程序功能的实现方法和手段。程序的总体设计包括拟定总体设计方案、确定算法和绘制程序流程图等。对于一些简单的工程项目和经验丰富的设计人员，往往并不需要很详细的固定流程图，而对于初学者来说，绘制程序流程图是非常有必要的。

常用的程序设计方法有模块化程序设计法和自顶向下逐步求精程序设计法。

模块化程序设计的思想是将一个完整的较长的程序分解成若干个功能相对独立的较小的程序模块，各个程序模块分别进行设计、编程和调试，最后把各个调试好的程序模块装配起来进行联调，最终成为一个有实用价值的程序。

自顶向下逐步求精程序设计要求从系统级的主干程序开始，从属的程序和子程序先用符号来代替，先集中力量解决全局问题，然后层层细化逐步求精，编制从属程序和子程序，最终完成一个复杂程序的设计。

软件调试是通过对目标程序的编译、链接、执行来发现程序中存在的语法错误与逻辑错误，并加以排除纠正的过程。软件调试的原则是先独立后联机，先分块后组合，先单步后连续。

6. 系统软、硬件联合调试

系统软、硬件联合调试是指目标系统的软件在其硬件上实际运行，将软件和硬件联合起来进行调试，从中发现硬件故障或软、硬件设计错误。软、硬件联合调试是检验所设计系统的正确与可靠，从中发现组装问题或设计错误。这里所指的设计错误，是指设计过程中所出现的小错误或局部错误，绝不允许出现重大错误。

系统软、硬件联合调试主要是解决软、硬件是否按设计的要求配合工作；系统运行时是否有潜在的设计时难以预料的错误；系统的精度、速度等动态性能指标是否满足设计要求等。

7. 系统方案局部修改、再调试

对于系统调试中发现的问题或错误以及出现的不可靠因素要提出有效的解决方法，然后对原方案做局部修改，再进行调试。

8. 生成正式系统或产品

作为正式系统或产品，不仅要提供一个能正确可靠运行的系统或产品，而且还应提供关于该系统或产品的全部文档。这些文档包括系统设计方案、硬件电路原理图、软件程序清单、软硬件功能说明、软/硬件装配说明书、系统操作手册等。在开发产品时，还要考虑到产品的外观设计、包装、运输、促销、售后服务等商品化问题。

10.1.3 单片机应用系统工程报告的编制

完成单片机应用系统设计开发后，一般情况下需要编制一份工程报告，报告的内容主要包括封面、目录、摘要、正文、参考文献、附录等，至于具体的书写格式要求，如字体、字号、图表、公式等总体来说必须做到美观、大方和规范。

1. 报告内容

1) 封面。封面上应包括设计系统名称、设计人与设计单位名称、完成时间等。名称应准确、鲜明、简洁，能概括整个设计系统中最主要和最重要的内容，应避免使用不常用缩略词、首字母缩写字、字符、代号和公式等。

2) 目录。目录按章、节、条序号和标题编写，一般为二级或三级，包含摘要（中、英文）、正文各章节标题、结论、参考文献、附录等，以及相对应的页码。目录的页码可使用 Word 软件自动生成功能完成。

3) 摘要。摘要应包括目的、方法、结果和结论等，也就是对设计报告内容、方法和创新点的总结，一般 300 字左右。应避免将摘要写成目录式的内容介绍，还应有 3~5 个关键词，按词条的外延层次排列（外延大的排在前面），有时可能需要相对应的英文版的摘要（Abstract）和关键词（Keywords）。

4) 正文。正文是整个设计报告的核心，主要包括系统整体设计方案、硬件电路框图及原理图设计、软件程序流程图及程序设计、系统软硬件综合调试、关键数据测量及结论等。正文分章节撰写，每章章首应另起一页。章节标题要突出重点、简明扼要、层次清晰，字数一般在 15 字以内，不得使用标点符号。总的来说正文要求结构合理，层次分明，推理严密，重点突出，图表、公式、源程序规范，内容集中简练，文笔通顺流畅。

5) 参考文献。凡有直接引用他人成果（文字、数据、事实以及转述他人的观点）之处的均应加标注说明列于参考文献中，按文中出现的顺序列出直接引用的主要参考文献。引用参考文献标注方式应全文统一，标注的格式为［序号］，放在引文或转述观点的最后一个句号之前，所引文献序号以上角标形式置于方括号中。

6) 附录。对于与设计系统相关但不适合书写于正文中的元器件清单、仪器仪表清单、电路图图纸、设计的源程序、系统（作品）操作使用说明等有特色的内容，可作为附录排写，序号采用"附录 1""附录 2"等。

2. 书写格式要求

1) 字体和字号。一级标题是各章标题，小二号黑体，居中排列；二级标题是各节一级标题，小三号宋体，居左顶格排列；三级标题是各节二级标题，四号黑体，居左顶格排列；

四级标题是各节三级标题，小四号粗楷体，居左顶格排列；四级标题下的分级标题为五号宋体，标题中的英文字体均采用 Times New Roman 字体，字号同标题字号；正文一般为五号宋体。不同场合字体和字号不尽相同，仅供参考。

2）名词术语。科技名词术语及设备、元器件的名称，应采用国家标准或部颁标准中规定的术语或名称。标准中未规定的术语要采用行业通用术语或名称。全文名词术语必须统一。一些特殊名词或新名词应在适当位置加以说明或注解。采用英语缩写词时，除本行业广泛应用的通用缩写词外，文中第一次出现的缩写词应该用括号注明英文全文。

3）物理量。物理量的名称和符号应统一。物理量计量单位及符号除用人名命名的单位第一个字母用大写之外，一律用小写字母。物理量符号、物理常量、变量符号用斜体，计量单位等符号均用正体。

4）公式。公式原则上居中书写。公式序号按章编排，如第 1 章第一个公式序号为"式(1.1)"，附录 2 中的第一个公式为"(2.1)"等。文中引用公式时，一般用"见式(1.1)"或"由公式(1.1)"。公式中用斜线表示"除法"的关系时应采用括号，以免含糊不清，如 $a/(b\cos x)$。

5）插图。插图包括曲线图、结构图、示意图、图解、框图、流程图、记录图、布置图、地图、照片、图版等。每个图均应有图题（由图号和图名组成）。图号按章编排，如第一章第一图的图号为"图 1.1"等。图题置于图下，有图注或其他说明时应置于图题之上。图名在图号之后空一格排写。插图与其图题为一个整体，不得拆开排写于两页。插图处的该页空白不够排写该图整体时，可将其后文字部分提前排写，将图移至次页最前面。插图应符合国家标准及专业标准，对无规定符号的图形应采用该行业的常用画法。插图应与文字紧密配合，文图相符，技术内容正确。

6）表格。表格不加左、右边线，表头设计应简单明了，尽量不用斜线。每个表均应有表号与表名，表号与表名之间应空一格，置于表上。表号一般按章编排，如第一章第一个插表的序号为"表 1.1"等。表名中不允许使用标点符号，表名后不加标点，整表如用同一单位，将单位符号移至表头右上角，加圆括号。如某个表需要跨页接排，在随后的各页上应重复表头的编排。编号后跟表题（可省略）和"（续）"。表中数据应正确无误，书写清楚，数字空缺的格内加"—"字线（占 2 个数字），不允许用""""同上"之类的写法。

10.2　1-wire 总线技术

10.2.1　1-wire 总线的概念

单总线是美国 DALLAS 公司推出的外围串行扩展总线技术。与 SPI、I^2C 串行数据通信方式不同，它采用单根信号线，既传输时钟又传输数据，而且数据传输是双向的，具有节省 I/O 口线、资源结构简单、成本低廉、便于总线扩展和维护等诸多优点。

10.2.2　1-wire 总线的原理

单总线器件内部设置有寄生供电电路（Parasite Power Circuit）。当单总线处于高电平时，一方面通过二极管 VD 向芯片供电，另一方面对内部电容 C（约 800 pF）充电；当单总线处于低电平时，二极管截止，内部电容 C 向芯片供电。由于电容 C 的容量有限，因此要求单总线能间隔地提供高电平以能不断地向内部电容 C 充电、维持元器件的正常工作。这就是通过网络线路"窃取"电能的"寄生电源"的工作原理。要注意的是，为了确保总线上的某些元器件在工作时（如温度传感器进行温度转换、EEPROM 写入数据时）有足够的电流供给，除了上拉电阻之外，还需要在总线上使用 MOSFET（场效应晶体管）提供强上拉电。单总线的数据传输速率一般为 16.3 kbit/s，最大可达 142 kbit/s，通常情况下采用 100 kbit/s 以下的速率传输数据。主设备 I/O 口可直接驱动 200 m 范围内的从设备，经过扩展后可达 1 km 范围。

10.2.3　1-wire 总线的结构

单总线主机或从机设备通过一个漏极开路或三态端口连接至该数据线，这样允许设备在不发送数据时释放数据总线，以允许设备在不发送数据时能够释放总线，而让其他设备使用总线，单总线要求外接一个约 4.7 kΩ 的上拉电阻，这样，当单总线在闲置时，状态为高电平。如果传输过程需要暂时挂起，且要求传输过程还能够继续，则总线必须处于空闲状态，如果单总线的设备较少，甚至只有一个时，电源端可以不连接而采用接地的方式，如图 10.1 所示。

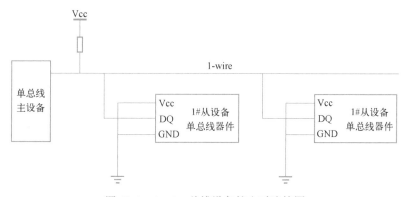

图 10.1　1-wire 总线设备较少时连接图

传输之间的恢复时间没有限制，只要总线在恢复期间处于空闲状态（高电平）。如果总线保持低电平超过 480 μs，总线上的所有元器件将复位。另外，在寄生方式供电时，为了保证单总线器件在某些工作状态下（如温度转换器件、EEPROM 写入等）具有足够的电源电流，必须在总线上提供强上拉供电。

10.2.4　1-wire 总线的命令

1-wire 协议定义了复位脉冲、应答脉冲、写 0、读 0 和读 1 时序等几种信号类型。所有的单总线命令序列（初始化 ROM 命令、功能命令）都是由这些基本的信号类型组成的。在这些信号中，除了应答脉冲外，其他均由主机发出同步信号、命令和数据，并且发送的所有命令和数据都是字节的低位在前。典型的单总线命令序列如下：

第一步：初始化。

第二步：ROM 命令，跟随需要交换的数据。

第三步：功能命令，跟随需要交换的数据。

每次访问单总线器件，都必须遵守这个命令序列。如果序列出现混乱，则单总线器件不会响应主机。但是这个准则对于搜索 ROM 命令和报警搜索命令例外，在执行两者中任何一条命令后，主机不能执行其他功能命令，必须返回至第一步。

（1）初始化

单总线上的所有传输都是从初始化开始的，初始化过程由主机发出的复位脉冲和从机响应的应答脉冲组成。应答脉冲使主机知道总线上有从机设备，且准备就绪。

（2）ROM 命令

当主机检测到应答脉冲后，就发出 ROM 命令，这些命令与各个从机设备的唯一 64 位 ROM 代码相关，允许主机在单总线上连接多个从设备时，指定操作某个从设备。这些命令能使主机检测到总线上有多少个从机设备以及设备类型，或者有没有设备处于报警状态。从机设备支持 5 种 ROM 命令，每种命令长度为 8 位。主机在发出功能命令之前，必须发出 ROM 命令。

（3）功能命令

主机发出 ROM 命令，访问指定的从机，接着发出某个功能命令。这些命令允许主机写入或读出从机暂存器、启动工作以及判断从机的供电方式。

10.3　DS18B20 原理及结构

10.3.1　DS18B20 简介

DS18B20 是 DALLAS 公司生产的单总线结构的温度传感器，数据通过单线接口送入或送出，每个 DS18B20 有唯一的系列号，因此单总线上可以挂接多个温度传感器，温度传感器具有 3 引脚 TO-92 和 8 引脚 SOIC 贴片小体积封装形式，还包括以下基本特性：

温度测量范围为 -55~+125℃，在 -10~+85℃ 范围内，精度为 ±0.5℃。等效华氏温度范围是 -66~+257℉。

用户可以从单总线读出 9~12 位数字值，分辨率可达到 0.0625℃。

可以用数据线供电（寄生电源），远距离时不需要增加额外供电电源。

内部包含 ROM，可以设置温度上下限的报警。

应用范围包括恒温控制、工业系统、消费类产品、温度计。

图 10.2 引脚说明如下：

GND——地；

DQ——数字输入输出；

VDD——外接供电电源输入端。当工作在寄生电源时，此引脚需要接地；

NC——空引脚。

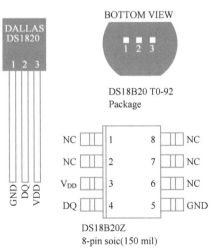

图 10.2　DS18B20 引脚图

10.3.2　预备知识

DS18B20 数据输出格式及温度计算。

DS18B20 读出的温度结果为 2 字节，读数以 16 位、符号扩展的二进制补码读数形式提供。所以需要把补码转换为原码，才能计算出真实的温度值。

这 2 个字节的数据格式如图 10.3 所示。

MSB							LSB
s	s	s	s	s	2^6	2^5	2^4

MSB							LSB
2^3	2^2	2^1	2^0	2^{-1}	2^{-2}	2^{-3}	2^{-4}

图 10.3　DS18B20 温度输出格式图

高 8 位前 5 位为符号位，表示温度是零上还是零下。高 8 位后三位和低 8 位中的高 4 位构成温度的整数部分。低 2 位的后 4 位为温度的小数部分。

正温度原码就是补码的本身，在 12 位分辨率的情况下：

温度值=读取值×0.0625

负温度原码是补码减一取反。在 12 位分辨率的情况下：

温度值=-(读取值减一再取反)×0.0625

DS18B20 典型的温度输出见表 10.1。

表 10.1　DS18B20 典型的温度输出

温度/℃	数字输出	
	二进制	十六进制
+125	0000 0111 1101 0000	07D0H
+85	0000 0101 0101 0000	0550H[①]
+25.0625	0000 0001 1001 0001	0191H
+10.125	0000 0000 1010 0010	00A2H
+0.5	0000 0000 0000 1000	0008H
+0	0000 0000 0000 0000	0000H
-0.5	1111 1111 1111 1000	FFF8H
-10.125	1111 1111 0101 1110	FF5EH
-25.0625	1111 1110 0110 1111	FF6FH
-55	1111 1100 1001 0000	FC90H

① DS18B20 上电复位时的温度值固定为+85℃。

（1）DS18B20 相关操作指令集合

开始使用 DS18B20 时，首先需要初始化，单总线上的所有处理均从初始化开始，主机在单总线上发出一复位脉冲，接着从器件开始响应送出应答脉冲，告知主机已经准备开始工作。访问 DS18B20 协议如下：

1）初始化。

2）ROM 操作指令。

3）存储器操作指令。

4）数据传输。

DS18B20 操作指令分为 ROM 操作命令和功能操作命令，见表 10.2。

表 10.2　DS18B20 操作指令

命令名称	指令代码	指令功能
温度转换	44H	让 DS18B20 开始转换温度，转换时间 200～500ms，将转换后的数据放入内部 9 字节 RAM 中
读暂存器	BEH	读内部 9 字节完整数据，向主机传送两个字节的数据
写暂存器	4EH	主机向 DS18B20 发送 3 个字节，发送到内部 RAM 第 3、4 字节上，用来存放温度上下限温度命令，该命令之后，传送两字节的数据
复制暂存器	48H	将 RAM 中第 3、4 字节内容复制到 EEPROM 中
重调 EEPROM	B8H	将温度触发器的值从 EEPROM 中，恢复到 RAM 的第 3、4 字节（上电时也会自动发生）
读供电状态	B4H	读取 DS18B20 的供电方式 00：寄生电源供电，1：外接电源供电
读 ROM	33H	读取 DS18B20 中的 64 位地址
符合 ROM	55H	主机对总线上多个 DS18B20 进行寻址，与地址对应的 DS18B20 会做出响应
跳过 ROM	CCH	此命令用于单点总线系统，主机可以跳过 64 位编码，直接命令 DS18B20。只适用于单总线上只有一个温度计
搜索 ROM	F0H	向单总线上发送 64 位 ROM 码，来识别总线上所有 DS18B20
警告 ROM	ECH	在最近一次温度测量中，如果此温度超过上限或低于下限，DS18B20 就会做出响应

（2）可电擦除 EEPROM 存放高温度和低温度触发器 TH 和 TL 及配置寄存器

配置寄存器格式见表 10.3，其中低 5 位一直都是"1"；TM 是测试模式位，用于设置 DS18B20 是在工作模式还是在测试模式，出厂时默认设置为"0"工作模式，用户不要改动；R1 和 R0 用来设置分辨率，出厂时默认设置为 12 位，用户可根据需要更改，其分辨率设置见表 10.4。

表 10.3　配置寄存器格式

TM	R1	R0	1	1	1	1	1

表 10.4　温度分辨率设置与转换时间表

R1	R0	分辨率/位	温度最大转换时间/ms
0	0	9	93.75
0	1	10	187.5
1	0	11	375
1	1	12	750

（3）温度值数据存储格式

DS18B20 分辨率出厂时默认设置为 12 位精度，存储在两个 8 bit 的 RAM 中，DS18B20 温度值数据存储格式见表 10.5。单片机读取数据时，一次会读 2 字节共 16 bit，读完后将低 11 位的二进制数转化为十进制数后再乘以 0.0625 便为所测的实际温度值。

表 10.5   温度值数据存储格式

位	B7	B6	B5	B4	B3	B2	B1	B0
LSB	2^3	2^2	2^1	2^0	2^{-1}	2^{-2}	2^{-3}	2^{-4}
位	B15	B14	B13	B12	B11	B10	B9	B8
MSB	S	S	S	S	S	2^6	2^5	2^4

特别注意，最高位前 5 位为符号位，当测量的温度为负值时，前 5 位都为 1，测到的数值需要取反加 1 再乘以 0.0625 才可以得到实际温度值；当测量的温度为正值时，前 5 位都为 0，只要将测到的数值乘以 0.0625 即可得到实际温度值。

例如，+125℃的数字输出二进制为 00000111 11010000B，十六进制为 07D0H；+85℃的数字输出二进制为 00000101 01010000B，十六进制为 0550H；+25.0625℃的数字输出二进制为 00000001 10010001B，十 六 进 制 为 0191H；0℃ 的 数 字 输 出 二 进 制 为 00000000 00000000B，十六进制为 0000H；其中开机复位时，温度寄存器的值是+85℃（0550H）。

10.4   DS18B20 的时序

所有的单总线器件都要遵循严格的通信协议，以保证数据的完整性。1-wire 协议定义了复位与应答脉冲、写 "0" 与写 "1" 时序、读 "0" 与读 "1" 时序等几种信号类型。所有的单总线命令序列（初始化、ROM 命令、功能命令）都是由这些基本的信号类型组成的。在这些信号中，除了应答脉冲外，其他均由主机发出同步信号，并且发送的所有命令和数据都是字节的低位在前。下面以单总线器件 DS18B20 数字温度传感器为例介绍单总线时序。

（1）初始化时序

初始化时序包括主机发出的复位脉冲和从机发出的应答脉冲，初始化时序如图 10.4 所示。主机先发出一个 480~960 μs 的低电平脉冲，然后释放总线变为高电平，这个变化过程 DS18B20 需要等待 15~60 μs 处于稳定，并在随后的 480 μs 时间内对总线电平进行检测，如果有低电平出现，并且持续时间在 60~240 μs 范围内，说明总线上有器件已做出应答；若无低电平出现，一直都是高电平，说明总线上无器件应答。

1）微控制器先将数据线置高电平 1。

2）延时，由于该延时时间要求不严格，可尽量短一点。

3）微控制器将数据线拉到低电平 0。

4）延时 750 ns，该延时时间为 480~960 μs，一般取中间值。

5）延时等待。如果初始化成功，则在 15~60 μs 内产生一个由 DS18B20 返回的低电平 0，以确定有芯片存在。

6）若微控制器读到数据线上的低电平 0 后，还要延时一定时间。

初始化 DS18B20 的 C 语言源程序如下：

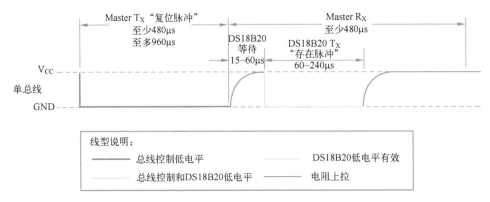

图 10.4　DS18B20 初始化时序

```
void Delay(unsigned int v)       //延时子程序
{
while(v!=0)
v-;
}
void Init_DS 18B20(void)          //DS 18B20 初始化函数
unsigned char x=0;
DQ = 1;                           //DQ 复位

    Delay(80);                    //延时一点时间
    DQ = 0;                       //单片机将 DQ 拉低
    Delay(800);                   //延时大于 480 μs
    DQ = 1;                       //拉高总线
    Delay(100);
    x=DQ;                         //延时一点时间后，如果 x=0 则初始化成功；如果 x=1 则初始化失败
    Delay(50);
```

（2）写时序

在每一个时序中，总线只能传输 1 位数据。所有的读、写时序至少需要 60 ns，并且每两个独立的时序之间至少需要 1 s 的恢复时间。读、写时序均始于主机拉低总线。DS18B20 写数据时序图如图 10.5 所示。

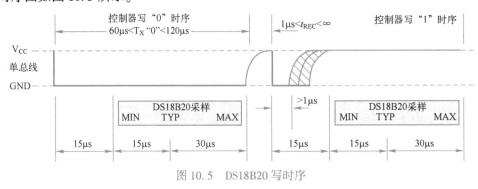

图 10.5　DS18B20 写时序

1）微控制器先将数据线置低电平 0。

2）延时确定的时间为 15 μs。

3）按从低位到高位的顺序发送数据，一次只发送一位。

4）延时时间为 45 μs。

5）上拉电阻将数据线拉到高电平 1。

6）重复 1）~5）步骤，直到发送完整个字节。

7）最后上拉电阻将数据线拉高到 1。

向 DS18B20 写一个字节 C 的语言源程序如下：

```
void WriteOneChar( unsigned char dat)    //写一个字节
{
unsigned char i = 0;
for (i = 8; i>0; i—)
{
DQ = 0;
DQ = dat&0x0l;
Delay(50);
DQ = 1;
dat>>=1;
Delay(50);
```

（3）读时序

单总线器件仅在主机发出读时序时才向主机传输数据，所以，当主机向单总线器件发出读数据命令后，必须马上产生读时序，以便单总线器件能传输数据。在主机发出读时序之后，单总线器件才开始在总线上发送"0"或"1"。若单总线器件发送"1"，则总线保持高电平；若发送"0"，则拉低总线。读时序图如图 10.6 所示。

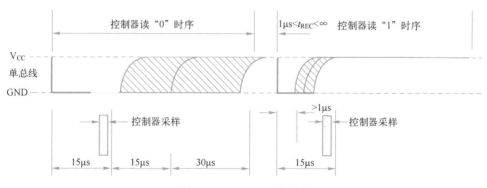

图 10.6　DS18B20 读时序

1）微控制器将数据线拉高到 1。

2）延时 2 μs。

3）微控制器将数据线拉低到 0。

4）延时 6 μs。

5）上拉电阻将数据线拉高到 1。

6）延时 4 μs。

7）读数据线的状态得到一个状态位，并进行数据处理。

8）延时 30 μs。

9）重复 1）~8）步骤，直到读取完一个字节。

向 DS18B20 读一个字节的 C 语言源程序如下：

```
unsigned char ReadOneChar(void) {
unsigned char i=0; unsigned char dat = 0;
for (i=8;i>0;i—) {
DQ = 0; dat>>=1;
DQ = 1; if(DQ) dat|=0x80;
Delay(50);
}
retum(dat)
```

10.5　数字温度计的设计

10.5　数字温度计的设计

1. 项目描述

设计一简易的数字温度计，测温范围−25～+110℃，用四位 LED 数码管显示测温值。

2. 项目的硬件电路

元器件：7seg−max−ca；STC15W4K32S4；Res；DS18B20

电路如图 10.7 所示。

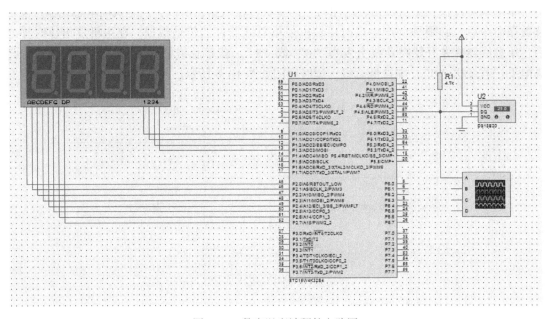

图 10.7　数字温度计硬件电路图

3. 项目的软件程序设计

软件程序设计如下：

```
#include <stc\stc15.h>
    #include <absacc.h>
    #include<intrins.h>
    #define   uchar unsigned char
    #define   uint   unsigned int
#define delay1us
```

```
{_nop_();_nop_();_nop_();_nop_();_nop_();_nop_();_nop_();_nop_();\
                    _nop_();_nop_();_nop_();_nop_();}

#define delay10us {delay1us;delay1us;delay1us;delay1us;delay1us;\
                    delay1us;delay1us;delay1us;delay1us;delay1us;}

#define delay60us        {unsigned char i;for(i=0;i<6;i++){delay10us;}}

#define delay240us   {unsigned char i;for(i=0;i<24;i++){delay10us;}}   //>240us
    #define delay500us   {unsigned char i;for(i=0;i<50;i++){delay10us;}}       //>480us

    sbit ds=P4^5;        //温度传感器信号线
    uint tempL=0;
    uint tempH=0;
    uchar  dis[]={0xc0,0xf9,0xa4,0xb0,0x99,0x92,0x82,0xf8,
                    0x80,0x90,0x88,0x83,0xc6,0xa1,0x86,0x8e};

    // ***************** 数码管延时函数 *****************//
    void delay_smg(uint ms)
    {
        uint a;
        for(a=0;a<ms;a++)
            {delay500us;delay500us;}
    }
    // ***************************
    //      复位 ds18B20
    // ***************************
    bit resetpulse(void)
    {
    ds=1;
    //delay(2);            //
    ds=0;
    delay500us;            //延时>480us
        //{unsigned char i; for(i=0;i<50;i++){delay10us;}}
    ds=1;
    delay60us ;            // 延时±60us    15~60us
    return(ds);
    }
    // ***********************************************
    //功能:DS18B20 初始化函数

    // ***********************************************
    void ds18b20_init(void)
    {
    while(1)
    {
        if(!resetpulse())    //收到 DS18B20 应答信号
        {
            ds=1;
            delay240us;  //延时±240us
          break;
        }
```

```c
    else
        resetpulse();        //否则再发复位信号
}
 }


// *********************************
//     读一位
// *********************************
uchar read_bit(void)
{  bit mid;

    ds=0;
    delay1us;
    ds=1;
    delay1us; delay1us; delay1us; delay1us; delay1us;delay1us; delay1us;delay1us;
    mid=ds;
      //_nop_();;
        delay60us; //>60us
    return(mid);
}
// ***********************************
//     读一个字节
// ***********************************
uchar read_byte(void)
{
    uchar i,shift,temp;
    shift=1;
    temp=0;
    for(i=0;i<8;i++)
    {
        if(read_bit())
        {
            temp=temp+(shift<<i);
        }
        //delay(1);
        //_nop_();
        //_nop_();;
    }
    return(temp);
}
// ***********************************
//     写一位
// ***********************************
void write_bit(uchar temp)
{
    ds=0;
     delay1us;//    >1us
    if(temp==1)
        ds=1;
    delay60us; //delay1us;
    ds=1;
```

```
        delay1us;//    >1us
    }
// ****************************************
//   写一个字节
// ****************************************
void write_byte(uchar val)
{
    uchar i,temp;
    for(i=0;i<8;i++)
    {
        temp=val>>i;
        temp=temp&0x01;
        write_bit(temp);
        //delay(5);
    }
}
// **************** 从 DS18B20 读取温度值 ****************//
void   Read_Temperature(void)
{
    uchar temp;
    ds18b20_init();   //
    write_byte(0xcc);   //
    write_byte(0x44);   //
    //delay(125);
    ds18b20_init();   //
    write_byte(0xcc);   //
    write_byte(0xbe);   //
    tempL=read_byte(); //
    tempH=read_byte(); //
    if((tempH&0xf0)==0xf0)
  {
    tempL=~tempL; //温度是负的处理
    if(tempL==0xff)
    {
        tempL=tempL+0x01;
        tempH=~tempH;
        tempH=tempL+0x01;
    }
    else
    {
        tempL=tempL+0x01;
        tempH=~tempH;
        }
        temp=((tempL&0xf0)>>4)|((tempH&0x0f)<<4);
    leddis[0]=0xbf;                 //最高位送"-"
        leddis[3]=0xc6;             //最低位送 C
    leddis[1]=dis[temp/10];
    leddis[2]=dis[temp%10];
}
    else
    {
```

```
            temp=((tempL&0xf0)>>4)|((tempH&0x0f)<<4);
            leddis[0]=0xff;                              //最高位送"+"
            leddis[1]=dis[temp/10];
            leddis[2]=dis[temp%10];
                leddis[3]=0xc6;                          //最低位送 C
        }
    }
//****************************************************//
    void display(void)
    {
  P2=leddis[0];
  P1=0x01;
  delay_smg(1);
  P1=0x00;
  P2=leddis[1];
  P1=0x02;
  delay_smg(1);
  P1=0x00;
  P2=leddis[2];
  P1=0x04;
  delay_smg(1);
  P1=0x00;
  P2=leddis[3];
  P1=0x08;
  delay_smg(1);
  P1=0x00;
    }
    //******************* 主函数 *****************//
    void main()
    {
  uchar i;
        CLK_DIV=0x00;
        P0M0=0x00;P0M1=0x00;
        P1M0=0x00;P1M1=0x00;
        P4M0=0x00;P4M1=0x00;


    while(1)
    {
      Read_Temperature();
      for(i=0;i<100;i++)
      {
        display();
      }
    }
  }
```

4. 项目的运行结果

在 STC15 单片机内加载 .hex 文件后运行，结果如图 10.8 所示。

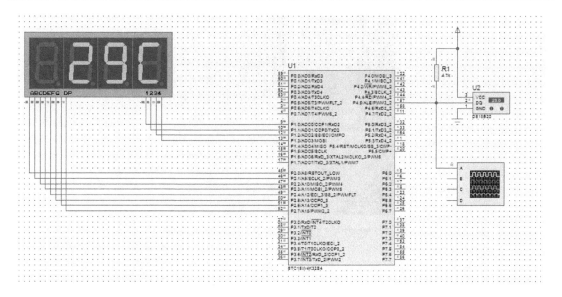

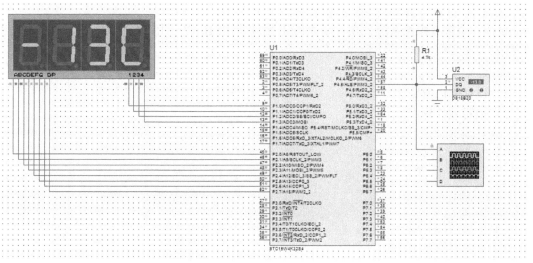

图 10.8　不同环境温度运行结果图

🌐 **走进科学**

北京冬奥会上的创可贴温度计

　　这是一款目前世界上最小、最精准的可穿戴式连续智能测温设备（图 10.9），配备芯片系统，大小如创可贴一般，测温精度可达 0.05℃，单次充电可供连续测温 10 天。运动员只需要把体温计"创可贴"贴在皮肤上，就能在手机软件上看到自己的实时体温。体温会自动测量、上报，一旦超过安全值，将自动触发报警系统，即使在几万人的运动场馆，也可以做到精准定位，指导防疫人员第一时间进行处理。

　　冬奥会上的创可贴温度计的研发和实现不仅体现了中国先进的科技创新能力，更体现了中国政府强大的组织和社会动员能力，也展示了广大软件研发企业和研发人员勇担责任、勇于担当、甘于奉献的优秀品质。

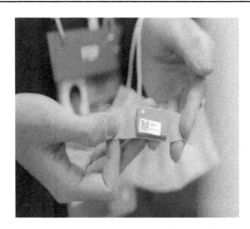

图 10.9　北京冬奥会创可贴温度计

习题与思考

设计一个多点测温系统，在一个总线上接 4 个 DS18B20，用 LCD1602 进行 4 个温度双行显示。

要求：

1）设计硬件电路。

2）编写软件程序。

项目 11　生成增强型 PWM 波

 知识要点

1. PWM 脉宽调制原理
2. STC15W4K32S4 单片机 PWM 模块的结构
3. STC15W4K32S4 单片机 PWM 模块的控制寄存器
4. 应用 STC15W4K32S4 单片机生成不同占空比的 PWM 波

学习要求

1. 掌握 STC15W4K32S4 单片机的 PWM 结构
2. 掌握 STC15W4K32S4 单片机 PWM 模块的控制寄存器
3. 掌握应用 STC15W4K32S4 单片机生成不同占空比的 PWM 波的方法

学习内容

11.1　STC15W4K32S4 单片机 PWM 模块的结构与控制

脉宽调制 PWM（Pulse Width Modulation）是一种使用程序来控制波形占空比、周期、相位波形的技术，在三相电机驱动、D/A 转换等场合应用广泛。STC15W4K32S4 系列的单片机内部集成了一组（各自独立 6 路）增强型 PWM 波形发生器。PWM 波形发生器内部有一个 15 位的 PWM 计数器提供给 6 路 PWM 使用。用户可以设置每路 PWM 的初始电平，PWM 波形发生器为每路 PWM 又设计了两个用于控制波形翻转的计数器 T1/ T2，可以非常灵活地控制每路 PWM 高低电平的宽度，从而实现对 PWM 占空比控制。由于每路 PWM 相对独立，且可以设置每路 PWM 的初始状态，所以，用户可以将其中的任意两路 PWM 信号组合在一起使用，实现互补对称输出以及死区控制等特殊的应用。

增强型的 PWM 波形发生器还设计了对外部异常事件进行监控的功能，其中包括对外部端口 P2.4 的电平异常、比较器比较结果异常进行监控，可用于紧急关闭 PWM 输出。PWM 波形发生器还可以在 15 位的 PWM 计数器归零时触发外部事件（如 ADC 转换）。

在 STC15W4K32S4 系列增强型 PWM 模块的输出端口可以使用 PWM2/P3.7、PWM3/P2.1、PWM4/P2.2、PWM5/P2.3、PWM6/P1.6、PWM7/P1.7，可以通过寄存器将 PWM 输出切换到第 2 组端口，也就是可以用第 2 组引脚位置 PWM2_2/P2.7、PWM3_2/P4.5、PWM4_2/P4.4、PWM5_2/P4.2、PWM6_2/P0.7、PWM7_2/P0.6。需要说明的是，所有与

PWM 相关的端口在上电后都是高阻状态，必须在程序中通过相关端口的模式寄存器对这些端口的模式进行设置才能使其工作在基本的输入输出和推挽模式，并输出波形。

11.2 PWM 模块的结构

STC15W4K32S4 单片机 PWM 模块波形发生器框图如图 11.1 所示。PWM 波形发生器内部有一个 15 位的 PWM 计数器供 6 路 PWM 使用，用户可以设置每路 PWM 的初始电平。另外，PWM 波形发生器为每路 PWM 又设计了两个用于控制波形翻转的计数器 T1 和 T2，可以非常灵活地设置每路 PWM 的高低电平宽度，从而达到对 PWM 的占空比以及 PWM 的输出延迟进行控制的目的。

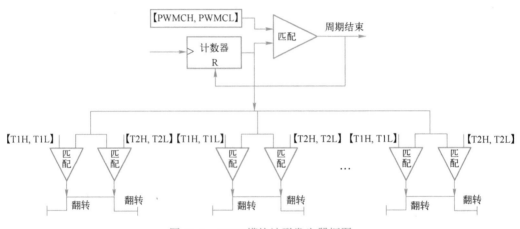

图 11.1 PWM 模块波形发生器框图

11.3 增强型 PWM 发生器相关的寄存器

1）端口配置寄存器 P_SW2，地址为 BAH，初始值为 0000 0000B，各位定义见表 11.1。

表 11.1 端口配置寄存器 P_SW2

位号	B7	B6	B5	B4	B3	B2	B1	B0
位名称	EAXSFR	0	0	0	—	S4_S	S3_S	S2_S

EAXSFR：扩展 SFR 访问控制使能。

（EAXSFR）= 0：MOVX A,@ DPTR/MOVX @ DPTR,A 指令的操作对象为扩展 RAM（XRAM）；

（EAXSFR）= 1：MOVX A,@ DPTR/MOVX @ DPTR,A 指令的操作对象为扩展 SFR（XSFR）；

注意：若要访问 PWM 在扩展 RAM 区的特殊功能寄存器，必须先将 EAXSFR 位置为 1。其中 B6、B5、B4 为内部测试使用，用户必须填 0。

2）PWM 配置寄存器 PWMCFG，地址为 F1H，初始值为 0000 0000B，各位定义见

表 11.2。

表 11.2　PWM 配置寄存器 PWMCFG

位号	B7	B6	B5	B4	B3	B2	B1	B0
位名称	—	CBTADC	C7INI	C6INI	C5INI	C4INI	C3INI	C2INI

CBTADC：PWM 计数器归零时（CBIF=1 时）触发 ADC 转换。

（CBTADC）= 0：PWM 计数器归零时不触发 ADC 转换；

（CBTADC）= 1：PWM 计数器归零时自动触发 ADC 转换，但需满足前提条件 PWM 和 ADC 必须被使能，即 ENPWM=1，且 ADCON=1。

CnINI：设置 PWM 输出端口的初始电平。

（CnINI）= 0：PWM 输出端口的初始电平为低电平；

（CnINI）= 1：PWM 输出端口的初始电平为高电平。

3）PWM 控制寄存器 PWMCR 地址为 F5H，初始值为 0000 0000B，各位定义见表 11.3。

表 11.3　PWM 控制寄存器 PWMCR 各位定义

位号	B7	B6	B5	B4	B3	B2	B1	B0
位名称	ENPWM	ECBI	ENC7O	ENC6O	ENC5O	ENC4O	ENC3O	ENC2O

ENPWM：使能增强型 PWM 波形发生器。

（ENPWM）= 0：关闭 PWM 波形发生器；

（ENPWM）= 1：使能 PWM 波形发生器，PWM 计数器开始计数。

ECBI：PWM 计数器归零中断使能位。

（ECBI）= 0：关闭 PWM 计数器归零中断，但 CBIF 依然会被硬件置位；

（ECBI）= 1：使能 PWM 计数器归零中断。

ENCnO：PWM 输出使能位。

（ENCnO）= 0：相应 PWM 通道的端口为 GPIO；

（ENCnO）= 1：相应 PWM 通道的端口为 PWM 输出口，受 PWM 波形发生器控制。

4）PWM 中断标志寄存器 PWMIF，地址为 F6H，初始值为×000 0000B，各位定义见表 11.4。

表 11.4　PWM 中断标志寄存器 PWMIF

位号	B7	B6	B5	B4	B3	B2	B1	B0
位名称	—	CBIF	C7IF	C6IF	C5IF	C4IF	C3IF	C2IF

CBIF：PWM 计数器归零中断标志位。当 PWM 计数器归零时，硬件自动将此位置 1。当 ECBI=1 时，程序会跳转到相应中断入口执行中断服务程序。CBIF 需要软件清零。

CnIF：第 n 通道的 PWM 中断标志位。可设置在翻转点 1 和翻转点 2 触发 CnIF。当 PWM 发生翻转时，硬件自动将此位置 1。当 EPWMnI=1 时，程序会跳转到相应中断入口执行中断服务程序。CnIF 需要软件清零。

5）PWM 外部异常控制寄存器 PWMFDCR，地址为 F7H，初始值为××00 0000B，各位定义见表 11.5。

表 11.5 PWM 外部异常控制寄存器 PWMFDCR

位号	B7	B6	B5	B4	B3	B2	B1	B0
位名称	—	—	ENFD	FLTFLIO	EFDI	FDCMP	FDIO	FDIF

ENFD：PWM 外部异常检测功能控制位。

（ENFD）= 0：关闭 PWM 的外部异常检测功能；

（ENFD）= 1：使能 PWM 的外部异常检测功能。

FLTFLIO：发生 PWM 外部异常时对 PWM 输出口控制位。

（FLTFLIO）= 0：发生 PWM 外部异常时，PWM 的输出口不做任何改变；

（FLTFLIO）= 1：发生 PWM 外部异常时，PWM 的输出口立即被设置为高阻输入模式，只有 ENCnO = 1 所对应的端口才会被强制悬空。

EFDI：PWM 异常检测中断使能位。

（EFDI）= 0：关闭 PWM 异常检测中断，但 FDIF 依然会被硬件置位；

（EFDI）= 1：使能 PWM 异常检测中断。

FDCMP：设定 PWM 异常检测源为比较器的输出。

（FDCMP）= 0：比较器与 PWM 无关；

（FDCMP）= 1：当比较器的输出由低变高时，触发 PWM 异常。

FDIO：设定 PWM 异常检测源为端口 P2.4 的状态。

（FDIO）= 0：P2.4 的状态与 PWM 无关；

（FDIO）= 1：当 P2.4 的电平由低变高时，触发 PWM 异常。

FDIF：PWM 异常检测中断标志位。当发生 PWM 异常（比较器的输出由低变高或者 P2.4 的电平由低变高）时，硬件自动将此位置 1。当 EFDI = 1 时，程序会跳转到相应中断入口执行中断服务程序。FDIF 需要软件清零。

6）PWM 计数器的高字节 PWMCH（高 7 位），地址为 FFFOH（XSFR），初始值为×000 0000B，各位定义见表 11.6。

表 11.6 PWM 计数器的高字节 PWMCH（高 7 位）各位定义

位号	B7	B6	B5	B4	B3	B2	B1	B0
位名称	—	PWMCH[14:8]						

PWM 计数器的低字节 PWMCLC（低 8 位），地址为 FFFIH（XSFR），初始值为 0000 0000B，各位定义见表 11.7。

表 11.7 PWM 计数器的低字节 PWMCL（低 8 位）各位定义

位号	B7	B6	B5	B4	B3	B2	B1	B0
位名称	PWMCL[7:0]							

PWM 计数器是一个 15 位的寄存器，可设定 1～32767 之间的任意值作为 PWM 的周期。PWM 波形发生器内部的计数器从 0 开始计数，每个 PWM 时钟周期递增 1，当内部计数器的计数值达到 [PWMCH,PWMCL] 所设定的 PWM 周期时，PWM 波形发生器内部的计数器将

会从 0 重新开始计数，硬件会自动将 PWM 归零中断标志位 CBIF 置 1，若 ECBI＝1，程序将跳转到相应中断入口执行中断服务程序。

7）PWM 时钟选择寄存器 PWMCKS，地址为 FFF2H（XSFR），初始值为×××0 0000B，各位定义见表 11.8。

表 11.8　PWM 时钟选择寄存器 PWMCKS 各位定义

位号	B7	B6	B5	B4	B3	B2	B1	B0
位名称	—	—	—	SELT2	PS[3:0]			

SELT2：PWM 时钟源选择。

（SELT2）＝0：PWM 时钟源为系统时钟经分频器分频之后的时钟；

（SELT2）＝1：PWM 时钟源为定时器 2 的溢出脉冲。

PS[3:0]：系统时钟预分频参数。当 SELT2＝0 时，PWM 时钟为系统时钟/（PS[3:0]＋1）。

8）PWM 波形发生器设计了两个用于控制 PWM 波形翻转的 15 位计数器，可设定 1～32767 之间的任意值。PWM 波形发生器内部的计数器的计数值与 T1/T2 所设定的值相匹配时，PWM 的输出波形将发生翻转。

PWMn 的第一次翻转计数器的高字节 PWMnT1H（n＝2～7），其地址见表 11.14，初始值为×000 0000B，各位定义见表 11.9。

表 11.9　PWMn 的第一次翻转计数器的高字节 PWMnT1H（n＝2～7）各位定义

位号	B7	B6	B5	B4	B3	B2	B1	B0
位名称	—	PWMnT1H[14:8]						

PWMn 的第一次翻转计数器的低字节 PWMnT1L（n＝2～7），其地址见表 11.14，初始值为 00000000B，各位定义见表 11.10。

表 11.10　PWMn 的第一次翻转计数器的低字节 PWMnT1L（n＝2～7）各位定义

位号	B7	B6	B5	B4	B3	B2	B1	B0
位名称	PWMnT1L[7:0]							

PWMn 的第二次翻转计时器的高字节 PWMnT2H（n＝2～7），其地址见表 11.14，初始值为 X0000000B，各位定义见表 11.11。

表 11.11　PWMn 的第二次翻转计时器的高字节 PWMnT2H（n＝2～7）各位定义

位号	B7	B6	B5	B4	B3	B2	B1	B0
位名称	—	PWM2T2H[14:8]						

PWMn 的第二次翻转计时器的低字节 PWMnT2L（n＝2～7），其地址见表 11.14，初始值为 00000000B，各位定义见表 11.12。

表 11.12　PWMn 的第二次翻转计时器的低字节 PWMnT2L（n＝2～7）各位定义

位号	B7	B6	B5	B4	B3	B2	B1	B0
位名称	PWMnT2L[7:0]							

9）PWMn 的控制寄存器 PWMnCR，其地址见表 11.14，初始值为×××0000B，各位定义见表 11.13。

表 11.13　PWMn 的控制寄存器 PWMnCR 各位定义

位号	B7	B6	B5	B4	B3	B2	B1	B0
位名称	—	—	—	—	PWMn_PS	EPWMnI	ECnT2SI	ECnT1SI

PWMn_PS：PWMn 输出引脚选择位。

（PWMn_PS）=0：PWMn 的输出引脚为第 1 组 PWMn；

（PWMn_PS）=1：PWMn 的输出引脚为第 2 组 PWMn_2。

EPWMnI：PWMn 中断使能控制位。

（EPWMnI）=0：关闭 PWMn 中断；

（EPWMnI）=1：使能 PWMn 中断，当 CnIF 被硬件置 1 时，程序将跳转到相应中断入口执行中断服务程序。

ECnT2SI：PWMn 的 T2 匹配发生波形翻转时的中断控制位。

（ECnT2SI）=0：关闭 T2 翻转时中断；

（ECnT2SI）=1：使能 T2 翻转时中断，当 PWM 波形发生器内部计数值与 T2 计数器所设定的值相匹配时，PWM 的波形发生翻转，同时硬件将 CnIF 置 1，此时若 EPWMnI=1，则程序将跳转到相应中断入口执行中断服务程序。

ECnT1SI：PWMn 的 T1 匹配发生波形翻转时的中断控制位。

（ECnT1SI）=0：关闭 T1 翻转时中断；

（ECnT1SI）=1：使能 T1 翻转时中断，当 PWM 波形发生器内部计数值与 T1 计数器所设定的值相匹配时，PWM 的波形发生翻转，同时硬件将 CnIF 置 1，此时若 EPWMnI=1，则程序将跳转到相应中断入口执行中断服务程序。

6 路高低字节两次控制 PWM 波形翻转的 15 位计数器和 PWMn 控制寄存器 PWMnCR 地址见表 11.14。

表 11.14　PWM2~PWM 7 计数器和寄存器地址

地　址		PWM2	PWM3	PWM4	PWM5	PWM6	PWM7
第一次翻转计数器	高字节	FF00H	FF10H	FF20H	FF30H	FF40H	FF50H
	低字节	FF01H	FF11H	FF21H	FF31H	FF41H	FF51H
第二次翻转计数器	高字节	FF02H	FF12H	FF22H	FF32H	FF42H	FF52H
	低字节	FF03H	FF13H	FF23H	FF33H	FF43H	FF53H
PWMn 控制寄存器 PWMnCR		FF04H	FF14H	FF24H	FF34H	FF44H	FF54H

10）PWM 中断优先级控制寄存器 IP2，地址为 B5H，复位值为 0000 0000B，各个中断源均为低优先级中断。寄存器 IP2 不可位寻址，只能用字节操作指令更新相关内容，各位定义见表 11.15。

表 11.15　PWM 时钟选择寄存器 PWMCKS 各位定义

位号	B7	B6	B5	B4	B3	B2	B1	B0
位名称	—	—	—	PX4	PPWMFD	PPWM	PSPI	PS2

PPWMFD：PWM 异常检测中断优先级控制位。

（PPWMFD）＝0：PWM 异常检测中断为最低优先级中断（优先级 0）；

（PPWMFD）＝1：PWM 异常检测中断为最高优先级中断（优先级 1）。

PPWM：PWM 中断优先级控制位。

（PPWM）＝0：PWM 中断为最低优先级中断（优先级 0）；

（PPWM）＝1：PWM 中断为最高优先级中断（优先级 1）。

11.4 应用举例

11.4 增强 PWM

【**例 11.1**】利用 STC15W4K32S4 单片机 PWM 模块，生成
一个重复的 PWM 波形，PWM 波形发生器的时钟频率为系统时钟，波形由通道 7（P1.7）输
出。设置 2 个按键分别控制占空比的加和减，占空比初始值为 50%。设置 2 个按键分别控制
频率的加和减，系统晶振频率为 24.0 MHz。

1. 硬件电路设计

电路设计如图 11.2 所示。

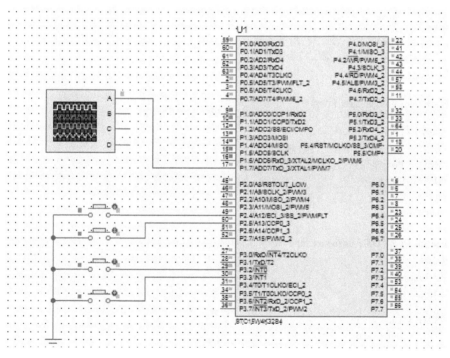

图 11.2 生成 PWM 波的电路连接

2. 软件程序设计

程序设计代码如下：

```
#include <STC15. H>
sfr p_sw2=0xBA;
#define   EAXSFR( )    p_sw2| =0x80
#define   EAXRAM( )    p_sw2& = ~0x80
```

```
sbit SW17 =    P3^2; 占空比增加
sbit SW18 =    P3^3; 占空比减少
sbit key24 =P2^4; 频率增加
sbit key25 =P2^5; 频率减少

void GPIO( )
{
P0M1=0;P0M0=0;
P1M1=0;P1M0=0;
P2M1=0;P2M0=0;
P3M1=0;P3M0=0;
P4M1=0;P4M0=0;
P5M1=0;P5M0=0;
}
void Delay( unsigned int x)
{
for( ;x>0;x--);
}
void FlashDuty( unsigned int Duty)
{
EAXSFR( );
PWM7T2H=(Duty) / 256; 第二转折频率高位
PWM7T2L=(Duty) % 256; 第二转折频率低位
EAXRAM( );
}
void FlashFreq( unsigned int Freq)
{
  EAXSFR( );
  PWMCH = Freq/256; PWM 计数器高位
  PWMCL = Freq % 256;   PWM 计数器低位
  EAXRAM( );
}
  void main( void)
{
unsigned int Duty=600; unsigned int Freq = 1200;
GPIO( );
EAXSFR( );
PWM7T1H=0;
PWM7T1L=0;
PWM7T2H = Duty / 256;
PWM7T2L = Duty%256;
PWM7CR= 0;
PWMCR |= 0x20; P1.7 为 PWM 输出口
PWMCFG |= 0x20; PWM 输出口初始电平为高电平
P1 = 0x80;
P1M1=0x00;
P1M0=0x80; P1.7 为强推挽输出
PWMCH = Freq/256; PWMCL = Freq%256;
PWMCKS= 0;PWM 输出时钟为系统时钟
EAXRAM( );
```

```
PWMCR | = 0x80;
PWMCR & = ~0x40;
//PWMCR | = 0x40;
while (1)
{
    if(SW17 = = 0)
    {
      Delay(100);
      if(SW17 = = 0)
        {
          Duty = Duty-10;
          if(Duty<1) {Duty = 1;
        }
        FlashDuty(Duty);
        while(SW17 = = 0);
        }
}
if(SW18 = = 0)
{
  Delay(100);
  if(SW18 = = 0)
    {
        Duty = Duty+10;
    if(Duty> = Freq)
      {Duty = Freq;}
      FlashDuty(Duty);
      while(SW18 = = 0);
    }
}
if(key24 = = 0)
{
  Delay(100);
  if(key24 = = 0)
    {
 Freq = Freq-10;
    if(Freq<Duty)
      {
 Freq = Duty;
 }
    FlashFreq(Freq);
    while(key24 = = 0);
    }
}
  if(key25 = = 0)
  {
    Delay(100);
if(key25 = = 0)
    {
      Freq = Freq+10;
  if(Freq> = 32767)
    Freq = 32767;
  FlashFreq(Freq);
```

```
        while(key25 = = 0);
    }
        }
    }
}
```

3. 运行结果

程序编译后生成的 .hex 文件装载进单片机后运行结果如图 11.3 所示。

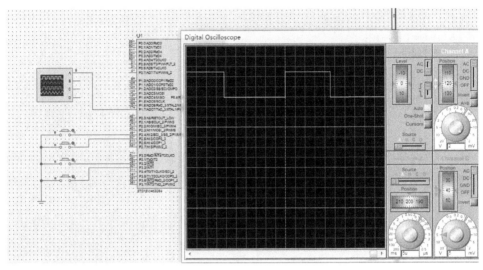

图 11.3　PWM 波形图

思考：改变 PWM 计数器 PWMCH、PWMCL 和 PWM 波形发生器的时钟频率选择就可以改变输出 PWM 波形的频率和周期；改变两个用于控制波形翻转的计数器 T1 和 T2 的值，PWM 的输出波形将发生翻转，从而可以改变输出 PWM 波形的占空比。

走进科学

中国北斗卫星导航系统

中国北斗卫星导航系统是中国自行研制的全球卫星导航系统，也是继 GPS、GLONASS 之后的第三个成熟的卫星导航系统（图 11.4）。北斗卫星导航系统（BDS）和美国 GPS、俄罗斯 GLONASS、欧盟 GALILEO 是联合国卫星导航委员会已认定的供应商。

图 11.4　中国北斗卫星导航系统

北斗卫星导航系统由空间段、地面段和用户段三部分组成，可在全球范围内全天候、全天时为各类用户提供高精度、高可靠定位、导航、授时服务，并且具备短报文通信能力，已经初步具备区域导航、定位和授时能力，定位精度为分米、厘米级别，测速精度 0.2 m/s，授时精度 10 ns。2020 年 7 月 31 日上午，北斗三号全球卫星导航系统正式开通。

（1）发展历程

第一步，建设北斗一号系统。1994 年，启动北斗一号系统工程建设；2000 年，发射 2 颗地球静止轨道卫星，建成系统并投入使用，采用有源定位体制，为中国用户提供定位、授时、广域差分和短报文通信服务；2003 年发射第 3 颗地球静止轨道卫星，进一步增强系统性能。

第二步，建设北斗二号系统。2004 年，启动北斗二号系统工程建设；2012 年年底，完成 14 颗卫星（5 颗地球静止轨道卫星、5 颗倾斜地球同步轨道卫星和 4 颗中圆地球轨道卫星）发射组网。北斗二号系统在兼容北斗一号系统技术体制基础上，增加无源定位体制，为亚太地区用户提供定位、测速、授时和短报文通信服务。

第三步，建设北斗三号系统。2009 年，启动北斗三号系统建设；2018 年年底，完成 19 颗卫星发射组网，完成基本系统建设，向全球提供服务；2020 年，完成 30 颗卫星发射组网，全面建成北斗三号系统。北斗三号系统继承北斗有源服务和无源服务两种技术体制，能够为全球用户提供基本导航（定位、测速、授时）、全球短报文通信、国际搜救服务，中国及周边地区用户还可享有区域短报文通信、星基增强、精密单点定位等服务。

（2）北斗卫星升空

2020 年 6 月 23 日，北斗三号最后一颗全球组网卫星在西昌卫星发射中心点火升空。6 月 23 日 9 时 43 分，我国在西昌卫星发射中心用长征三号乙运载火箭，成功发射北斗系统第 55 颗导航卫星，即北斗三号最后一颗全球组网卫星，至此北斗三号全球卫星导航系统星座部署比原计划提前半年全面完成。

2020 年 7 月 31 日上午 10 时 30 分，北斗三号全球卫星导航系统建成暨开通仪式在人民大会堂举行，标志着北斗三号全球卫星导航系统正式开通。

（3）行业及区域应用

2012—2021 年，我国卫星导航与位置服务产业总产值从 810 亿元上升至 4690 亿元，年均复合增长率达到了 21.55%。北斗系统广泛应用于重点运输过程监控、公路基础设施安全监控、港口高精度实时定位调度监控等领域。2021 年国内卫星导航定位终端产品总销量超 5.1 亿台，其中具有卫星导航定位功能的智能手机出货量达到 3.43 亿台，汽车导航后装市场终端销量达到 477 万台，汽车导航前装市场终端销量达到 681 万台，各类监控终端销量达到 317 万台。在交通领域，目前全国超过 780 万道路营运车辆、4 万多辆邮政快递干线车辆、47000 多艘船舶应用北斗系统；长江干线北斗增强系统基准站和水上助导航设施数量超过 13106 座；近 500 架通用航空器应用北斗系统，建成全球最大的营运车辆动态监管系统，有效提升了监控管理效率和道路运输安全水平。

习题与思考

利用 STC15W4K32S4 单片机 PWM 模块，生成两互补的 PWM 波形，PWM 波形发生器的时钟频率为系统时钟，波形由通道 7（P1.7）输出。设置 2 个按键分别控制占空比的加和减，占空比初始值为 50%。设置 2 个按键分别控制频率的加和减，系统晶振频率为 24.0 MHz。

项目 12 步进电机的正反转控制

 知识要点

1. 什么是步进电机
2. 步进电机的驱动方法
3. 步进电机的调速方法
4. 使用单片机控制步进电机的转速

学习要求

1. 掌握步进电机的原理
2. 掌握步进电机转速控制原理
3. 掌握利用 PWM 控制电机转速的方法

学习内容

步进电机是将电脉冲信号转变为角位移或线位移的开环控制电机，是现代数字程序控制系统中的主要执行元件，应用极为广泛。在非超载的情况下电机的转速、停止的位置只取决于脉冲信号的频率和脉冲数，而不受负载变化的影响。当步进驱动器接收到一个脉冲信号，它就驱动步进电机按设定的方向转动一个固定的角度，称为"步距角"，它的旋转是以固定的角度一步一步进行的。

通过控制脉冲个数来控制步进电机角位移量，从而达到准确定位的目的。同时可以通过控制脉冲频率来控制电机转动的速度和加速度，从而达到调速的目的。由于步进电机是一个将电脉冲转换成角位移或线位移的机械运动的装置，具有很好的数据控制特性。因此，单片机成为步进电机的理想驱动源。随着微电子和计算机技术的发展，软硬件结合的控制方式成为主流，即通过软件或者硬件（PWM 模块）产生控制脉冲驱动硬件电路。本节分别使用软件和增强型 PWM 硬件模块控制步进电机，并对这两种方法进行比较。

12.1 电机的分类

众所周知，电机是传动以及控制系统中的重要组成部分，随着现代科学技术的发展，电机在实际应用中的重点已经开始从过去简单的传动向复杂的控制转移，尤其是对电机的速度、位置、转矩的精确控制。但电机根据不同的应用会有不同的设计和驱动方式，因此人们根据旋转电机的用途，进行了基本的分类：控制电机和功率电机以及信号电机。步进电机属于控制类电机中的一种，广泛应用于数控机床、自动化仪表、机器人、空调扇叶等场合。目前，比较常用的步进电机包括反应式步进电机（VR）、永磁式步进电机（PM）、混合式步进电机（HB）和单相式步进电机等。

1）反应式步进电机：也叫感应式、磁滞式或磁阻式步进电机。其定子和转子均由软磁材料制成，定子上均匀分布的大磁极上装有多相励磁绕组，定、转子周边均匀分布小齿和槽，通电后利用磁导的变化产生转矩。一般为三、四、五、六相；可实现大转矩输出。

2）永磁式步进电机：通常电机转子由永磁材料制成，软磁材料制成的定子上有多相励磁绕组，定、转子周边没有小齿和槽，通电后利用永磁体与定子电流磁场相互作用产生转矩。一般为两相或四相；输出转矩小。

3）混合式步进电机：也叫永磁反应式、永磁感应式步进电机，混合了永磁式和反应式的优点。其定子和四相反应式步进电机没有区别（但同一相的两个磁极相对，且两个磁极上绕组产生的 N、S 极性必须相同），转子结构较为复杂（转子内部为圆柱形永磁铁，两端外套软磁材料，周边有小齿和槽）。一般为两相或四相；需供给正负脉冲信号；输出转矩较永磁式大（消耗功率相对较小）；步距角较永磁式小。

12.2　28BYJ-48 步进电机

12.2.1　28BYJ-48 步进电机简介

28BYJ-48 步进电机是四相八拍永磁式电机，运行的电压范围为 DC5～12 V。电机里面分别含有 6 个极齿（0~5），每个极齿都是由带有永久磁性的金属材料焊接制成的，它就是驱动电机的转子；电机的外壳也包含了极齿，一个外壳上可以有 8 个，每一个极齿上都会被缠绕一个相对应的绕组，每一组相对着的电机线圈绕组都应该是互相连接起来的，步进电机一共有 5 根线，红线是连接公共端的，接 5 V 电源，橘、黄、粉、蓝线分别对应于 A、B、C、D；根据电路的设置，可以把电机每转动一个小角度的值算出来，分别是 0xe、0xc、0xd、0x9、0xb、0x3、0x7、0x6。如图 12.1 所示。

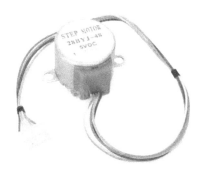 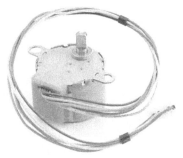

图 12.1　28BYJ-48 步进电机外形图

28BYJ-48 型号中包含的具体含义：

28——代表步进电机的有效最大外径 28 mm；

B——代表步进电机；

Y——代表永磁式步进电机；

J—— 代表减速型；

48——代表四相八拍。

28BYJ-48 步进电机内部结构图如图 12.2 所示。

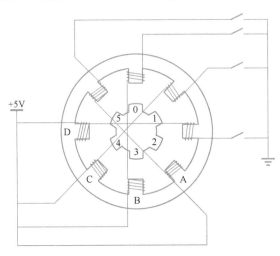

图 12.2 28BYJ-48 步进电机内部结构图

先看里圈，上面有 6 个齿，分别标注了 0~5；命名为转子，顾名思义转子是要转动的，每个转子上都带有永久的磁性，称为永磁体，因此这类电机称为永磁式步进电机。电机的外圈是定子，它是固定不动的，其实它是与电机的外壳固定在一起的，上面有 8 个齿，每个齿上有缠绕着线圈绕组，正对着的两个齿上的线圈绕组又是串联在一起的，也就是说，正对着的两个线圈绕组是同时导通和同时关断的，因此形成了如图 12.2 所示的四相八拍制步进电机。

12.2.2 28BYJ-48 步进电机工作原理

假定步进电机的起始状态如图 12.2 所示，逆时针旋转，起始时 B 相线圈绕组的开关闭合，那么 B 相上下线圈导通，B 相定子上下就会产生磁性，使得 0 号和 3 号转子产生最强的吸引力，就会如图一样，转子的 0 号齿在上，3 号齿在下，此时会发现，转子的 1 号齿与右上的定子齿也就是 C 相的一个绕组呈现一个很小的夹角，2 号齿与右边的定子齿也就是 D 相绕组呈现一个稍微大一点的夹角，很明显这个夹角是 1 号齿和 C 绕组夹角的 2 倍，同理，左侧的情况也是一样的。接下来把 B 相绕组断开，而使 C 相绕组导通，那么很明显，右上的定子齿将对转子 1 号齿产生最大的吸引力，而左下的定子齿将对转子 4 号齿产生最大的吸引力，在这个吸引力的作用下，转子 1、4 号齿将对齐到右上和左下的定子齿上而保持平衡，这样，转子就转过了起始状态时 1 号齿和 C 相绕组那个夹角的角度。再接下来断开 C 相绕组，导通 D 相绕组，过程与上述的情况完全相同，最终将使转子 2、5 号齿与定子 D 相绕组对齐，转子又转过了上述同样的角度。很明显，当 A 相绕组再次导通，即完成一个 BCDA 的四节拍操作后，转子的 0、3 号齿将由原来的对齐到上下两个定子齿，而变为对齐到左上和右下的两个定子齿上，即转子转过了一个定子齿的角度。以此类推，再来一个四节拍，转子就将再转过一个齿的角度，8 个四节拍后转子将转过完整的一圈，而其中单个节拍使转子转过的角度就很容易计算出来。即 360°/(8×4) = 11.25°。这个值就叫作步进角度，这种工作模式就是步进电机的单四拍模式。

第二种工作模式就是在单四拍的每两个节拍之间再插入一个双绕组导通的中间节拍，组成八拍模式。在从 B 相导通到 C 相导通的过程中，假如 B 相和 C 相同时导通，这个时候由于 B、C 两个绕组的定子齿对它们附近的转子齿同时产生相同的吸引力，这将导致这两个转子齿的中心线对比到 B、C 两个绕组的中心线上，也就是新插入的这个节拍使转子转过了上述单四拍模式中步进角度的一半，即 5.625°，这样一来，就使转动精度增加了一倍，而转子转动一圈则需要 8×8 = 64 节拍。另外，新增加的这个中间节拍还会在原来四拍的两个节拍之间增加了吸引力，从而可以大大增加电机的整体扭力输出，使电机更有劲了。除了上述的单四拍和八拍的工作式外，还有双四拍的工作模式。该模式其实就是把八拍模式中的两个绕组同时通电的那四拍单独拿出来，而舍弃单绕组通电的那四拍而已。其步进角度同单四拍是一样的，但由于它是两个绕组同时导通，所以扭矩会比单四拍模式大，在此就不做过多解释。八拍模式是这类四相步进电机的最佳工作模式，能最大限度地发挥电机的各项性能，也是绝大多数实际工程中所选择的模式。因此本书主要讲解如何用单片机程序来控制电机按八拍模式工作。

12.3　28BYJ-48 步进电机的转动控制

要使步进电机转起来，步进电机各定子绕组就必须按顺序导通，表 12.1 中表示了28BYJ-48 步进电机 8 拍模式定子绕组导通顺序。

表 12.1　28BYJ-48 步进电机 8 拍模式定子绕组导通顺序表

序号 颜色	1	2	3	4	5	6	7	8
红	VCC	VCC	VCC	VCC	VCC	VCC	VCC	VCC
橙	GND	GND						GND
黄		GND	GND	GND				
粉				GND	GND	GND		
蓝						GND	GND	GND

因为单片机的 I/O 口的驱动能力有限，要使单片机控制步进电机转起来，就需要驱动电路。

12.3.1　ULN2003 驱动芯片简介

ULN2003 是耐高压、大电流复合晶体管阵列，由 7 个 NPN 复合晶体管组成，每一对达林顿管都串联一个 2.7 kΩ 的基极电阻。在 5 V 的工作电压下它能与 TTL 和 CMOS 电路直接相连，可以直接处理原先需要标准逻辑缓冲器来处理的数据。ULN2003 是大电流驱动阵列，多用于单片机、智能仪表、PLC、数字量输出卡等控制电路中，可直接驱动继电器等负载。输入 5 V TTL 电平，输出可达 500 mA/50 V。ULN2003 引脚图及内部结构如图 12.3 和图 12.4 所示。

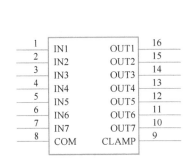

图 12.3   ULN2003 引脚图

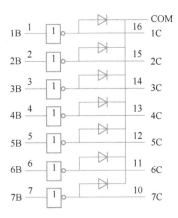

图 12.4   ULN2003 内部结构

引脚 1~7：CPU 脉冲输入端。

引脚 10~16：CPU 脉冲信号对应的输出端。

引脚 8：COM 接地。

引脚 9：该引脚是内部 7 个续流二极管负极的公共端，各二极管的正极分别接各达林顿管的集电极。用于感性负载时，该引脚接负载电源正极，实现续流作用。如果该引脚接地，实际上就是达林顿管的集电极对地接通。

12.3.2   28BYJ-48 单片机步进电机参数

如果要使步进电机转动起来，定子绕组的 ABCD 四相电路开关就要依次接通，见表 12.1。如图 12.5 所示，步进电机 ABCD 四相依次接 P2.0、P2.1、P2.2、P2.3、那么 P2口就应依次送入{0x0e,0x0c,0x0d,0x09,0x0b,0x03,0x07,0x06}，电机就应转动起来，但是电机以怎样的速度转动，取决于换相所需的时间间隔，也就取决于电机的起动频率，见表 12.2。

表 12.2   28BYJ-48 的参数

供电电压/V	相数	相电阻/Ω	步进角度	减速比	起动频率/P.P.S	转矩/g.cm	噪声/dB	绝缘介电强度/VAC
5	4	50±10%	5.625/64	1:64	≥550	≥300	≤35	600

起动频率就是电机空载时能够正常起动时的最高频率，如果脉冲频率高于这个值就不能正常起动。表中给出的频率大于或等于 550 P.P.S，即每秒大于 550 个脉冲，换算成节拍就是每个节拍持续 1/550 s = 1.8 ms，为了让电机正常起动就是每个节拍持续时间大于 1.8 ms即可。

12.3.3   步进电机转起来

1. 硬件电路

ULN2003 用来驱动步进电机，其 1、2、3、4 引脚接单片机的 P2.0、P2.1、P2.2、P2.3，9 引脚接电源，16、15、14、13 引脚分别接电机的 ABCD 四相，如图 12.5 所示。

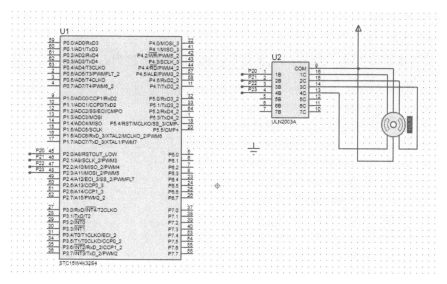

图 12.5　步进电机驱动电路

2. 软件程序

程序设计如下：

```
#include <STC15F2K60S2. H>
unsigned char code pulse[ ] = {0x0e,0x0c,0x0d,0x09,0x0b,0x03,0x07,0x06};//定义数组
void delay2ms()//延时2ms子程序
{   unsigned int i = 3000;
while(i--);
}
void main()
{

unsigned char temp;
unsigned char index = 0;
while(1)
{
P2M0 = 0x00;P2M1 = 0x00;//定义口的工作方式
temp = P2;                  //暂存口当前值
temp = temp&F0;             //低4位清零
P2 = temp|pulse[index];     //数组的值送给低4位,高4位保持不变
index++;
index = index&0x07;         //index = 8时清零
delay2ms();
}
}
```

12.4　使用 STC15W4K 单片机控制步进电机

1. 功能描述

设计 1~9 号键，控制步进电机转 1~9 圈，再设计上下左右四个功能键，上箭头按键控制电机的正转 1~9 圈，下箭头按键控制电机的反转 1~9 圈，左箭头控制电机左转 90°，右

箭头控制电机右转 90°。

2. 硬件电路图

让 P2 口连接矩阵按键，P2.0~P2.3 接行；P2.4~P2.7 接列；P1.0~P1.3 接步进电机四相的驱动引脚，如图 12.6 所示。

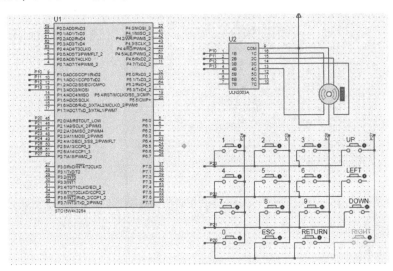

图 12.6　单片机控制步进电机电路

3. 软件程序

程序设计如下：

```c
#include <STC15F2K60S2.H>
sbit KEY_IN_1 = P2^4;
sbit KEY_IN_2 = P2^5;
sbit KEY_IN_3 = P2^6;
sbit KEY_IN_4 = P2^7;
sbit KEY_OUT_1 = P2^3;
sbit KEY_OUT_2 = P2^2;
sbit KEY_OUT_3 = P2^1;
sbit KEY_OUT_4 = P2^0;
signed long beats = 0;
unsigned char KeySta[4][4] = {
{1,1,1,1},{1,1,1,1},{1,1,1,1},{1,1,1,1}
};
unsigned char code KeyCodeMap[4][4] = {
    { 0x31, 0x32, 0x33, 0x26 }, //数字键1、数字键2、数字键3、UP
    { 0x34, 0x35, 0x36, 0x25 }, //数字键4、数字键5、数字键6、向左
    { 0x37, 0x38, 0x39, 0x28 }, //数字键7、数字键8、数字键9、down
    { 0x30, 0x1B, 0x0D, 0x27 }  //数字键0、ESC、〈Enter〉键、向右
};
void   KeyDriver();
void main()
{
    P2M0 = 0x00; P2M1 = 0x00;
    P1M0 = 0x00; P1M1 = 0x00;
```

```
EA = 1;
 TMOD = 0x01;
    TH0  = 0xD1;                       //定时 1 ms
    TL0  = 0x20;
    ET0  = 1;
    TR0  = 1;
 while (1)
    {
         KeyDriver( );                 //调按键驱动函数
    }
}
/ * 步进电机驱动函数, angle 为需转过的角度 * /
void StartMotor( signed long angle)
{
EA = 0;
beats = (angle * 4076)/360;
EA = 1;
}
void StopMotor( )
{
EA = 0;
beats = 0;
EA = 1;
}
void KeyAction( unsigned char keycode)        //按键动作函数
{
static bit dirMotor = 0;
if( ( keycode >= 0x30) &&( keycode <= 0x39) )
{
    if( dirMotor = = 0)
    {
        StartMotor( 360 * ( keycode - 0x30) );
    }
    else
    {
        StartMotor( -360 * ( keycode - 0x30) );
    }
}
else if( keycode = = 0x26)
{
    dirMotor = 0;
}
else if( keycode = = 0x28)
{
    dirMotor = 1;
}
else if( keycode = = 0x25)
{
    StartMotor( 90);
}
else if( keycode = = 0x27)
{
```

```
            StartMotor(-90);
    }
    else if(keycode == 0x1B)
    {
        StopMotor();
    }
}
void    KeyDriver()
{
unsigned char i, j;
static   unsigned char backup[4][4] = {
{1,1,1,1},{1,1,1,1},{1,1,1,1},{1,1,1,1}
};

for(i=0; i<4; i++)
    {
        for(j=0; j<4; j++)
        {
            if(backup[i][j] != KeySta[i][j])
            {
                if(backup[i][j] == 0)
                {
                    KeyAction(KeyCodeMap[i][j]);
                }
                backup[i][j] = KeySta[i][j];
            }
        }
    }
}
/键扫描函数 */
void KeyScan()
{
    unsigned char i;
    static unsigned char keyout = 0;              //扫描输出索引
    static unsigned char keybuf[4][4] = {         //矩阵按键扫描缓冲区
        {0xFF, 0xFF, 0xFF, 0xFF},  {0xFF, 0xFF, 0xFF, 0xFF},
        {0xFF, 0xFF, 0xFF, 0xFF},  {0xFF, 0xFF, 0xFF, 0xFF}
    };
    //将第一行 4 个按键值移入缓冲区
    keybuf[keyout][0] = (keybuf[keyout][0] << 1) | KEY_IN_1;
    keybuf[keyout][1] = (keybuf[keyout][1] << 1) | KEY_IN_2;
    keybuf[keyout][2] = (keybuf[keyout][2] << 1) | KEY_IN_3;
    keybuf[keyout][3] = (keybuf[keyout][3] << 1) | KEY_IN_4;
    //消抖后更新按键状态
    for (i=0; i<4; i++)  //每行 4 个按键
    {
        if ((keybuf[keyout][i] & 0x0F) == 0x00)
        {  //连续 4 次扫描都是 0, 说明按键已经稳定按下
            KeySta[keyout][i] = 0;
        }
        else if ((keybuf[keyout][i] & 0x0F) == 0x0F)
        {  //连续 4 次扫描都是 1,说明按键已经稳定松开
```

```
                KeySta[keyout][i] = 1;
            }
        }
        keyout++;                    //输出索引递增
    keyout = keyout & 0x03;          //keyout＝4 时清零
    switch (keyout)                  {
        case 0: KEY_OUT_4 = 1; KEY_OUT_1 = 0; break;
        case 1: KEY_OUT_1 = 1; KEY_OUT_2 = 0; break;
        case 2: KEY_OUT_2 = 1; KEY_OUT_3 = 0; break;
        case 3: KEY_OUT_3 = 1; KEY_OUT_4 = 0; break;
        default: break;
    }
}
void TurnMotor()
{
unsigned char tmp;
static unsigned char index = 0;
unsigned char code BeatCode[8] = {
0x0E, 0x0C, 0x0D, 0x09, 0x0B, 0x03, 0x07, 0x06};
if(beats != 0)
{
    if(beats > 0)
    {
        index++;
        index = index & 0x07;
        beats--;
    }
    else
    {
        index--;
        index = index & 0x07;
        beats++;
    }
    tmp = P1;
    tmp = tmp & 0xF0;
    tmp = tmp | BeatCode[index];
    P1 = tmp;
}
else
{
    P1 = P1 | 0x0F;
}
}
/* T0 中断服务函数, 用于按键扫描和电机转动控制 */
void InterruptTimer0() interrupt 1
{
static bit div = 0;
TH0 = 0xD1;
TL0 = 0x20;
KeyScan();
div = ~ div;
if(div == 1)
```

```
    {
        TurnMotor( );
    }
}
```

总结：针对电机要完成正转和反转两个不同的操作，并没有使用正转起动函数和反转起动函数这两个函数来完成，也没有在起动函数定义的时候增加一个形式参数来指明其方向。这里的起动函数 void SartMotor（signed long angle）与单向正转时的起动函数唯一的区别就是把形式参数 angle 的类型从 unsigned long 改为 signed long，这里用有符号数固有的正负特性来区分正转与反转，正数表示正转 angle，负数就表示反转 angle，这样处理简洁明了，读者对有符号数和无号数的区别用法也会有更深入的理解。

走进科学

新能源电动汽车驱动电机

目前市场上的各种纯电和混动新能源汽车中，永磁同步电机占多数，感应电机占一小部分，这两种电机基本就是电动乘用车驱动电机的全部了。相比永磁同步电机，交流感应电机体积较大，但是价格适中，感应电机可以做得功率很大并且不存在退磁问题，所以一些大型车或者追求性能的电动汽车，比如特斯拉 Model S 和蔚来 ES8，都采用感应电机，如图 12.7 所示。而对于空间布置尺寸要求比较高的中小型电动汽车来说，功率和扭矩密度更高的永磁同步电机就是优先的选择。

图 12.7　电动汽车驱动感应电机

习题与思考

1. 步进电机是怎样分类的，每种步进电机的特点是什么？
2. 简述 28BYJ-48 步进电机的工作原理。
3. 28BYJ-48 步进电机的各定子绕组接通的顺序是什么？
4. 设计上下左右四个功能键，上箭头按键控制电机正转 5 圈，下箭头按键控制电机反转 5 圈，左箭头控制电机左转 90°，右箭头控制电机右转 90°。

附录：ASCII 码表

ASCII 值	控制字符	ASCII 值	控制字符	ASCII 值	控制字符	ASCII 值	控制字符
0	NUL	32	（space）	64	@	96	`
1	SOH	33	!	65	A	97	a
2	STX	34	"	66	B	98	b
3	EXT	35	#	67	C	99	c
4	EOT	36	$	68	D	100	d
5	ENQ	37	%	69	E	101	e
6	ACK	38	&	70	F	102	f
7	BEL	39	,	71	G	103	g
8	BS	40	(	72	H	104	h
9	HT	41	)	73	I	105	i
10	LF	42	*	74	J	106	j
11	VT	43	+	75	K	107	k
12	FF	44	,	76	L	108	l
13	CR	45	–	77	M	109	m
14	SO	46	.	78	N	110	n
15	SI	47	/	79	O	111	o
16	DLE	48	0	80	P	112	p
17	DC1	49	1	81	Q	113	q
18	DC2	50	2	82	R	114	r
19	DC3	51	3	83	S	115	s
20	DC4	52	4	84	T	116	t
21	NAK	53	5	85	U	117	u
22	SYN	54	6	86	V	118	v
23	ETB	55	7	87	W	119	w
24	CAN	56	8	88	X	120	x
25	EM	57	9	89	Y	121	y
26	SUB	58	:	90	Z	122	z
27	ESC	59	;	91	[	123	{
28	FS	60	<	92	/	124		
29	GS	61	=	93	]	125	}
30	RS	62	>	94	^	126	~
31	US	63	?	95	–	127	DEL

NUL 空	VT 垂直制表	SYN 空转同步
SOH 标题开始	FF 走纸控制	ETB 信息组传送结束
STX 正文开始	CR 回车	CAN 作废
EXT 正文结束	SO 移位输出	EM 纸尽
EOT 传输结束	SI 移位输入	SUB 换置
ENQ 询问字符	DLE 空格	ESC 换码
ACK 承认	DC1 设备控制 1	FS 文字分隔符
BEL 报警	DC2 设备控制 2	GS 组分隔符
BS 退一格	DC3 设备控制 3	RS 记录分隔符
HT 横向列表	DC4 设备控制 4	US 单元分隔符
LF 换行	NAK 否定	DEL 删除

参 考 文 献

［1］ 刘志君，姚颖．单片机原理及应用 ［M］．北京：清华大学出版社，2016.
［2］ 刘志君，姚颖．单片机原理及应用：基于 C51 和 Proteus 仿真 ［M］．北京：机械工业出版社，2020.
［3］ 丁向荣．单片机原理与应用项目教程 ［M］．北京：清华大学出版社，2020.
［4］ 何宾．STC 单片机原理及其应用 ［M］．2 版．北京：清华大学出版社，2019.
［5］ 何宾．STC 单片机 C 语言程序设计 ［M］．北京：清华大学出版社，2016.
［6］ 彭文辉，杨琳，童名文，等．单片机原理及接口技术 ［M］．北京：清华大学出版社，2019.
［7］ 赖义汉．单片机原理及应用：基于 STC 系列单片机 C51 编程 ［M］．成都：西南交通大学出版社，2016.
［8］ 曾庆波，何一楠，辛春红．单片机应用技术 ［M］．哈尔滨：哈尔滨工业大学出版社，2010.
［9］ 冯育长．单片机系统设计与实例分析 ［M］．西安：西安电子科技大学出版社，2007.
［10］ 田会峰，张宝芳，赵丽．单片机原理及应用系统设计 ［M］．北京：机械工业出版社，2023.